جغرافيـة المـدن

الأستاذ الدكتور
كايد عثمان أبو صبحة
قسم الجغرافيا - الجامعة الأردنية

دار وائل للنشر

الطبعة الثالثة
٢٠١٠

رقم الايداع لدى دائرة المكتبة الوطنية : (2002/10/2636)
أبو   أبو صبحة / كايد عثمان
جغرافية المدن / كايد عثمان أبو صبحة   - عمان: دار وائل ، 2002 .
(405) ص
ر.إ. : (2002/10/2636)
الواصفات: الجغرافيا البشرية / الجغرافيا الاقتصادية
* تم إعداد بيانات الفهرسة والتصنيف الأولية من قبل دائرة المكتبة الوطنية

****

ISBN 9957-11-315-1 (ردمك)

* جغرافيـة المـدن
* الأستاذ الدكتور كايد أبو صبحة
* الطبعـــة الأولى 2003
* الطبعـــة الثانية 2007
* الطبعـــة الثالثة 2010

* جميع الحقوق محفوظة للناشر

دار وائـــل للنشر والتوزيع

* الأردن - عمان - شارع الجمعية العلمية الملكية - مبنى الجامعة الاردنية الاستثماري رقم (2) الطابق الثاني
هـاتف : 00962-6-5338410 - فاكس : 00962-6-5331661 - ص. ب (1615 - الجبيهة)
* الأردن - عمـان - وسـط البـلد - مجمـع الفحيص التجـاري- هــاتف: 00962-6-4627627
www.darwaei.com
E-Mail: Waei@Darwael.Com

فهرس المحتويات

تمهيد

الحمد لله العلي العظيم الذي ساعدني ومكنني من إنجاز هـذا العمـل، الـذي كـان فكـرة تـراودني منـذ التحـاقي ببرنامج الدراسـات العليـا في أواخـر السبعينات مـن القرن العشـرين، واستمرت خـلال فـترة عملـي في التدريس الجامعي عـلى مسـتوى البكالوريوس والدراسـات العليـا وفي عـدة جامعـات عربية، التي استمرت منذ مطلع الثمانينات وحتى الوقت الحاضر، فكان كتاب "جغرافية المدن" ثمرة جهود دراسات وتدريس وأعمال استمرت لفترة تزيد على ربع قرن من الزمن.

ويسـعدني أن أقـدم هـذا الكتـاب للمكتبـة العربيـة مرجعـاً في مـادة جغرافية المـدن، راجيـاً أن يسـاهم في سـد ثغـرة ووضـع لبنـة إضافية في بنـاء المكتبـة العربيـة، كـما أرجـو أن يكـون عونـاً للطلبـة الجامعيين في مرحلتـي البكالوريوس والدراسات العليا، وللباحثين وأعضاء هيئة التدريس.

ولا بد من الإشارة هنا، إلى صعوبة تـأليف مرجع في جغرافيـة المـدن، وذلك لندرة ومحدودية المراجع التي كتبـت في هـذا المجـال باللغتين العربيـة والانجليزية، على الرغم مـن كـثرة مـا كتـب حـول المـدن ومشـكلات المـدن في البيئات والأقطار المختلفة.

وتشكل المدن ظاهرة جغرافية كبرى على سطح الكرة الأرضية، يسـكنها معظم سكان العالم، ويهتم بها الكثير مـن المتخصصـين في الميـادين والمجـالات المختلفـة مـن الاقتصـاد والاجتماع والسياسـة والإدارة والصحة والتـاريخ والجغرافيا. بالإضافة لذلك، تشكل المدن مراكز قوى اقتصادية ومالية وسياسية واجتماعية كبيرة، وتعاني وسكانها من العديد مـن المشـكلات التي استقطبت جهود الباحثين والدارسين من الميـادين المختلفـة للتصـدي لهـا ومحاولـة وضـع الحلول لها.

وقد احتوى الكتاب ثلاثة أجزاء رئيسة يشـملها كـل كتاب في جغرافيـة المدن، وهذه الأجزاء هـي: ١- الجغرافيـة التاريخيـة للمـدن ٢- دراسـة النظام الحضري أي مجموعة المدن في القطر أو الإقليـم – أي دراسـة المدن نقاطاً ٣- دراسـة التركيب الداخلي للمدن- أي دراسة المدن مساحات. وقد أفرد المؤلـف حيزاً مناسباً للحديث عن مدن الحضارة غير الغربية والمدينة العربية الإسلامية، وكذلك ضمن المؤلف الكتاب عدداً من الحـالات الدراسية التي أجريت عـلى مدينـة عـمان، عاصـمة المملكـة الأردنيـة الهاشـمية، مبيـناً منهجيـة الدراسـة والأسـاليب الإحصائية المختلفة التي يمكـن أن يسـتفيد منهـا البـاحثون في دراساتهم المستقبلية، فكان المؤلف يقدم الإطار النظري لـبعض الظـواهر، ثـم يعرض حالة دراسية تطبيقاً عملياً.

وفي الختام، فإنني لا أدعي أن هذا العمل بلـغ الكـمال، لأن الكـمال لله وحده، وأذكر المقولة التي تقول أن من يعمـل يخطـئ، والـذي لا يخطـئ هـو الذي لا يعمل.

والله ولي التوفيق

المؤلف

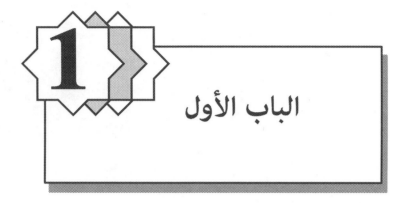

1
الباب الأول

فلسفة جغرافية المدن

الفصل الأول
طبيعة جغرافية المدن

مقدمة:

تمثـل المـدن في العصرـ الحـاضر مراكـز للقـوة الاقتصادية والسياسـية والاجتماعية، وأمـاكن للسـيطرة والإبداع، وتسـتثمر فيها مبالغ ضخمة مـن الأموال، كما تشهد المدن، حاليا، معدلات نمو عالية لم تشهدها مـن قبـل، هـذا ويتطلب الاقتصاد الحديث سهولة في الوصول إلى المعلومات في عصرـ عـرف بعصر المعلومات، وتتوافر هـذه المعلومات في المـدن الكبرى، حيث المكاتب والبنية التحتية الملائمة، بالإضافة إلى تواجد الخبراء والمختصين والمبدعين مـن الميادين المختلفة، وبما أن التعامل مع المعلومات وتبادلها، يحتاج إلى تجمعات اقتصادية ومباني وشبكات للمواصلات والاتصالات ومصادر للمعلومات البشرية التي تتوافر أصلاً في المدن بعامة والمدن الكبرى بخاصة، فقد أصبحت المـدن الكبرى والمعلومات مفهومين يكمل أحدهما الآخر، الأمر الذي دفع المؤسسات الكبرى والشركات إلى إقامـة إداراتها في هـذه المـدن (Hartshorn T. 1992, p1).

وتكاد تنحصرـ المهمـة الرئيسـة لطالـب جغرافيـة المـدن في فهـم الطـرق والأساليب أو العمليات التي عملت على تشكيل المدن وتغييرها في الماضي، وتلك التـي لا زالـت تعمـل عـلى تشكيلها وتغييرها في الوقت الحـاضر، وفي تفسـير الاختلافات المكانية لتنظيم وترتيب الخصائص الاقتصادية والاجتماعية وخصائص السكن داخل هذه المدن أو تفسير تلك الاختلافات التي تظهر فيما بينهـا. لـذلك يحـاول طالـب جغرافيـة المـدن التصدي للعديد مـن الموضوعـات مثـل ماهيـة جغرافية المدن، وميدانها ومدى ارتباطها مع العلوم الجغرافية الأخرى مـع بعـض العلوم الاجتماعية، وتفسير عملية التحضر التي تمر بها الدول في العصرـ الحـاضر وبدرجات متفاوتة، والتأكيد على النتائج التي تترتب على هذه العملية،

وبخاصة فيما يتعلق بحياة الناس وأنشطتهم المختلفة، واعتبار أن هذه العملية تحتل مكانة مهمة في جغرافية المدن.

اهتمامات جغرافية المدن

تهتم جغرافية المدن كغيرها مـن فـروع الجغرافيـة البشـرية بالاختلافات والتباينات المحلية ضمن إطار عام، بمعنى أنها تهتم بفهم تفرد المدن وما ينتظم داخلها مـن ترتيبات وتنظيمات للخصائص الاقتصادية والاجتماعية وخصائص السكن من خلال العلاقات المكانية بين السكان من جهة وبيئاتهم الجغرافيـة مـن جهة أخرى، بحيث تشمل البيئة الجوانب الطبيعية والبشرية، كما تشمل الجوانب البشـرية البيئـة المبنيـة أو المطورة من مسـاكن ومصانع ومكاتب ومدارس وطرق، والمؤسسـات الاقتصادية وبنيـة الحيـاة الاقتصاديـة وتنظيماتها، بالإضافة للبيئة الاجتماعية، مثل معايير السـلوك والاتجاهـات الاجتماعيـة والقيم الثقافية التي تساهم في تشكيل العلاقات الشخصية. هذا، وتقدم جغرافية المدن إجابات لعدة أسئلة مثل: لماذا تنمو بعض المدن، على الرغم، مـن عـدم وجود إمكانيـات وفرص تساعد على نموها؟ ولماذا نمت المـدن الأكبر بمعدلات أسرع، في السـنوات الأخـيرة، وبخاصة في الدول النامية التي تتميز بمستويات مرتفعة من الفقر؟

لماذا تشـهد بعض المدن، في العصر الحاضر، تدهوراً في بيئاتها الطبيعية؟

إنّ جغرافيـة المـدن تـزود الطلبـة بمعرفـة عمليـة لمفاهيـم موقـع المدينـة ووظيفتها وعملية نموها، من جهة، وفهم التركيب الداخلي لها من جهة ثانيـة، كمـا يؤكد أسـلوب البحـث في جغرافية المدن على الموقع والحيـز الجغرافي وعـلى دراسـة العمليات التي تؤدي إلى وجود التوزيعات المكانية للأنشطة البشرية، وفي حقيقـة الأمر يشـكل الاهتمام المكاني الأسـاس والموضوع المركزي في الجغرافيا، وتضيـف الخريطـة بعداً إضافياً للبحث الجغرافي، من خلال إبراز أهميـة المكان في دراسـات التحليل الحضري.

ولعـل أقـوى البراهـين التـي تشـجع عـلى دراسـة جغرافيةالمدن،حالياً،إمكانية الإعدادالتي توفرهاللدارسين من أجل العمل في ميادين التخطيط والاستشارات المرتبطة

بتطور المجتمعات وبيئات المدن الطبيعية، كما توفر فرصاً أخرى للعمل في مجالات البحث في الأسواق والمحافظة التاريخية لمظاهر الحضارة في المدن والإدارة البيئية. (Hartshorn T. 1992, p2).

بالإضافة لما تقدم، فإن جغرافية المدن تبحث في أشغال وأنماط استعمالات الأرض، وتوزع السكان حسب الخصائص الاقتصادية والاجتماعية والديموغرافية، إذن، فالجغرافي يحاول دوماً البحث عن النمط أو الترتيب الذي تنتظم بموجبه الظاهرة الجغرافية في الحيز أو المجال الجغرافي، ويحاول دوماً الإجابة عن السؤال الكبير: لماذا تنتظم الترتيبات المكانية حسب الطريقة التي توجد عليها؟

Why are spatial distributions structured the way they are?

ويرغب في تفسير أية ترتيبات أو تنظيمات تظهر في المدن مثل: معرفة أسباب اختيار السكان لأماكن إقامتهم ومعرفة الضغوط أو القوى التي تؤثر على اختياراتهم هذه، لأن الجغرافي يقوم بعملية التفسير بعد أن يقوم بوصف الظاهرة بشكل عام، بالإضافة إلى البحث عن المجموعات السكانية التي تؤثر في التنظيم الاجتماعي للمدن والمجموعات المستفيدة من هذا التنظيم.

وقد رأى الجغرافيون أن دراسة وتحليل الموضوعات السابقة الذكر تتم من خلال إطار أوسع للحياة الاقتصادية والاجتماعية والديموغرافية والسياسية للمجتمع، لأننا نرى أنه لا يمكن دراسة واقع المدن بمعزل عن دراسة التاريخ والتطور الاقتصادي- الاجتماعي والثقافي لهذا المجتمع، وذلك انطلاقا من أن المدن، هي نتاج التطورات الاقتصادية والاجتماعية السياسية التي تمر بها المجتمعات، وهي انعكاس لكيفية تنظيم المجتمع لنفسه. (Knox P.1994, PP.3).

ويتطلب فهم المدن بشكل ملائم، اتباع منهج مشترك مع علوم وتخصصات مختلفة مثل: علم الاجتماع والاقتصاد والهندسة المعمارية والتخطيط والتاريخ والإدارة، بالإضافة للجغرافيا، لأن المدينة تشكل موضوعاً يهتم به المتخصصون في الميادين والعلوم

السابقة الذكـر، هـذا وتشـكل جغرافيـة المـدن إطاراً لدراسـة متميـزة تحتـل مواضيع الحيز والمسافة والموقع والإقليم مكانة مركزية فيها.

فـالحيز أو المجـال، بالنسـبة للجغـرافي، لا يشـكل فقط الوسـط الـذي تحدث فيه العمليات الاقتصاديـة والاجتماعيـة والسياسية والتاريخية، وإنمـا يعتبر عامـلاً مؤثراً في أنمـاط التطور الحضـري وفي طبيعـة العلاقـات بـين فئـات المجتمع المختلفة في المدن.

ويعتبـر الموقـع مهـما بالنسـبة للجغـرافي، نظـراً للاهتمـام التقليـدي للجغرافيا بالمكان وبالتباين المكاني للأماكن والمواقع المختلفة، ونظراً لأن المـدن تختلف فيما بينها وتتباين تبعاً لخصائص ومزايا مختلفة، سبق ذكرها، كـما تختلف وتتباين مناطق وأحياء داخل المدينة الواحدة، تميزت جغرافيـة المـدن بالأسلوب التحليلي الـذي يشـكل أساسـاً مهـماً فيهـا، فدراسـة التبـاين المكـاني وتحديد تنظيمات مكانية داخل المدينة أو في النظام الحضري وتفسير العلاقات المتبادلة بينهـا، تؤدي جميعـاً إلى تشـكيل أقاليم وظيفيـة ومناطق ثانويـة، كـان لمفهوم المكان أهمية بارزة فيها.Knox P.P.4 .

تمثل المدن معامل أو مختبرات، تجري فيها دراسـات العديد مـن الميـادين والعلوم الاجتماعية المختلفة، فتشترك جغرافية المدن مع علـوم الاجتماع الحضري واقتصاديات المدن والسياسة الحضرية في دراسة المدن، وتتداخل هذه العلـوم مـع بعضها ليحتل التخطيط الحضري موقعـاً مركزياً فيما بينها، وبطبيعـة الحـال تـرتبط هذه العلوم بعلوم أخرى، فترتبط جغرافية المدن بالجغرافيا، كما ترتبط اقتصاديات المدن بعلم الاقتصاد والسياسة الحضرية بعلوم السياسة والاجتماع الحضري بعلـم الاجتماع، وتتضح هذه العلاقة في شكل (١).

إلا أن اهتمام الجغرافي يختلـف عـن غـيره مـن الباحثين، لأن اهتمامـه ينصب أساساً على السلوك البشري وعلى العمليات التي تكمن خلف أنماط الأنشطة البشرية أو خلف التنظيمات والتوزيعات المكانية للسكان وأنشطتهم في المدينة، فقد يهتم الجغرافي الاقتصادي بموقع المصنع من خلال دراسته للتركيب الصناعي للمدن ، ودراسة أنماط

توزيع الصناعة في النظام الحضري وتفسير هذه التوزيعات مـن خـلال العمليات والسلوك البشري الـذي يـؤثر فيهـا، أي عمليـات اتخـاذ القـرار التـي يتخذها السكان سواء أكانوا أفراداً أم جماعات، مؤسسـات حكوميـة أم خاصـة (Yeates. M. And B. Garner 1976 PP. 1, 2).

وتحتل جغرافية المدن مكانة مركزية تلتقي فيها فروع أخرى للجغرافيا البشرـية هـي: الجغرافيـة الاقتصادية والجغرافيـة التاريخيـة والجغرافيـة الاجتماعية والجغرافية السياسية، وترتبط هـذه الجغرافيـات بعلـوم اجتماعيـة أخرى، مثل الاقتصاد الذي يرتبط بالجغرافية الاقتصادية والتاريخ الـذي يـرتبط بالجغرافية التاريخية وعلم الاجتماع الذي يرتبط بعلم الاجتماع الحضري وعلم السياسة الذي يرتبط بالجغرافية السياسية. يوضح شكل ٢ هذه العلاقة.

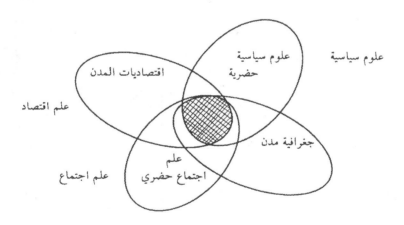

شكل (١) التداخل بين بعض العلوم المهتمة بالمدن

المصدر : *Yeates M. and B. Garner, 1976*

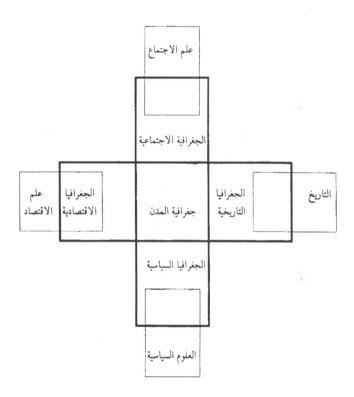

شكل (٢): العلاقة بين جغرافية المدن من جهة،
وبعض الجغرافيات البشرية والعلوم الاجتماعية من جهة أخرى
المصدر: *Yeates M. and B. Garner, 1976*

وتتميز جغرافية المدن بما يلي:

١- تمثل جغرافية المدن التقاء لاهتمامات ومناهج العديد من العلوم الاجتماعية والإنسانية.

٢- الاستخدام الواسع للأساليب الكمية، واعتماد منهجية البحث العلمي وفحص الفرضيات.

٣- دراسة المجموعات السكانية في المدن مع الاهتمام بالسلوك الفردي.

٤- الاهتمام المباشر بالمسائل الاجتماعية وعملية اتخاذ القرار.

وتساعد هذه المزايا في تقديم المساعدات لحل مشكلات المدن الطارئة، وفي تقديم أساس نظري أفضل لجغرافية المدن.

تركز جغرافية المدن على المفاهيم التي تستخدم من أجل تفسير وإعطاء معنى للعمليات المكانية وأشكالها التي تظهر في المدن المعاصرة وبخاصة نظريات الموقع الكلاسيكية ونظريات اتخاذ القرارات المعاصرة وبعض المفاهيم التي تستخدم في تفسير العمليات المكانية للأنشطة المختلفة داخل المدينة، ويتم التركيز على دراسة مشكلات المدن دون إهمال الموروث الغني من الفكر الذي تطور خلال معظم القرن العشرين، ويهتم الجغرافيون بالطرق التي تساعد في حل المشكلات على مستويات محلية أو إقليمية، وكذلك على الضغوط أو القوى التي تعمل على إحداث تغييرات في بناء المدينة.

يقع ضمن اهتمام الجغرافي فهم القوى التي أثرت على تشكيل المدن بعامة والمدن العربية بخاصة، ومن هذه القوى تلك التي عرفت بالقوى الجاذبة والطاردة Centripetal and centrifugal forces.

فقد عملت الثورة الصناعية على جذب الأيدي العاملة من الريف للعمل في الصناعات التي تطورت في المدن، وقد عرفت حركة السكان تجاه المدن بالتركز السكاني، كما ساعدت الثورة الصناعية في تطوير الآلات الزراعية التي أمكن استخدامها في الريف، مما أدى إلى وجود فائض في الأيدي العاملة التي اتجهت إلى المدن للعمل في الصناعة،

فشكلت المدن بذلك أقطاب جذب مغناطيسي للسكان من الريف، إلا أنه ما لبثت المدن، وبخاصة، مراكزها، أن أخـذت تعـاني مـن مشكلات الازدحـام والاكتظاظ والتلوث والعديد مـن المشكلات الاجتماعية، مـما دفع السكان للانتقال والحركـة نحو الضواحي والمناطق الريفيـة، وقد عرفت هـذه الحركـة بانتشار السكان، وقد ظهـر هـذا الـنمط في أوروبا واليابان وحتى في العـالم الثالث، إلا أن التطور التقني الذي حدث في وسائل المواصلات، أدى إلى ظهـور المراكز التجارية المتعددة في المدن، بعد أن كانـت تتطور المدينـة حـول مركـز واحد Hartshorn T. 1992, p. 12-14.

وقد تزايد اهتمام جغرافية المدن بدراسة سلوك الناس والقرارات التـي يتخذونها والتي تكمن خلف الأنماط والتوزيعـات المكانيـة المعينـة في المدينـة مثل: أنماط استعمالات الأرض والمناطق الاجتماعية وخصائص السكـن وغيرهـا، وفي أواخر الستينات، بدأ عدد من جغرافيي المدن دراسة المشكلات الاجتماعية في المدن، حتى أصبح بعضهم مدافعاً عن شؤون المجتمعات فيها، منادياً برفع الظلم عن الفقراء وعدم استغلالهم، داعياً إلى التخطيط الحضري عـلى أن يبـدأ بهؤلاء الفقراء Hartshorn T. 1980,p. 3-5.

تعريف جغرافية المدن:

يعرف برايان بيري جغرافية المدن بأنها فـرع مـن الجغرافيـة البشريـة تدرس المدن أنظمة ضمن النظام الحضري، ويشتق من هذا التعريف اتجاهان رئيسيان أو طريقتان تتم بواسطتهما دراسة المدن وهما:

١- دراسة النظام الحضري (City System)، أي النظر إلى المدن نقاطاً دون الدخول إليها، وتدرس المدن، هنا على أسـاس أنها تشكل المكونات أو المركبات التي يتكون منها النظام الحضري. (فأي نظام يتكون مـن مركبـات أو مكونـات Components تتفاعـل هـذه المكونـات بعلاقـات متبادلـة فيـما بينهـا) وتـتم بواسطة هـذا الاتجاه دراسـة المشكلات التي تتعلق بالتوزيع المكاني للمدن وتباعدها، ودراسة أنماط الحركة المعقدة والتيارات والعلاقات التي تربط المدن بعضها بعضاً، أو د راسة التفاعل المكاني

(Spatial Interaction) كما يتناول هذه الاتجاه دراسـة المواقع النسـبية للمدن، وحجوم السكان والتشغيل ومعدلات الإجرام، والاتصالات التلفونية الواردة لكل مدينة، بحيث يتم التركيز هنا على التباين المكاني في الخصائص الاقتصادية والاجتماعية بين مجموعة المدن في القطر أو الإقليم التي تشكل النظام الحضري، فمن خلال مقارنة الصفوف في المصفوفة الجغرافية يتضح التباين في الخصائص المختلفة بين المدن، وتتم هذه الدراسة على مستويات مختلفة : إقليمية وقومية وعالمية.

شكل ٣ يوضح المصفوفة الجغرافية للنظام الحضري والتركيب الداخلي للمدينـة (Yeates. M. And Garner B. 1976 P. 5).

٢- دراسة التركيب الداخلي للمدينة: City As System، وينظر إلى المدينة، من خلال هـذا الاتجـاه، عـلى أسـاس أنهـا تشكل مساحة Area، فنـدخل إلى داخلها لدراسة تركيبها الداخلي، حيث تتكون المدينة من عدة مناطق، قـد تكون مناطق إحصائية أو أحياء أو مناطق اجتماعية، وتشكل هذه المناطق المكونات أو المركبات لنظام المدينة، وتحتل المنـاطق الأعمـدة في المصـفوفة الجغرافيـة. وتـتم هنـا دراسـة التوزيعـات والأنمـاط والتنظيمات المكانية للظاهرات والأنشطة داخل المدينة مثل: الكثافة السكانية ومستوى الـدخل ونوع السكن واستعمالات الأرض المختلفة وأنماط الحركة....الخ.

الخصائص \ مناطق مدينة (أ)	أ	ب	ج
الاقتصادية			
الاجتماعية			
السياسية			

(ب)

الخصائص \ المدن	أ	ب	ج
الاقتصادية			
الاجتماعية			
السياسية			

(أ)

شكل (٣) : المصفوفة الجغرافية

(أ) تمثل النظام الحضري

(ب) تمثل المدينة كنظام (التركيب الداخلي للمدينة

وتهدف هذه الدراسات إلى إبراز التبـاين في خاصـية أو أكـثر بـين مـدن مختلفة أو في مدينة واحدة، في نقطة زمنية أو أكثر Yeates M.And Garner) .B. 1976, PP.5, 6)

التطور الفكري لجغرافية المدن:

تأثـر تطـور الفكـر في جغرافيـة المـدن بالتطـور الـذي حصـل في الفكـر الجغرافي بشكل عام، حيث يمكن ملاحظة ثلاثة تقاليـد جغرافيـة تميزت بهـا جغرافية المدن المعاصرة، هي:

١- تقليد العلاقة بين الإنسان والبيئة الطبيعية (Man Land Relationship Tradition) تميزت بـه جغرافيـة المـدن خـلال الربـع الأول مـن القـرن العشـرين، وكـان يركـز علـى تفاصيـل معينة لمدن مختلفة، من أجل تحديد العلاقـة بـين المواقـع الطبيعيـة للمـدن، وأثر خصائصها الطبيعية في النشاط البشري أو السلوك الإنساني، فقد كان يتم التركيز

على مورفولوجية المدن وتفسيرها من خلال البيئة الطبيعية، وقد أعيد الاهتمام بهذا التقليد في العصر الحاضر مع زيادة الاهتمام بمشكلات البيئة الناتجة عن تأثير الإنسان فيها.

٢- تقليد التباين المكاني (Areal Differentiation Tradition) تأثرت أعمال الجغرافيين بهذا التقليد بعد سنة ١٩٤٠، وبعد نشر مقالة ريتشارد هارتشورن التي كتبها بعنوان " طبيعة الجغرافيا"، وعرف فيها الجغرافية بأنها العلم الذي يهتم بدراسة الاختلافات المكانية، وقد تأثرت جغرافية المدن بهذه الأفكار، فكان يتم التركيز على وصف التوزيعات والأنماط لاستعمالات الأرض وللخصائص الطبيعية والاجتماعية في مناطق داخل المدينة، لإبراز أوجه التشابه والاختلاف بين هذه المناطق في المدينة الواحدة، أو في أكثر من مدينة، من أجل بيان ما تتميز به مدينة عن غيرها من المدن الأخرى، وما زال هذا الاتجاه يعد الأهم في جغرافية المدن في العصر ـ الحديث، اتجاه دراسة التركيب الداخلي للمدن، الذي تطورت عنه دراسات "تحليل المنطقة الاجتماعية" "Social Area Analysis" ودراسات التحليل العاملي للمدن.(Yeates M, And Garner B. 1976, P.6).

٣- تقليد التنظيم المكاني Spatial Organization Tradition نتيجة للتطور الذي حصل في الجغرافيا بشكل عام وفي جغرافية المدن بخاصة خلال الخمسينات من القرن العشرين في المفاهيم المختلفة وفي استخدام الأرقام والأساليب الإحصائية والكمية والاستخدام الواسع للحاسب الآلي في أعمال الجغرافيين، حيث ركز الجغرافيون على البحث عن ترتيب وتنظيم للظاهرات الجغرافية في الحيز الجغرافي، وكان الهدف النهائي الوصول إلى قوانين أو تعميمات بشأن الأنماط الحضرية والتركيب الداخلي للمدن، وبشأن التفاعل المكاني والعمليات والسلوك البشري في الحيز أو المجال الجغرافي (Austin C,Murray And Others PP 20,21).

وكان هذا الاهتمام مصحوباً بالمنهجيـة العلميـة وفحـص النظريـات وبنـاء النمـاذج، مع زيادة استخدام الرياضيات والأساليب الإحصـائية، وبالتـالي أصبـح العمل في جغرافية المدن تحليلياً ويتميز بالتجريد. Yeates M. And Garner B. p.7

هذا، وقد تغيرت الاهتمامات الأساسية في جغرافية المدن، بحيث أصبح يتم التركيز على العلاقات الأفقية بـين الإنسـان وأخيـه الإنسـان، بـدلا مـن العلاقـة الرأسية التقليدية في الجغرافية، بين البيئة الطبيعية من الأسفل والبيئة البشرية من الأعلى، وأخذ يتركز الاهتمام عـلى العمليـات التـي تكمـن خلـف التنظيم المكاني للظـواهر الجغرافيـة، وعـلى عمليـات اتخـاذ القـرار والاهتمام بسـلوك الأفراد.

لم تعد جغرافية المدن علماً نظرياً، يهتم بتطـوير نظريـات أو قوانين عامـة فقط، بل أصبحت علماً تطبيقياً يساعد في حل المشكلات التـي تواجـه المـدن، وتطبيق نتائج أعمال التخطيط الحضري، والمسـاعدة في عمليـات اتخـاذ القـرار من قبل المسؤولين في المدن، وقد أخذت جغرافية المدن تهتم بمشكلات السكان الاجتماعية، والنظر للمدن على أساس أنها انعكاس لتنظيم المجتمع لنفسه.

(Yeates B and Garner, 1976 P.7)

الفصل الثاني

تطور جغرافية المدن

يقسم جمال حمدان مراحل تطور جغرافية المدن إلى ثلاث مراحل هي:

المرحلة الأولى: (مرحلة النشأة): خلال النصف الثاني من القرن التاسع عشر:

تميزت هذه المرحلة ببعض أعمال الرواد من الجغرافيين، لأن حياة المدن لم تكن تتعدى مرحلة الطفولة، كما أن المدينة لم تكن تمثل في تلك الأثناء ظاهرة جغرافية كبرى في اللاندسكيب، فلم يكن في العالم إلا مدينة مليونية واحدة، وكان أول من قام بمحاولة في جغرافية المدن عام ١٨٩١ راتزل من خلال مقالة كتبها سنة ١٩٠٦ فرق فيها بين الموضع والموقع، كما اعتبر أوتوشلوتر المؤسس الأول لجغرافية المدن بمؤلفه " ملاحظات على جغرافية السكن" عام ١٨٩٩، وظهر عام ١٩٠٧ كتاب آخر لكورت هاسرت بعنوان " المدن معالجة جغرافية".

هذا، وظهرت أعمال ريادية أخرى في جغرافية المدن خارج ألمانيا وبخاصة في فرنسا، مثل أعمال كل من بول ميريو ورينية مونيية، وقد تميزت أواخر هذه المرحلة بزيادة الاهتمام بعدة جوانب من المدن، مثل الهندسة والتخطيط والاجتماع والاقتصاد والعلوم السياسية والإدارة الخ، وقد تميزت هذه المرحلة بتطور جغرافية المدن وعلم الاجتماع في آن واحد تقريبا، إلا أنه يعتقد أن جغرافية المدن قد ظهرت في فترة أسبق من تلك التي ظهر فيها علم الاجتماع.

المرحلة الثانية: (المرحلة التكوينية):

يمكن اعتبار الحرب الأولى خط التقسيم بين مرحلة النشأة والمرحلة التكوينية لجغرافية المدن، وتميزت هذه الفترة بظهور عدة دراسات تفصيلية عن كثير من المدن المهمة

والغنية، وبدأ الاهتمام بالمدن المدارية في الشرق الأقصى وفي أفريقيا، ولعله من أبرز من درس هذه المدن وكتب في منهج المادة وحاول تحديد طرقها وأهدافها، وتميزت هذه المرحلة بالدراسات التفصيلية للمدن وبدراسات الربط والمقارنة ووضع قوانين عامة على نطاق عالمي أو إقليمي، فكانت هذه أول محاولة لوضع جغرافية أصولية، ومن الجغرافيين الذي ساهموا في جغرافية المدن خلال هذه المرحلة: مارك جيفرسون الذي عالج نمو المدن الأمريكية والبريطانية منذ ١٩٢٥-١٩١٧، وقام فلير بأول محاولة لتصنيف وتحديد أقاليم المدن في غرب أوروبا، وكانت مساهمة جيفرسون وفلير في جغرافية المدن الإقليمية، ودرس تريوارثا المدن اليابانية، كما وضع كرستالر قوانين التباعد والحجم واستخدم الطرق الرياضية لأول مرة في نظرية الأماكن المركزية.Central Place Theory

وظهرت خلال هذه المرحلة، أيضاً، مدرسة شيكاغو الاجتماعية، أو ما يسمى علم الاجتماع الحضري بقيادة كل من روبرت بارك وبيرجيس ومكنزي التي أسهمت إسهاماً كبيراً في جغرافية المدن، وعرفت دراساتهم بايكولوجية المدن التي أفرزت كثيرا من الأبحاث والدراسات التي وضعت أسس منهج " المنطقة الطبيعية"Natural Areas، أي المناطق البشرية والوظيفية والاجتماعية التي تنشأ في مجتمع المدينة نشأة تلقائية.

المرحلة الثالثة: (مرحلة النضج)

بدأت هذه المرحلة بالحرب العالمية الثانية، وتميزت بخصائص خمس هي:

١- بدأ استقلال جغرافية المدن عن الميادين الأخرى، كما بدأت تتبلور وجهة نظر وفلسفة مكانية واضحة وأصيلة، بجهود كثير من الجغرافيين أمثال : جيفرسون وديكنسون وبلانشار وآخرون.

٢- تطوير كثير من القوانين والنظريات مثل: نظريات الموقع والمكان المركزي والرتبة والحجم وغيرها.

٣- دخول مفاهيم جديدة لجغرافية المدن مثل: إقليم المدينة والمجال الحضري وغيرها.

٤- ظهور كتب المراجع المختصة في المادة، وهذا دليل على استقرار المادة.

٥- بروز فروع متخصصة في العلم مثلي إقليم المدينة وجغرافية الموانئ والمواصلات داخل المدن وتحليل البيئة الاجتماعية وغيرها.

أما في أمريكا الشمالية، فقد تطورت جغرافية المدن الحديثة على يد الجغرافيين الأمريكين، على الرغم من أن بدايات جغرافية المدن كانت ألمانية من خلال مساهمة العديد من الجغرافيين الذين أسهموا في تأسيس العلم، وسيرد تفصيل لهذا الموضوع في مكان آخر.

لقد تركز الاهتمام المبكر لجغرافية المدن الأمريكية على مفهوم الموضع والموقع والتفريق بينهما وبخاصة الموضع والموقع للمدينة، تطور هذا الاهتمام من التقليد الجغرافي المعروف الذي كان يركز على دراسة العلاقات المتبادلة بين الإنسان والبيئة الطبيعية، فقد أصبح كارل ساور، ومن خلال مقالته التي كتبها عام ١٩٢٥ بعنوان مورفولوجية اللاندسكيب"

يشكل معلماً أساسياً لهذا الموضوع، على الرغم من أنه لم يكن جغرافي مدن إلا أنه دفع عدداً من الجغرافيين إلى دراسة السكان في المدن وخصائصهم الاقتصادية من خلال علاقتها بالمواقع الطبيعية للمدن، وكانت تشكل الدراسات الميدانية جزءاً مكملاً لهذا الاتجاه.

وشكلت دراسات الظهير والمنطقة التجارية Hinterland and trade area موضوعاً مبكراً آخر للدراسة في جغرافية المدن، وقد عزز هذا الاتجاه بالتقليد الجغرافي المعروف بالمنهج الإقليمي، واشتمل هذا الاتجاه على دراسات كثيرة للخصائص الطبيعية والاقتصادية والثقافية والسياسية للمنطقة من أجل إبراز أوجه التشابه والاختلاف بين هذه المنطقة ومناطق أخرى Hartshorn T. 1992, p.6

وتطور اتجاه آخر للبحث في جغرافية المدن تزامن مع التركيز على الدراسات الوظيفية، ركز هذا الاتجاه على موروفولوجيةالمدن أوالتركيب الداخلي للمدن، من

خلال دراسة أنماط استعمالات الأرض وتحديد مناطق وظيفية داخل المدن، مثل المناطق السكنية والصناعية على سبيل المثال، وقد ساعد هذا الاتجاه في تحديد هوية الجغرافي مخططاً للمدن، وأدى التوسع في هذا العمل وبخاصة تحليل التغير في الوظيفة السكنية، ونمو الضواحي وإيصال الخدمات الحضرية ووسائل الصرف الصحي وتوفير المياه والبنية التحتية للاتصالات، أدى إلى تعزيز العلاقة الوثيقة بين الجغرافيا والتخطيط.

ويظهر الاهتمام المعاصر بنظم المعلومات الجغرافية ارتباط الجغرافي والمخطط بعمل تحليل البيانات وتبويبها والحصول عليها من الميادين الاقتصادية والاجتماعية والبيئية Hartshorn T.1992,p.7.

هذا وقد تأثر تطور جغرافية المدن بالتطور الذي حصل في الفكر الجغرافي بشكل عام وبخاصة بالمدارس الفكرية الجغرافية مثل المدرسة الموقعية والسلوكية:

بعض المدارس الفكرية وجغرافية المدن

١- المدرسة الموقعية وجغرافية المدن:

لقد أكسب التركيز المزدوج من قبل الجغرافيين على دراسة التركيب الداخلي للمدن والاهتمام بعملية التخطيط لما يحويه هذا التركيب من انتظام لاستعمالات الأرض والوظائف وخصائص السكان الاقتصادية والاجتماعية وخصائص السكن، من جهة، وعلى دراسة المنطقة التجارية في المدن من جهة ثانية، وضعاً متميزاً لميدان جغرافية المدن، فقد أفادت من ظهور المدرسة الموقعية في الجغرافيا خلال الخمسينيات من القرن العشرين، من خلال التركيز على منهج التحليل الكمي لوضع أساس نظري للعلم، فتطور اهتمامان للبحث بتأثير من أفكار المدرسة الموقعية هما:

اهتمام ركز على دراسة المدن نقاطاً، أي دراسة المدن على أساس أنها تشكل عناصر أو مكونات للنظام الحضري، وتتم دراسة هذه المدن دون الدخول إلى داخلها، وبالتالي تهتم دراسة النظام الحضري بما يلي:

١- دراسة حجوم المدن ورتبها والعلاقة بين الحجوم والرتب، وتدرس في هذا المجال قاعدة الرتبة والحجم، Rank Size Rule.

٢- دراسة توزيع المدن وتباعدها، وتدرس هنا نظرية الأماكن المركزية لكريستالر Central Place Theory.

٣- دراسة التفاعل المكاني بين المدن Spatial Interaction وقوانين الجاذبية.

٤- دراسة نمو المدن والنظريات الاقتصادية التي تحاول تفسير عملية النمو هذه.

وركز الاهتمام الثاني على دراسة المدن مساحات أو مناطق، بحيث يتم الدخول إلى داخلها ودراسة الخصائص الاقتصادية والاجتماعية وخصائص السكن في المدن، ودراسة استعمالات الأرض فيها وأنماط انتظامها، أي دراسة ما عرف بالتركيب الداخلي للمدن، على أساس أن المدن تشكل نظماً، تشمل عناصر النظام أو مكوناته على المناطق الاجتماعية في المدن أو مناطق السكن المختلفة، بالإضافة لأنماط استعمالات الأرض أو غيرها من المزايا داخل المدينة، لذلك عرف برايان بيري Brian Berry جغرافية المدن بأنها العلم الذي يدرس المدن كأنظمة ضمن النظام الحضري.

(Urban Geography is the study of cities as systems within a system of cities) (Yeates M. and B.Garner, 1976,p)

يشمل هذا التعريف المنهجين السابقين، ونتيجة للتقدم الكبير الذي حصل في العلم نتيجة لتوافر كم هائل للبيانات من خلال التعدادات، ونتيجة للتطور الهائل في استخدام الحاسب الآلي في الآونة الأخيرة وتبنى نماذج رياضية وكمية، فقد أمكن استخدام عدد كبير من المتغيرات، مؤشرات للخصائص الاقتصادية والاجتماعية والديموغرافية للمدن والسكان فيها، من أجل تفسير للتباين المكاني بين المدن، وكذلك بين المناطق داخل المدينة الواحدة، للوصول إلى قوانين أو تعميمات، يمكن بواسطتها فهم النظام الحضري والتركيب الداخلي للمدن، وقد أدى تطور المنهج التحليلي الذي يعتمد على أفكار المدرسة الموقعية في الجغرافيا إلى بروز نظريات مهمة مثل: نظرية موقع المصنع

لويبر ونظرية مواقع استخدامات الأرض الزراعية لفان ثيونن ونظريـة الأمـاكن المركزيـة لـوالتر كريسـتالر، وتميـزت أعـمال الـرواد مـن الجغـرافيين باسـتخدام الأساليب الكمية، ومنهم مكارثي من جامعة أيوا وغاريسون وأولمان من جامعة واشنجتون، واشتمل كتاب " التحليل المـوقعي في الجغرافيـا البشر ـية" لهاغيـت على عرض لعدد مـن التقاليـد الجغرافيـة منهـا الجغرافيـا الإقليميـة والمدرسـة الموقعية وبناء النماذج والنظريات ، وكان تركيز الجغرافيين الأوائل على مواقـع استعمالات الأرض وأنماطهـا والتوزيعـات المكانيـة للأنشـطة البشر ـية المختلفـة ومواقعها(Hartshorn T. 1992 PP.7-9).

وأصبحت جغرافية المدن تشكل الواجهة الأمامية للبحث الجغرافي التحليلي

٢- المدرسة السلوكية:

أطلق اسم الدراسات السـلوكية عـلى البحـث الـذي يركـز عـلى عمليـة اتخاذ القرار، وعلى السـلوك البشر ـي الـذي يكمـن خلـف التوزيعـات المكانيـة للأنشطة البشر ـية المختلفـة، وتمثـل هـذه الدراسـات امتـداداً لأفكـار المدرسـة الموقعية.

ويعتمد فكر المدرسة السلوكية على أن التوزيعات المكانية للأنشطة البشرية في الحيز الجغرافي لا توجد بشكل عفوي، وإنما هي نتيجة لقرارات اتخذهـا النـاس سواء أكـانوا أفـراداً أم جماعـات، مؤسسـات عامـة أو خاصـة، ويركـز أصحـاب المدرسة السلوكية على تفسـير التوزيعـات المكانيـة السـابقة الـذكر مـن خـلال البحث عن الأسباب وسلوك الناس والقرارات التي تـم اتخاذهـا دون الاهـتمام بالظاهرة في حد ذاتهـا، وبالتـالي تقـدم المدرسـة السـلوكية إطـاراً عمليـاً لفهـم وتفسير التركيـب الـداخلي للمـدن، حيـث أن التغير في الأنشـطة المختلفـة وفي استعمالات الأرض داخل المدينة لا يحدث بشكل عفوي، بل هو نتيجة لقرارات اتخذها الناس (Hartshorn T.1992,P10).

٣-الاتجاه البنائي (Structural Approach):

لقد دفع عدم الاقتناع بالتفسيرات التقليدية لعملية التغير الحضري، والإمكانيات المحدودة للنماذج والنظريات التقليدية المتعلقة بالتطور الحضري دفع عدداً من الباحثين وعلى رأسهم ديفيد هارفي إلى وضع اتجاه أو منهج جديد لدراسة المدن، خلال عقدي السبعينات والثمانينات من القرن العشرين، يركز هذا المنهج على دور التنمية غير المتوازنة، ودور الاقتصاد السياسي الحضري في فهم التركيب الحضري وتغيره، كما حظي دور استثمار رأس المال من قبل القطاع الخاص باهتمام آخر من هذا الجانب، حيث ارتبط انتقال رأس المال من مركز المدينة إلى الضواحي في المدن الغربية، بالنمو السريع الذي شهدته تلك الضواحي وبتدهور المدينة المركزية حديثاً، ويؤكد هذا الاتجاه، أيضاً على دور الحكومة وتدخلها من خلال المساعدات وإعادة تخصيص الموارد من أجل حل المشكلات التي تواجه المدن (Hartshorn T.1992,P10).

الفصل الثالث

مناهج واتجاهات في جغرافية المدن

تطورت جغرافية المدن خلال العصر الحديث نتيجة لعدة أسباب منها:

الثورة الكمية التي شهدتها جغرافيا المدن بخاصة والعلوم الاجتماعية بعامــة، وتـوافر بيانـات ضـخمة ومعلومـات عـن الخصـائص الاقتصادية والاجتماعية للسكان نتيجة لتطور أساليب جمع البيانات والإحصاءات أو التعدادات، بالإضافة للاستخدام الواسع للحاسب الآلي، (Knox Paul, 1994, P.4) هذا وقد ساعدت الأساليب التحليلية الحديثة المستخدمة في دراسة المدن، في إضافة مساهمات واضحة ومهمة في العلوم الاجتماعية بشكل عـام، وإلى وضوح في مدى الرؤية للجغرافي وتزويده بالوسائل والأساليب التي مكنته من محاكمة النظريات المتعلقة بعملية التحضر.

وقد تأثرت جغرافيـة المـدن، كغيرهـا مـن العلـوم الاجتماعيـة الأخرى، بالتغير الذي حصل في القيم والمعايير الاجتماعية في العصر ـ الحـديث، فمـع زيادة تفهم مشكلات المدن المختلفة، أصبح البحث والدراسة في جغرافية المدن أكثر مرونة وأكثر واقعية، حيث تركز الاهتمام عـلى المشكلات العمليـة مثـل حاجـات الصـناعة، كـما أصـبح يستعان بجغـرافي المـدن في موضوعـات كثيرة تتفاوت بين بيان الموقع المناسب لإقامة محل تجاري جديد، وبـين تقيـيم آثـار إعادة رسم حدود الدوائر الانتخابية، أو تطور السياسات الحكومية الهادفة إلى نمو وتطوير الاقتصاد المحلي.

وقـد أدى التطورالـذي شهدته المـدن، والتغيرالـذي حصـل في طبيعةعمليـة التحضرــ إلى ظهوراتجاهـات حديثـة في جغرافيةالمدن،وظهورموضـوعات جديـدة للدراسةمع زيادةالاهتمام بالتغيرات التي تحدث في المدن،مثل اهتمام جغرافيي المدن

بالفقر لدى السكان في المدن الأمريكية، وبخاصة بعد زيادة أعمال الشغب في المدن خلال حقبة الستينات من القرن العشرين (Knox Paul, 1994, P.5)

ظهر الاتجاه الأول خلال الخمسينات، حيث كانت تركز جغرافية المدن على البيئة الطبيعية، واعتبار المدن ظاهرة نتيجة لملاءمة الظروف الطبيعية، بل استجابة لخصائص المواضع المحلية والموارد الطبيعية المتوافرة، فيمكن تفسير نمو مدينة بتسبرغ في الولايات المتحدة، نتيجة لتوافر الفحم الحجري وخام الحديد والصخور الرسوبية والمياه، بالإضافة إلى سهولة وصولها إلى أسواق ضخمة لمنتجات الحديد والصلب.

أما الاتجاه الثاني فقد ساد في المراحل المبكرة من تطور جغرافية المدن، فكان يركز على المناطق الطبيعية في المدن، التي تنشأ نشأة تلقائية، وكذلك على مورفولوجية المدن أو مظهرها العام، وعلى المخطط الذي تبني حسبه المدن، وإبراز آثار خصائص الموقع الطبيعية في مخططات الطرق وأحياء المدينة المختلفة ومناطقها الوظيفية، وقد تميزت أعمال الجغرافيين في هذه الفترة بأنها كانت وصفية (Knox Paul, 1994, P.5)

بعد الخمسينات من القرن العشرين، تأثرت المعارف والعلوم المختلفة باستخدام القوانين والمبادئ العلمية بشكل أكبر، وبالتالي خرجت دراسات العمران ومورفولوجية المدن من الاهتمام العلمي، وحل مكانهما منهج آخر اعتمد على فلسفة الـ Posivitism الذي كان قد تطور في العلوم الطبيعية واعتمدت فلسفته على إثبات الحقائق والبرهنة عليها من خلال أساليب علمية مقبولة، وقد أثرت هذه الفلسفة على الجغرافيا وعلى معظم العلوم الاجتماعية التي عززها دخول الثورة الكمية إليها خلال الستينات، أي استخدام الأساليب الرياضية والتطبيقات الإحصائية والقوانين والنظريات في دراسة هذه العلوم.

وأعيد تحديد ميدان جغرافية المدن علماً لدراسة التنظيمات المكانية الحضرية والعلاقات المكانية فيما بينها، والتركيز على بناء النظريات والنماذج وفحصها، وقد تم هذا من خلال اتجاه أو منهج تجريدي ساعد بدرجة كبيرة في فهمنا للمدن،واستمر هذا

المنهج في جغرافية المدن، منهجاً رئيسياً، عـلى الـرغم مـن أن عمليـة التجريـد تظهر النماذج مسطحة تختلف عن الواقع.

وقد أظهر ديفيد لي، وهو جغرافي اجتماعـي، أن التجريـد يبقـي عـدة أسئلة مهمة، تتعلق بالعمليات والمعاني التي تكمن خلف عملية التجريد دون إجابات محددة، وعـلى الـرغم من وجود قاعدة تقول بارتفاع مستوى الحالـة الاجتماعية للسكان كلما ابتعدنا عن مناطق صناعة الحديد والصلب، إلا أن هذه القاعدة لا تقدم لنا فهما لطبيعة العلاقة بين المستوى الاجتماعي للسكان من جهة وبين البعد عن مصنع الحديد والصلب من جهة أخرى، وكـذلك فـإن القاعـدة لا تبين الحـالات التـي تخالفهـا ولا توضـح معنـى المصـنع وأهميتـه لمجموعات سكانية أخرى، وكيف يؤثر ذلك على قرارات السكان بشـأن اختيار أماكن إقامتهم، للإجابة عـن التسـاؤلات السـابقة، ظهـر منهـج سلوكي خـلال السبعينات، يركز على دراسة أنشطة السكان وعلى عمليات اتخـاذ القرار مـن قبل الناس سواء أكانوا أفراداً أم جماعات، هذا وقد أمكن اشتقاق العديد مـن المفاهيم والأساليب التحليلية للمنهج السلوكي مـن علـم النفس الاجتماعي، حيث يتم التركيز على الحاجات البشرية للسكان ودوافعهم.

وظهر منهج اكتسب قوة خـلال السبعينات والثمانينـات مـن القرن العشرـين، يعـرف بمـنهج الاقتصـاد السـياسي، يركـز عـلى مضمون التغيرات الاجتماعية والسياسية والاقتصادية في عملية التحضرـ وعـلى الآثـار الايجابيـة والسلبية الناتجة عن هذه التغيرات، التي تؤثر على سلوك الناس وعلى عمليـة اتخاذ القرار. ويعتمد هذا المنهج على مزيج من نظريات اقتصادية واجتماعيـة وسياسية، فعلى سبيل المثال ونتيجـة لتـوافر رأس مـال واسـتثماره في الصـناعة، وتوافر العمالة الماهرة، وإتباع سياسة حكومية تشجع على ذلك، يحدث تطور وتنمية صناعية وتنمية في قطاع الإسكان أيضاً.(Knox Paul, 1994, P.8)

تعد المناهج السابقة الذكر متكاملة، يكمل الواحد منها الآخر، إذ يستحيل وجودها جميعا في نظرية واحدة، إلا أنه يمكن أخذ بعض المفاهيم والأفكار من كل منهج من هذه المناهج.

ويلاحظ، مما سبق، أن جغرافية المدن تدرس المدينة من خلال التركيز على جانبين رئيسيين هما: الموقع الجغرافي والسكان، فبالنسبة لموقع المدينة أهمية كبيرة تبرز من خلال تأثيره على وظيفتها وعلى مدى حيويتها ونشاطها في الماضي والحاضر، وعلى مزاياها وخصائصها المعاصرة.

أما بالنسبة لسكان المدينة، فيشمل هذا الجانب دراسة مجموعة من العوامل التي تعمل على تحديد هوية المدينة من خلال حجم السكان فيها مثل: مدينة صغيرة أو مليونية أو غير ذلك، وكذلك من خلال دراسة التراكيب السكانية، كالتركيب العمري والنوعي والعرقي والتعليمي والمهني والاقتصادي لسكان المدينة.

وقد اهتم الجغرافيون في دراساتهم بأحد الاتجاهين السابقين أو بكليهما معا، فإذا كان الاهتمام يتعلق بالمكان أو بموقع المدينة، كان يتم التركيز على العلاقات المتبادلة بين المدن المختلفة أو بين النظم الحضرية الإقليمية، وإذا كان الاهتمام يتعلق بالسكان، فكان يتم التركيز على الأنماط المكانية لمستويات الدخل في مدينة أو أكثر، وعلى أنماط الأحياء الفقيرة وأنماط حركات السكان.

هذا، ويستخدم بعض الجغرافيين الاتجاهين السابقين في دراساتهم بشكل متداخل، مثل دراسات استعمالات الأرض وحركات السكان من أجل العمل أو من أجل التسوق، وقد يقوم الجغرافيون بدراسات خارج المجالين السابقين، كما تشمل جغرافية المدن موضوعات ذات طبيعة محددة في مدينة معينة أو لمجموعة محددة من سكان مدينة ما، أو تتعامل مع موضوعات واسعة تشمل عددا من المدن في الإقليم أو القطر أو العالم (Northam R, 1979, PP.5-6)

تعريف المدينة:

يعتبر تعريف المدينة عملاً صعباً، لم يتم الاتفاق عليه من قبل الجغرافيين، وقد اختلفت التعاريف المقدمة للمدينة باختلاف الأسس التي تعتمد عليها هذه التعريفات، واختلاف أغراض الدراسة وأهدافها، ونتيجة لهذا الاختلاف ظهرت أدبيات كثيرة تتناول الموضوع بالبحث والدراسة ، وقد قدم جمال حمدان، في كتابه جغرافية المدن خمسة أسس يعتمد عليها من أجل تعريف المدينة، كما قدم أحمد علي إسماعيل مجموعة مشابهة من الأسس لتلك التي قدمها جمال حمدان، كما أورد عبد الرزاق عباس في كتابه مجموعة من المفاهيم التي يمكن الاعتماد عليها في تحديد مفهوم المدينة (جمال حمدان جغرافية المدينة، مطبعة أسعد، بغداد، ١٩٧٧، ص١-٤.

ويمكن تلخيص الأسس التي يعتمد عليها في تحديد مفهوم المدينة بما يلي:

١- **الأساس الإحصائي:** ويعتمد هذا الأساس على حجم السكان في المدينة وعلى كثافتها، ويختلف حجم السكان في المدينة من قطر لآخر، حتى إن هذا الحجم يتغير في القطر من فترة زمنية لأخرى، فكان يحدد في الولايات المتحدة عام ١٩٠٠ بـ ٨٠٠٠ نسمة، أصبح بعد عام ١٩١٠ ألفين وخمسمائة نسمة (جمال حمدان ١٩٧٧).

ويعاني هذا الأساس من ضعف آخر، عند وجود نويات داخل المدينة ، كما يخضع، أيضاً، لمبدأ المتغير المتصل، من ناحية إحصائية، فلم يتحول مكان ما من حالة القرية إلى حالة المدينة بمجرد أن يصل حجم السكان فيه إلى ٢٥٠٠ نسمة أو إلى قرية إذا أصبح عدد السكان فيه ٢٤٩٩ نسمة.

بالإضافة لما تقدم، توجد مراكز عمرانية كبيرة الحجم ولكنها تعتبر قرى من حيث مظهرها ووظيفتها، فقد وجدت قرى في مصر يزيد حجم السكان فيها على عشرة آلاف نسمة، بينما كان يعيش ٥٧% من اليابانيين في مدن زراعية يتراوح حجم السكان فيها بين ٢٠٠٠ و ١٠,٠٠٠ نسمة (جمال حمدان ، ١٩٧٧ ، ص ٧,٦)

ويمكن اعتماد الكثافة السكانية أساسا آخر لتحديد مفهوم المدينـة ، حيث تتميز المدن بكثافات سكانية أعلى من الريف ، وذكر رقم ١٠٠٠ نسـمة للميـل المربع كثافة للمدن (عبد الرازق عباس ١٩٧٧ ، ص ١-٤) ، إلا أن هـذا الأساس لا يخلو من نقاط ضعف، أيضاً، لأنه توجد أكثر من نـوع للكثافـة السـكانية في المدن، ومنها: الكثافة الخام، وتحسب بقسـمة جملـة السـكان في المدينـة على جملة مسـاحة المدينـة، والكثافـة الصـافين، وتسـاوي عـدد السـكان في وحـدة المساحة من الأرض المبنية أو المطورة في المدينة. (أحمد إسماعيل علي، ١٩٨٢).

وقد اعتمدت الأمم المتحدة في الكتاب الإحصائي السنوي لعـام ١٩٥٢ الحـد الأدنى لمجموع السكان في المدينة يساوي عشرين ألفاً، ويساعد هـذا التعريـف في تسهيل دراسات المقارنة، حيث يتم توحيد الأساس بين الـدول جميعـاً، وقـد أمكن تقسيم المدن حسب هذا التعريف إلى:

١- مدينة صغيرة، يبلغ حجم السكان فيها عشرين ألفاً أو أكثر.

٢- مدينة City، يبلغ حجم السكان فيها مائة ألف أو أكثر

٣- مدينة كبيرة، يزيد حجم السكان فيها على نصف مليون نسمة.

٤- مدينة مليونية، يبلغ حجم السكان فيها مليوناً أو أكثر

٥- مدينة كبرى (Super City) يبلغ حجم السكان فيها خمسـة ملايـين أو أكثر.

وبالتالي فالقرية، أو المركز العمراني الريفي، هو الـذي يقـل حجـم السـكان فيه عن عشرين ألفاً (Honey R.1987, P.418) (United Nations, 1968, P.38) هذا وتعتمد الدول التالية الحد الأدنى لحجم السكان في المدن كالتالي:

السويد ٢٠٠ نسمة والـدنمارك ٢٠٠ نسـمة وجنـوب إفريقيـا ٥٠٠ نسـمة واسـتراليا وكندا١٠٠٠ نسمة وفرنسا وكوبا ٢٠٠٠نسمة والولايات المتحدة والمكسيك ٢٥٠٠

نسمة، وبلجيكا وابران ونيجيريا ٥٠٠٠ نسمة، اسبانيا وتركيا ١٠ آلاف نسمة، واليابان ٣٠ ألفاً.

٢- **الأساس الإداري:** تحدد المدينة هنا، بقرار إداري (قضائي)، حيث تعلـن المدينة بموجب مرسوم يمنحها حقوقاً ويفرض عليها واجبات تميزها عـن الريف، ويستعمل هـذا الأساس في بريطانيا والنـرويج واليابان، وتحـدد المدينة في بريطانيا بأنها المركز العمراني الذي يعتبر مركزاً لأسقف. (جمال حمدان، ١٩٧٧، ص٧).

٣- **الأساس التاريخي:** تعرف المدن حسب هذا الأساس بأنها تتميز بتاريخ قديم، مهما كان حجم السكان وكثافتهم ووظائفهم، إلا أن هـذا التعريـف شكلي وغير موضوعي، فتبقى المـدن التاريخيـة تحـتفظ بآثارها وقلاعها وحقوقها، وفي الواقع توجد أمثلة لا تتفق مـع هـذا الأسـاس، حيث توجد مدن كثيرة في العصر الحاضر دون أن يكـون لهـا تـاريخ سـابق، كما توجد مدن لها تاريخ إلا أن حجومها صغيرة.

٤- **الأساس الشكلي أو لاندسكيبي:** تشكل المدينة حسب هذا الأساس " حقيقة مرئية في اللاندسكيب يمكن أن نحددها بإحساساتنا الخارجية" (جمال حمدان، ١٩٧٧، ص٩) ويمكن التعرف على المدينة بمظاهرها وطبيعة طرقها ومصانعها أو مداخنها، ويعكس مظهـر المدينـة حجـم السـكان وكثافتهم، وكذلك الأساس الإداري والإحصائي، ويعتبر هذا الأساس نتيجة وليس سبباً.

٥- **الأساس الوظيفي (الاقتصادي):** يتعلق هذا الأساس بالوظائف التـي يقوم بها سكان المدن، يعتبر البعض أن المدينة مركز عمراني غير زراعـي، إلا أن هذا الأسـاس يتميـز بصعـوبة في تحديـد الوظائف التـي يقوم بها سكان المدينة، لأن بعض سكان القرى يقومـون بوظائف تجاريـة ودينيـة وتعليمية وغيرها من الوظائف التي يقوم بها أصلاً سكان المـدن، إلا أنـه يمكننا التأكيد أن الوظائف التي يقوم بها سكان المدينة هـي وظائف ثانوية وثالثة أكثر تعقيداً وأكثر تنوعاً وتخصصاً، بينما يقوم سكان القرية

بوظائف أولية بسيطة قليلة العدد، فوجدت قرة صيد الأسماك وقرى التعدين وقرى قطع الأشجار وقرى سياحية وترفيهية وقرى تعدين.

ويعد تعريف المدينة تعريفاً محلياً ، تعتمد كل دولة تعريفاً خاصاً بها، وقد يعتمد هذا التعريف أساساً واحداً أو أكثر من الأسس التي سبق ذكرها، ويمكن وصف المدينة بشكل عام بأنها تركز لسكان يتميزون بطريقة للحياة واضحة من خلال أنماط الحياة والعمل، وتتميز المدينة باستعمالات أرض متخصصة بدرجة عالية، وتنوع كبير لمؤسسات اجتماعية واقتصادية وسياسية، وتستخدم الإمكانات والموارد في المدينة، بحيث تبدو وكأنها آلات أو مكائن في غاية التعقيد.(Hartshorn T, 1992, P.3) .

وعلى الرغم من أن عملية التمييز بين الأقاليم الريفية والحضرية تعتبر بسيطة نسبياً، إلا أن عملية تحديد نقطة القطع بين المراكز الريفية والحضرية ليست سهلة، فيمكن اعتبار أن مراكز الاستقرار البشري تشكل خطاً متصلاً ريفياً حضرياً (Rural Urban Continum) بحيث تحتل أحد طرفي هذا المتصل المراكز الريفية وتقع على الطرف الثاني المدن، فكلما اتجهنا نحو المدن يزداد حجم السكان فيها، كما يزداد عدد الوظائف التي تقدمها وتزداد تنوعاً وتخصصاً وتعقداً، وتقع في المنتصف منطقة انتقالية من المراكز العمرانية تتميز بخصائص مشتركة ريفية حضرية، لذا فإنه يصعب تحديد نقطة قطع تفصل بين القرى والمدن.

هذا وقد ظهر مفهوم مثير للاهتمام في جغرافية المدن، يتعلق بتعريف المدينة وبخاصة بحدودها الإدارية، بحيث تقع جميع مساحة المدينة داخل حدودها الإدارية والقانونية، ويسكن هذه المنطقة سكان مدنيون وعرف هذا المفهوم ب True Bounded، أي تتفق الحدود الإدارية للمدينة مع حدود المنطقة الحضرية، وهناك حالة أخرى تشكل المنطقة الحضرية جزءاً من حدود المدينة الإدارية، وعرفت هذه المدينة Over-bounded City ، كما توجد حالة ثالثة تمتد فيها المنطقة الحضرية خارج حدود المدينة الإدارية، وتعرف المدينة هنا بـ -Under bounded City ، وفي هذه الحالات الثلاث، بشكل عام، تكون حدود

المدينة الإدارية ثابتة، نسبياً، في حين تكون المنطقة الحضرية متغيرة مكانياً. Northam. R. 1979, PP. 10-11 شكل ٤ يبين هذه الحالات.

ويعتبر البعض أن المدينة تشكل وحدة سياسية، تشير إلى مكان يسيطر عليه نوع من الإدارة والتنظيم Brunn S. And Other, 1983, P.7 وصنف آخرون المدينة إلى ثلاثة أنواع:

أ- مدينة حقيقية: Formal City ، وتحدد هذه المدينة من خلال مبانيها ومنشآتها، وتنتهي حدودها بانتهاء مظاهرها المختلفة من مبان وطرق ومنشآت.

ب- مدينة وظيفية: Functional City، وتحدد هذه المدينة من خلال علاقاتها مع ظهيرها أو إقليمها التابع لها.

ويظهر من خلال التعريفين السابقين وجود أجزاء هامشية، تتميز بمزايا انتقالية ريفية حضرية، ويمكن تحديد المناطق الهامشية للمدينة من خلال البيانات المتعلقة بتيارات الحركة مثل الانتقال للعمل، ويمكن الحصول على هذه البيانات من المسوحات الميدانية، وتنتهي حدود المناطق الهامشية حيث يتجه الناس إلى مدينة أخرى للحصول على ما يحتاجون من سلع وخدمات.

ج- المدينة القانونية: Legal City: تتفق حدودها مع حدود المدينة الحقيقية، وبشكل أدق من حدود المدينة الوظيفية، ويكون لها حدود معروفة ورسمية، وعادة تستخدم هذه المدينة وحدة للتحليل والدراسة، لأن البيانات تتوافر عنها.

ويعتمد تعريف المدينة على نوع الدراسة وطبيعتها، فعند دراسة أنماط السكن في المدينة، يستخدم مفهوم المدينة الحقيقية، وعند دراسة رحلات التسوق أو العمل، يستخدم مفهوم المدينة الوظيفية.

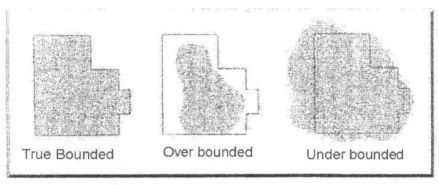

(أ) (ب) (جـ)

شكل (٤): الحدود الرسمية للمدينة وحدود المنطقة المبينة

أ - مدينة تتفق فيها الحدود الرسمية مع حدود المنطقة المبينة

ب - مدينة تزيد فيها الحدود الرسمية عن حدود المنطقة المبينة

ج - مدينة تقل فيها الحدود الرسمية عن حدود المنطقة المبينة

المصدر: ***Hartshorn T. 1992***

ويجب أن لا يغيب عن البال أن المدن ليست منفصلة عن مجتمعاتها، فهي انعكاس لتنظيم المجتمع لنفسه، وعادة ما يهتم الجغرافيون بدراسة العلاقات التي تتم بين المدن، وبينها وبين مناطق أخرى، وينظر الجغرافيون إلى المدن على أنها تشكل جزءاً من نظام كلي Herbert D.1972, PP.20-22 .

يبدو مما تقدم أن تعريف المدينة هو تعريف محلي اعتباري، يعتمد أسساً محلية تختلف من قطر لآخر، لذلك جاء تعريف الأمم المتحدة عام ١٩٥٢، الذي يعتبر الحد الأدنى لحجم المدينة الصغيرة هو عشرين ألفاً من أجل توحيد التعريف وحل المشكلة، فإذا أمكن اعتماد هذا التعريف للمدينة، فإنه يمكن تعريف القرية بأنه التجمع الذي يقل

فيه مجموع السكان عن عشرين ألفاً، ويسهل هذا التعريف دراسات المقارنة بين النظم الحضرية.

ولعله من المفيد أن نورد ملاحظة أخيرة، تتعلق بحدود المدينة، حيث يعتمد تعريف المدينة أساسا على حدودها ، و هناك صعوبة في تصنيف المناطق الحضرية خارج المدن و التي يصنفها البعض بالضواحي الداخلية و الخارجية، حيث يعيش السكان خارج المنطقة المبنية أو المطورة، وتحدد المدينة وضعها و حجم السكان فيها، فتصنف مدينة لندن أحيانا خارج قائمة المدن الكبرى حيث ينخفض مجموع السكان فيها إلى سبعة ملايين نسمة، في حين يصل عدد سكانها الحقيقي إلى ١٢ مليونا و ٣٥٠ ألفا، كما تصنف مدينة شنغهاي ضمن اكبر المدن في العالم بمجموع يزيد على ١٣ مليونا ، إلا أن سكانها ينتشرون فوق مساحة تزيد على ٦٠٠٠ كم٢ ، وتشمل مساحات من الأرض الزراعية، وينطبق هذا على مدينة بكين أيضاً Global report, 1996, PP.14-17 .

لماذا ندرس المدينة:

تهتم جغرافية المدن بفهم المدينة من خلال دراسة الأنشطة الموجودة داخلها، وتفسير التنظيمات التي تنتظم حسبها الأنشطة البشرية هذه، لذلك تهتم جغرافية المدن بدراسة أنماط استعمالات الأرض والتغيرات التي تطرأ عليها وتتبع أنماط التغيرات مع مرور الزمن، وتهتم جغرافية المدن أيضاً، بدراسة الأحياء الاجتماعية المختلفة في المدن، وكيفية انتظامها واختلافها من مدينة لأخرى، ومن فترة زمنية لأخرى، كذلك تهتم جغرافية المدن، بدراسة حركات السكان وانتقالهم داخل المدينة من أجل العمل والتسوق.

ويحاول الجغرافي الإجابة عن عدد من الأسئلة التي تتعلق بالموضوعات التي يهتم بها الجغرافي، بعامة، وجغرافي المدن بخاصة.

وتحتل المدينة مكانة مهمة لدى الباحثين والدارسين من عدة ميادين مثل: الهندسة والتخطيط وعلوم الاجتماع والاقتصادوالتاريخ والإدارةوالصحةوالجغرافية، ويتناول كل متخصص من هذه التخصصات دراسة موضوعات في المدن من وجهة نظره الخاصة،

فالجغرافي يدرس المدينة من وجهة نظر جغرافية، تختلف عن غيرها من الميادين الأخرى، حيث يركز على المكان والموقع الجغرافي، وعلى الاختلافات المكانية، ودراسة العملية المكانية، وتفسير التنظيمات والتوزيعات المكانية للأنشطة البشرية المختلفة داخل المدينة من خلال إطار بيئي، ودوماً يتم البحث عن الترتيب والتنظيم الذي تنتظم بموجبه الأنشطة في المدينة، لذلك اعتبرت المدن معامل أو مختبرات تتم فيها العديد من الدراسات من ميادين مختلفة، وتحظى المدن بالاهتمام للأسباب التالية:

١- لقد أصبحت المدينة في العصر الحاضر ظاهرة جغرافية كبرى على سطح الأرض، حيث يسكن المدن أو التجمعات التي يزيد عدد السكان فيها على عشرين ألفاً أو أكثر حوالي ٥٢% من مجموع السكان في العالم في الوقت الحاضر، وتشير هذه النسبة إلى توجه الناس للاستقرار في المدن، فإذا عرفنا أن مجموع سكان العالم في الوقت الحاضر أكثر من ستة بلايين نسمة، فيعني أن أكثر من ثلاثة آلاف مليون هم سكان مدن، الأمر الذي يستدعي الاهتمام بهذا العدد من البشر ودراسة المشكلات التي تواجههم ومحاولة اقتراح حلول لها.

٢- تعاني المدن من كثير من المشكلات والاحباطات التي تواجه السكان، وتحتاج هذه المشكلات إلى حلول مناسبة، فعلى الرغم من أن المدن تقدم للسكان مستوى جيداً من الحياة، وتوفر لهم إمكانات لا يوفرها الريف إلا أنها تعاني من الكثير من المشكلات التي تتطلب دراسة واقتراح حلول مناسبة لها، ومن هذه المشكلات: تدهور مستوى الحياة في المدن، وارتفاع معدل الجريمة ومعدلات البطالة وتدهور في البيئة وما تعانيه من تلوث واكتظاظ وازدحام ونقص في السكن الملائم والخدمات التي يحتاج إليها السكان، بالإضافة للكثير من المشكلات الاجتماعية وعدم قدرة القادم من الريف على التكيف مع حياة المدينة المختلفة عن حياة الريف.

(Hartshorn T, 1980, P.1)

٣- تمثل المدن مراكز قوة اقتصادية وسياسية واجتماعية في المجتمع، وتستثمر فيها مبالغ ضخمة من المال، لتوفير البنية التحتية والإسكان، بالإضافة للمصانع والمؤسسات المالية والإدارية والمعلوماتية وغيرها، فتقدر دراسات أنه استثمر أكثر من ٢٠٠ بليون دولار في المدن المركزية في الولايات المتحدة وحدها، بالإضافة لما فيها من مهارات وخبرات للسكان وما لديهم من موروث حضاري (Hartshorn T. 1980, P.1) .

لذلك كله كانت الحاجة ماسة لتوفير معلومات أكثر عن سكان المدن وعن مناطق سكنهم وأنماط أنشطتهم وما يحتاجون إليه، لأن المدن بشكل عام تشهد معدلات نمو كبيرة، في الوقت الحاضر، وتستثمر فيها مبالغ ضخمة من رأس المالي، بحيث أصبحت تمثل مراكز قوة اقتصادية وسياسية واجتماعية، ومراكز للسيطرة والإبداع والاختراعات، وبما أن الاقتصاد الحديث، اقتصاد التسعينات أو اقتصاد ما بعد الثورة الصناعية يتطلب وصولاً إلى المعلومات بسهولة، في عصر عرف بعصر المعلومات، وتتوافر هذه المعلومات في المدن بعامة والمدن الكبرى بخاصة، نتيجة احتوائها على المباني والبنية التحتية اللازمة، بالإضافة إلى تواجد الخبراء والمختصين والمبدعين من مخططين ومستشارين ومهندسين ورجال أعمال، فقد أصبحت المدن الكبرى هي الأماكن المناسبة التي ينتج فيها كم هائل من المعلومات، حتى غدت المدن الكبرى والمعلومات مفهومين يكمل أحدهما الآخر، الأمر الذي دفع المؤسسات والشركات الكبرى إلى إقامة إدارتها في هذه المدن.Hartshorn T.1992,P.1

بعض المفاهيم والمصطلحات المهمة:

لعله من المفيد تقديم مجموعة من المفاهيم الجغرافية للقارئ، لأنها تساعد في تفسير السلوك البشري والتوزيعات المكانية للأنشطة المختلفة، ومن هذه المفاهيم:

المسافة:

تعدالمسافةمهمةوأساسيةلفهم أي تنظيم مكاني في الحيزالجغرافي،حتى اعتبرت الجغرافيةعلم المسافة "Geography is a disciplin in distance" "Watson,1955" فالمسافة

سواء أكانت مطلقة أم نسبية، تقتضي أنواعاً من التيارات والحركة والاتصال بين المواقع والأنشطة المختلفة التي تعرف بالتفاعل المكاني، والمسافة المطلقة عبارة عن الفاصل الطبيعي بين المواقع المختلفة، ويقاس عادة بوحدة المسافة، وتقاس المسافة النسبية، بالجهد والمال أو الزمن اللازم لقطع المسافة Yeates M. And Other, 1976, P.9 وقد ساهم التقدم التقني في وسائل المواصلات في تقليل أو اختصار المسافة، إلا أن أثرها لم يختفِ تماما فيبقى أثر المسافة واضحاً وضاغطاً على حركة السكان و البضائع والمعلومات.Yeates M, and Other, 1976,P.8 وتكمن أهمية المسافة في الكلفة التي تتطلبها للتغلب عليها، والتي تؤخذ بعين الاعتبار من قبل متخذي القرار ، وتؤثر في ترتيب التوزيعات المكانية للأنشطة البشرية المختلفة. وعادة ما يؤخذ في الاعتبار تقليل المسافة لحدها الأدنى ، مما يؤدي إلى وجود قوى جاذبة تعمل على تجميع الأنشطة والسكان في مواقع محددة، ويمكن النظر إلى المدن وإلى مراكزها التجارية بخاصة على أنها تجمعات ترمي إلى تقليل المسافة وكلفة النقل إلى حدها الأدنى، وفي الوقت ذاته توجد قوى طاردة تعمل عكس القوى الجاذبة، فتساعد على الفصل المكاني بين الأنشطة والتنظيمات المختلفة، وعليه، فإن التنظيم المكاني للأنشطة أو حتى للظواهر الجغرافية البشرية المختلفة، يعود إلى تداخل القوى الجاذبة والطاردة التي تعد مهمة في تشكيل إطار لفهم انتظام التوزيعات المكانية بالطريقة التي توجد عليها Yeates M. and Other, 1976, P.8 .

الموقع:

يشمل الموقع الجغرافي نوعين هما: الموقع الفلكي والموقع النسبي، ويحدد الموقع الفلكي بشبكة خطوط الطول ودرجات العرض، مثل تحديد مواقع المدن ومراكز التسوق، ويقدم إجابة للسؤال أين تقع الأشياء؟ إلا أنه لا يقدم جواباً لسؤال لماذا توجد هناك؟ لذلك نلجأ إلى الموقع النسبي الذي يبين مواقع الظاهرات بالنسبة لظاهرات أخرى، مثل النظر إلى موقع المصنع بالنسبة لموقع المادة الخام اللازمة وبالنسبة لموقع السوق، وقد أدى التقدم التقني في وسائل المواصلات إلى التأثير على المواقع النسبية بحيث أصبحت قريبة نسبياً، إلا أنه لم تتأثر جميع المواقع بنفس الدرجة، فهناك مواقع تأثرت بدرجة أكبر

من غيرها، وبخاصة المدن الكبيرة التي توجد فيها المطارات والمـوانئ، ممـا أدى إلى ما عرف بالأهميـة النسـبية للمواقع، فتمتعت بعـض المواقع بمـا يسـمى بسهولة الوصول The Accessibility، في حين تميزت مواقع بدرجـة أقل مـن سهولة الوصول، أو بقيت منعزلة، لذا فإن سـهولة الوصول لأي موقع تعتمـد على مكان هذا الموقع في شبكة المواصلات والاتصالات، فأي تغيير في هاتين الشبكتين، يؤثر سلباً أو إيجابا على سهولة الوصول لهذه المواقع، وبالتـالي عـلى مستوى أهميتها، ويشكل مفهوم سهولة الوصول أساساً لفهـم الأنماط المكانيـة الموقعية، وتعتبر جزءاً مهما من نظريات التنظيم المكاني للحيز، مثل نظريـات استعمالات الأرض (Yeates M. and Garner, 1976, P.9).

مفاهيم تنظيمية:

ترتبط المواقع المختلفـة بعضها بعضا بواسطة أشكال عـدة مـن أشكال التفاعل والاتصال مكونة ما يعرف بالنظم، ويمثل النظام المكاني واحداً يتكون مـن مجموعة من المواقع ترتبط وما فيها من أنشطة وأنماط مـع بعضـها بعضـاً، بحيث تشكل مجموعة المدن في القطر أو الإقليم نظاماً حضرياً معيناً، كما تشكل المدينـة الواحـدة نظامـاً تتكون عناصره ومكوناتـه مـن المنـاطق الفرعيـة داخـل المدينـة، ويشكل هذا المفهوم إطاراً مهماً لدراسة جغرافية المدن، التي تعمل على فهم المدن بشكل صحيح، لأن أي تغيير في أحد عناصر النظام يؤثر على العناصر الأخرى، فنمـو مدينـة ما قد يؤدي إلى عدم نمو مدن أخرى، كما أن تأسيس مركز تجاري في مدينـة ما يؤثر على حيوية أنشطة تجارية أخرى.

هـذا وقـد ظهـرت مفـاهيم في اقتصـاديات المـدن مثـل: الأثر المضاعف والتغذية الراجعة وزيادة الإنتاج، أثرت على تفسير عملية نمـو المـدن وعـلى تفسـير مواقع الأنشطة المختلفة Yeates M. and Garner, 1976,P.10 .

وهناك مفهوم آخر مهم في التنظيم المكاني للحيز هو ما عرف بالبنية الهرمية أو السلمية للمدن Urban Hierarchy، وهي تدل على انتظام المدن في قطر ما عـلى شكل هرم عرف بالهرم الحضري،الذي هوفي حقيقةالأمرانعكاس لكيفيةتنظيم المجتمع

لنفسه، فتحتل المدن المختلفة مستويات مختلفة من الهرمية حسب حجومها، وسيرد تفصيل لهذا الموضوع في مكان آخر من الكتاب.

ويمكن إضافة مفهوم آخر هنا، ألا وهو الإقليم الوظيفي، فتشكل المدن نقاطاً مركزية لأقاليمها، كما تسيطر المدن على أقاليمها أو مناطق نفوذها، وهناك أمثلة كثيرة لهذه الأقاليم منها: الأقاليم الإدارية والولايات والمقاطعات والمناطق التعليمية، وتنتظم هذه الأقاليم على هيئة أهرامات أيضاً، بحيث تحتل الأقاليم الأوسع التابعة لمدن أكبر مستويات أعلى في الهرم الحضري (Yeates M. and Garner 1976, p.p.10-11)

مفاهيم سلوكية:

تعد دراسة السلوك البشري ظاهرة حديثة في جغرافية المدن، وحسب الاتجاه السلوكي، فإنه يتم التركيز على سلوك الأفراد وعلى عملية اتخاذ القرار، وليس على الظاهرة أو النشاط البشري في حد ذاته، ونتيجة لذلك دخلت الجغرافية مفاهيم وأساليب جديدة ومثيرة من علم النفس والسياسة، مثل ما يتعلق برغبات الأفراد ودرجات تفضيلهم وسرعة المعلومات وعملية اتخاذ القرار، بالإضافة إلى إدراك الناس لبيئاتهم الطبيعية واختيار أماكن الإقامة ورحلات التسوق (Yeates M.And Garner 1976, P.11).

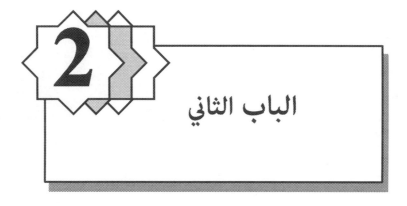

2

الباب الثاني

التحضر

الفصل الأول

عملية التحضر

قبل تحديد معنى التحضر ومفهومه، يجدر التفريق بين اصطلاحين وتوضيحهما، وهما: عملية التحضر Urbanization والتمدن Urbanism، فيشير مفهوم التحضر إلى التغير في نسبة سكان المدن في قطر ما وتحديداً ارتفاع هذه النسبة،التي تتضمن عملية انتقال السكان من الريف إلى المدن، وتشير أيضاً إلى وصف التغيرات التي تحدث في التنظيم الاجتماعي للمجتمع، نتيجة تركز السكان في المدن، وبالتالي يتم بواسطة هذه العملية تحول مناطق ريفية إلى مناطق حضرية وتغيير نسبة من سكان الريف نمط حياتهم من حياة القرية إلى حياة المدينة Palen J.1981,P.9 ويعني هذا أن لعملية التحضر آثاراً ديموغرافية، تتمثل في زيادة التركز السكاني في المدن وزيادة أعداد المدن وزيادة حجومها، وآثاراً تنظيمية تشمل تغييرات في التركيب الداخلي للمدن، من حيث توزيع السكان والأنشطة الاقتصادية واستعمالات الأرض وأنماط البناء والمواصلات وغيرها داخل المدن، وتغييرات أخرى في النظم الاقتصادية والاجتماعية التي تتفاوت بين الزراعة والتصنيع، فالتحضر عملية معقدة للتغير الاقتصادي والاجتماعي عملت على نقل المجتمع من حالة يسودها الريف إلى حالة يسودها الحضر، ويشار إلى مستوى التحضر بالمرحلة التي وصل إليها قطر في فترة زمنية معينة Yeates M.Garner 1976,P.22 أما اصطلاح التمدن فيشير إلى العملية التي تدل على نمط الحياة التي يتميز بها المجتمع في المدينة، ويعرفها Nels Anderson 1959 بأنها طريقة حياة الناس، Brunn S. and Other, 1983, P.5 و Northam R. 1979, P.3

وبالتالي يشكل هذا المفهوم مفهوماً مختلفاً عن عملية التحضر التي سبق شرحها، حيث تتميز بتغير القيم وتغير بعض المفاهيم الاجتماعية والسلوك لسكان المدن،وقد تكون تابعة لعملية التحضر وناتجة عنها،كما يتضمن مفهوم التمدن،أيضاً، دراسة

مفاهيم نفسية اجتماعية لحياة المدينـة وأنمـاط الشخصـية الحضريـة وتكيـف سلوك الناس الـذي تتطلبـه حيـاة المدينـة Palen J.1981, P.10 ، فقـد تتميـز منطقة ما بمستوى مرتفع من التحضر وبمستوى منخفض من التمدن، كما هـو الحال في الدول النامية، حيث يتجمع المهاجرون مـن الريـف في المـدن الكبـيرة مع بقائهم ريفيين من حيث العادات والتقاليد والمعـايير، فعـلي سـبيل المثـال: فقد ولد أكثر من ثلث سـكان مدينـة القـاهرة خارجهـا، وفي الـدول المتقدمـة، يتميز سكان الريف بقيم ومعايير وتقاليد اجتماعية وأنماط حياة مشابهة لتلـك التي تسود في المدن، ويقر لويس ريث بأن حجم المدينة سكانيا ومـا فيهـا مـن تنوع اجتماعي يؤديان إلى وجود نمط التمدن Writh L.1938، هـذا وتتضـمن عملية التحول الحضري عنصرين مهمين هـما: هجـرة السـكان مـن الريـف إلى المدن، حيث يعمل السكان بأعمال غير ريفية، وتتغير أنماط حياتهم الريفية إلى حياة حضريـة، مـع تغير في اتجاهـاتهم وسـلوكهم وقـيمهم (Brunn S. and other , 1983, P.5) ويميل الجغرافيون لتعريف مفهوم الحضر Urban بأنـه يمثل مكاناً للإشغال، لأن الجغـرافي يهـتم بخصـائص الموقـع أكـثر مـن الاهـتمام بنمط الحياة، وقد اتفق الجغرافيون على خصائص المكان الحضري التالية:

١- يتميز المكان الحضري (المدينة) بارتفـاع الكثافـة السـكانية بشـكل يزيـد عليها في القطر بعامة.

٢- يعمل السكان فيه، بشكل رئيس، بوظـائف غـير زراعيـة أو أوليـة، وإنمـا بوظائف ثانوية، أكثر تعقيداً وتخصصاً وتنوعاً.

٣- تمثل المدن مراكز ثقافيـة وإداريـة واقتصـادية، تخـدم الأقـاليم التابعـة لهـا، وبالتـالي تشـير المدينـة إلى أنشـطة بشريـة تتركـز في موقـع أو مكـان محدد. Honey R, and Others 1987, PP. 419-420, and Northam R, 1979, P.10 وعليه فإن عمليـة التحضر هـي أكـثر مـن كونهـا زيـادة تركـز السكان الذين يعيشون في المدن ويعملون فيها، كما أنها تتـأثر بسلسـلة مـن العمليات المتداخلة التي تنتج عن تغيرات اقتصـادية وديموغرافيـة وسياسـية وثقافية وتقنية واجتماعية تحدث في المجتمع، كما تتأثر أيضاً، بعوامل محلية

تعمل على تعديلها مثل أشكال السطح والموارد الطبيعية، وتكون المحصلة النهائية زيادة كبيرة في إعداد السكان الذين يعيشون ويعملون في المدن، على الرغم من أن ذلك لا يشكل شرطاً لعملية التحضر. Global Knox Paul 1994 P.8 و Abu Lughod and other, 1977,P.72 and Global Report , 1996, P.13

وينتج عن عملية التحضر هذه بعض التغيرات المهمة التي تحدث في طبيعة النظام الحضري وديناميكيته. (والنظام الحضري هو مجموعة المدن في القطر أو الإقليم) وكذلك تغيرات تحدث داخل المدن، مثل التغير في أنماط استعمالات الأرض وفي البيئة الاجتماعية (التركيب الاجتماعي والسكاني لأحياء المدينة)، وكذلك في داخل المدن، مثل التغير في أنماط استعمالات الأرض وفي البيئة الاجتماعية أي التركيب الاجتماعي والسكاني لمناطق المدينة المختلفة، وفي البيئة المبنية أو المطورة وطبيعة التحضر، أي في أشكال التفاعل الاجتماعي وطرائق الحياة التي تتكون في المدن.

تعتبر بعض المجموعات من سكان المدن هذه النتائج، التي تنتج عن تغيرات في النظام الحضري أو في داخل المدن والتي غالباً، لا تكون متوقعة، مشكلات تواجه المدن، وتحظى باهتمام السياسات الحكومية وتخطيط المدن والبلديات Knox P. 1994, P.8.

بالإضافة لما تقدم، يجدر التفريق أيضاً بين اصطلاحين هما: التحضر ونمو المدن Urban Growth، ولتوضيح الفرق بينهما نورد المثال التالي: نفرض وجود قطر، ينقسم سكانه إلى ريف ونسبتهم تساوي ٦٠%، وسكان مدن وتساوي نسبتهم ٤٠%، نفرض أن مجموع سكان القطر يساوي ١٥ مليوناً، لذا يبلغ مجموع سكان الريف ٩ ملايين ومجموع سكان المدن ٦ ملايين، ونفرض أنه بعد فترة زمنية زاد عدد السكان في القطر فأصبح ١٨ مليوناً، موزعين بين الريف والمدن، بحيث أصبح مجموع سكان الريف ١٨ مليوناً، موزعين بين الريف والمدن، بحيث أصبح مجموع سكان الريف ١٠.٨ مليوناً، أي بزيادة ١.٨ مليوناً، وبلغ مجموع سكان المدن ٧.٢ مليوناً أي بزيادة ١.٢ مليوناً. ولو حسبنا نسبة كل من سكان الريف وسكان المدن إلى مجموع السكان فنجد أنها تساوي ٦٠% ريف و ٤٠%

مدن، على الرغم من زيادة مجموع السكان ب ٣ ملايين. هنا يقال أنه يوجد في القطر Urban Growth أو نمو في سكان المدن.

ولتوضيح مفهوم التحضر، نفرض وجود قطر يبلغ مجموع سكانه ١٥ مليوناً، موزعين على الريف والمدن بنسبة ٤٠% مدن و ٦٠% ريف، ومجموع سكان الريف يساوي ٩ ملايين ويساوي مجموع سكان المدن ٦ ملايين، وخلال ثلاثين سنة زاد مجموع السكان بنسبة ٢٠%، أي ١٨ مليوناً موزعين على الشكل التالي: ٩.٥ مليوناً سكان ريف و ٨.٥ مليوناً سكان مـدن، أي بنسبة ٥٢.٨% نسبة سكان الريف ٤٧.٢% نسبة سكان مدن، يظهر هذا المثال وجود عمليـة تحضر أو تحول حضري، حيث إن نسبة ٧.٢% من سكان الريف قد انتقلوا إلى المدن، وغيروا نمط حياتهم من حياة الريف إلى حيـاة المدينـة Northam R, 1979, P, 11

وقد حاول الجغرافيون تفسير عملية التحضر ونمو المدن، وبيـان الشـروط اللازمة لتحقيق كل منهما، فقالوا إذا كانت معدلات النمو السكاني في المدن تساوي أو تزيد على معدل النمو السكاني في القطر بعامة، يكون القطر جار تحت عمليـة تحضر أو تحول حضري، هذا ويمر العالم خلال القرنين الماضيين تحت عملية تحضر، لأن معدلات النمو في المدن تفوق معدلات النمو السكاني في العالم، فقد قدر معدل نمو المدن بـ ٤% سنوياً، بينما يقدر معدل نمو سكان العالم بحوالي ١.٦% ؛ وينطبـق هذا على الوطن العربي الذي يقدر معدل نمو سكان المدن فيه بـين ٤.٥ % و ٥.٥% سنوياً، في حين يقدر معدل نمو السكان فيه ب ٣%، لـذا فـإن الـوطن العربي جار تحت عملية التحضر أيضاً.

مدخلات عملية التحضر، التغيرات التي تؤثر في عملية التحضر:

يبين شكل (٥) مخططاً واضحاً لعملية التحضر، مبينا العوامـل والمتغيـر والآليات التي تؤثر فيها، بالإضافة للآثار الناتجـة عنهـا، ويبدو أن العلاقـات المتداخلة بين العمليات المؤثرة في عملية التحضر والنتائج المترتبـة عليهـا هـي علاقات معقدة، فعملية التحضر لا تتأثر فقـط بالعوامـل والمتغيرات الظاهرة على الشكل، فقط وإنما تؤثر فيها أيضاً وتشمل هذه المتغيرات ما يلي:

التغير الاقتصادي وعملية التحضر:

تحتل التغيرات الاقتصادية مكانة مركزية بين القوى والعوامل التي تـؤدي إلى عملية التحضر وتشكيلها، كما أن تتابع التغيرات الاقتصادية وقوتها تعتبر مهمة في متابعة عملية التحضر واستمراريتها، وقد ساهم تطـور الرأسمالية في تطور النظام الحضري،

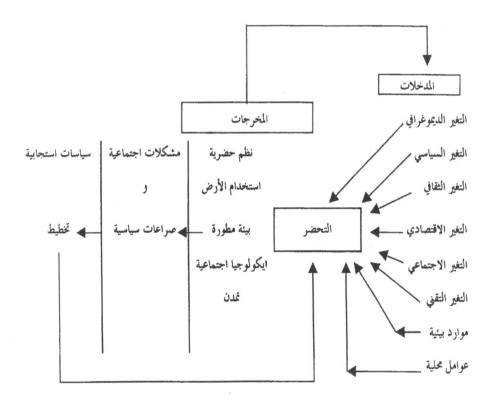

شكل (٥) : عملية التحضر

المصدر: Knox P. 1994

بشكل خاص، بحيث شهدت كل مرحلة من مراحل تطور الرأسمالية تغيرات في المنتجات وطريقة الإنتاج ومكان الإنتاج، وتطلب ذلك نوعاً جديداً من المدن أو تعديلاً في المدن الموجودة فعلاً، من أجل تأمين المتطلبات والحاجات التي تطلبتها مراحل تطور النظام الرأسمالي، كما ساعد تطور نظم التقنية من الميكنة المبكرة التي اعتمدت على الآلة البخارية، إلى الاعتماد على الفحم الحجري لتوليد الطاقة واستخدام الحديد وتطور السكك الحديدية والنقل البحري وتطور الآلة ذات الاحتراق الداخلي، ثم الطاقة النووية، وأخيرا تطور نظم المعلومات الالكترونيات والاتصالات الرقمية، فقد ساعد هذا التطور على تشكيل وتوجيه الاقتصاد الوطني الذي أثر على خصائص عملية التحضر ـ وتسارعها.

وخلال عملية التطور الاقتصادي، تحدث عناصر جديدة، تشكل جوانب أساسية لجغرافية المدن، كما تؤثر مراحل التطور الاقتصادي على عدة جوانب أخرى مثل التنمية الاقتصادية وحجم الاستثمار وتطوير وسائل المواصلات وبناء المدن Knox P. 1994, PP.9-14

نمت اقتصاديات المدن خلال الثمانينات ومطلع التسعينات، فكانت المدن تمثل مراكز للتجمعات الاقتصادية، حتى أن معدل الإنتاج الاقتصادي في المدن كان يفوق معدل نمو السكان فيها، فقد صرح وزير المعلومات في سنغافورة عام ١٩٩٥، بأن المدينة ستشكل في القرن الحالي وحدة للإنتاج الاقتصادي والتنظيم الاجتماعي ولإنتاج المعلومات Global Report, 1996, P24 ويعود السبب في ذلك إلى ارتباط ارتفاع مستويات التحضر بالتطور الاقتصادي وتنوعه، وتظهر هذه العلاقة بوضوح من خلال وقوع المدن الأكبر في أقاليم الاقتصاد الكبرى، فحسب بيانات ١٩٩٠، يوجد حوالي نصف المدن الضخمة التي يزيد عدد سكانها على عشرة ملايين في أقاليم الولايات المتحدة والصين واليابان وألمانيا وفرنسا. وعلى العكس من ذلك فإن ارتفاع معدلات التحضر ـ في الدول النامية لم يصاحبه نمو اقتصادي أو تصنيع أو حتى زيادة في الإنتاجية الزراعية، لذلك يجب النظر إلى التعميمات السابقة بحذر شديد، وبخاصة في الدول النامية Global Report, 1996, P.25

التغير الديموغرافي:

تظهر علاقة قوية بين التغير الاجتماعي وعملية التحضر، فالمدن نتاج سكانها، وكما أشير في مكان سابق، هي انعكاس لتنظيم المجتمع لنفسه، وتتشكل خصائص المدن ومزاياها من خلال حجوم السكان وتراكيبهم الاقتصادية والعمرية والنوعية وغيرها، بالإضافة إلى معدلات التغير من زيادة أو نقصان، بناء على معدلات النمو الطبيعي والهجرة.

وترتبط بعض الخصائص الديموغرافية بالمستوى الاجتماعي والاقتصادي لمناطق المدينة المختلفة، فالأحياء القذرة Slums والمزدحمة تتميز بارتفاع معدلات الوفاة للسكان، كما أن المدن التي تتوافر فيها مستويات جيدة من المرافق والخدمات، تعمل على جذب أعداد أكبر من المهاجرين، وغالباً ما يتوسط طبيعة اقتصاديات المدن، العلاقة بين التغير الديموغرافي وعملية التحضر، فعلي سبيل المثال، تعتمد معدلات المواليد والهجرة إلى حد كبير على إدراك السكان وتوقعاتهم بالنسبة للفرص الاقتصادية في المدن Knox P. 1994, P.14

التغير السياسي:

يظهر الأثر المهم للتغير السياسي في عملية التحضر ـ من خلال الذبذبات والتغيرات الأيديولوجية التي تحدث في المجتمع من فترة زمنية لأخرى، فعلي سبيل المثال، تمثل حركة الإصلاح التي حدثت في المجتمع الأمريكي، خلال السبعينات والثمانينات من القرن التاسع عشر، والتي كانت استجابة للعديد من المشكلات الاجتماعية، أحد التغيرات المعروفة في النظام الحضري الأمريكي ويمكن إيراد مثال آخر حديث مختلف، ظهر من خلال التغير السياسي الذي حدث على مستوى قومي ودولي، في نهاية الحرب الباردة بين العرب والاتحاد السوفيتي السابق، وكان لهذا التغير أثر بارز على اقتصاديات المدن الأمريكية، وبخاصة فيما يعرف بنطاق الشمس، حيث كانت تعتمد في اقتصاديتها بشكل كبير على الصناعات الدفاعية. فقد ظهر في هذا المثال دور التغير الاقتصادي الذي يتوسط العلاقة بين التغير السياسي وعملية التحضر. وبالمقابل فإن التحضر يؤثر، بشكل

مباشر أو غير مباشر، على التغير السياسي. فيظهر الأثر المباشر للتحضر ـ من خلال تجمع الناخبين في المدن الأمريكية لتشكيل أحزاب سياسية على مستوى قومي، أما الأثر غير المباشر، فيظهر من خلال إدراك الناس للمشكلات التي ترتبط بعملية التغير الحضري، لأن إدراك الناس لهذه المشكلات يساعد في تأطير عدد من المسائل في الساحة السياسية Knox P, 1994, PP.14-15

التغير الثقافي:

تظهر أمثلة عديدة في المجتمع الأمريكي بخاصة وفي المجتمعات الأخرى بعامة، تبين العلاقة المتبادلة بين التحضر والتغير الثقافي في المدن، ومن هذه الأمثلة: إعادة الاهتمام بالماضي وآثاره في أنماط العمارة في المدن من خلال المحافظة على أنماط عمرانية قديمة تتميز بالعراقة نتيجة للتغير الثقافي الواسع بعد العصرـ الحديث الذي بدأ في السبعينات والثمانينات من القرن العشرين، كما ساهم التحضر ومن خلال ثقافات ثانوية وجدت بعض المدن في زيادة حيوية الثقافة الحضرية التي ازدهرت في المدن الأمريكية، بخاصة، علماً بأن العديد من الدول تضع الكثير من التشريعات والقوانين التي تعمل على تشجيع المدن لاعتماد خطط وتصاميم هندسية تحافظ على التراث الثقافي والحضاري لهذه الأقطار، ولعل أبرز مثال على ذلك ضرورة اعتماد التصميمات الهندسية الإسلامية والعربية في المدن في العديد من الأقطار العربية والإسلامية Knox P,1994,P.15

التغير التقني:

توجد أمثلة كثيرة تبين العلاقة المتبادلة بين التغير التقني من جهة وبين عملية التحضر من جهة ثانية، فالتطور الذي حصل في وسائل المواصلات من سكك حديدية إلى طرق معبدة فالسيارات الكهربائية، كلها أثرت في تغيير شكل المدينة ونمطها، وتوسعها وامتدادها أفقياً، وتطور ظاهرة الضواحي في المدن الأمريكية، وأثر استخدام بعض العقاقير الطبية على مستوى الخصوبة وعلى اتجاهات الناس ومشاركة المرأة في قوة العمل على الحياة الحضرية، بشكل عام Knox P.1994,P.15

التغير الاجتماعي:

تحـدث في المجتمعـات عـادة تغـيرات اجتماعيـة كثـيرة، فتـؤثر هـذه التغيرات على أنماط السلوك لدى السكان وعلى عاداتهم وما لـديهم مـن قيـم وتقاليـد، وتـؤثر التغـيرات الاجتماعيـة أيضاً، عـلى اتجاهـات السـكان نحـو مجتمعات ثانوية أو أقلية في بعض المجتمعات، كما يتأثر بهـا تركيـب السكان المهني والاقتصادي بخاصة والتراكيب السكانية الأخرى بعامة، الـذي يـؤثر في نهاية الأمر على أنماط السكن في المدينة، فعـلى سـبيل المثـال، يعـزي انتقـال السكان السود إلى الضواحي في المدن الأمريكية، إلى التغيرات الاجتماعيـة التـي حدثت في المجتمع الأمريكي.

ظهر اتجاه آخر في بعض المجتمعات نتج عن التغير المهني الذي حـدث بسبب التحول الاقتصادي في هذه المجتمعات، مثل بروز الطبقة الوسطى الذي صاحب ظهور الرأسمالية Knox P. 1994, P.15 .

الفصل الثاني

منحنى التحضر واتجاهاته

منحنى التحضر The Urbanization Curve

يستخدم منحنى التحضر لوصف التطور التاريخي لعملية التحضر على مستوى العالم، أو لتفسير تطور عملية التحضر تاريخياً، ويأخذ شكل المنحنى حرف S ويتكون من ثلاث مراحل هي: شكل ٦

١- **المرحلة الأولية Initial Stage**

تصف هذه المرحلة المجتمع التقليدي الذي يسوده نظام اقتصادي يعتمد على قطاع الزراعة، يسكن معظم السكان فيه المناطق الريفية، كما يتميز المجتمع بتخلخل سكاني، وانخفاض الكثافة السكانية، وتسكن المدن نسبة صغيرة من السكان تقل عن ٢٥% من مجموع السكان ويرتفع المنحنى في هذه المرحلة بشكل بطيء جداً.

٢- **مرحلة التسارع: Accelerated Stage**

تزيد نسبة سكان المدن، في هذه المرحلة، عن ٢٥% فترتفع لتصل إلى ٦٠% أو ٧٠% وأكثر، ويتميز المجتمع بتركز السكان وتركز للأنشطة الاقتصادية، واستثمار في قطاع المواصلات، بحيث يصبح النشاط الاقتصادي أكثر تركزاً وأقل انتشاراً، كما تزداد أهمية القطاع الاقتصادي الثانوي والخدمات، وتوظف الأنشطة الصناعية والتجارية والخدمات أعداداً أكبر من العمال، ويتميز النشاط الاقتصادي بأهمية أكبر، في هذه المرحلة، من منحنى التحضر، من ذلك النشاط الاقتصادي الذي تتميز به المجتمعات في المرحلة الأولية.

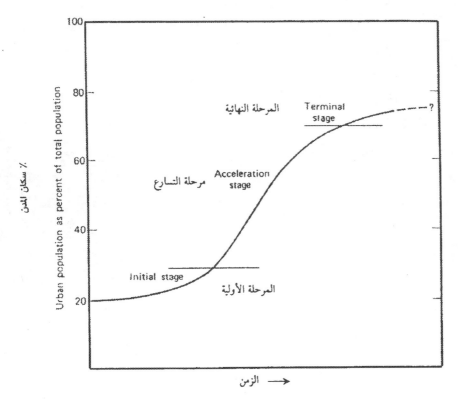

شكل (٦): منحنى التحضر، ومراحل عملية التحضر

المصدر: *Northam R. 1979*

٣- المرحلة النهائية (مرحلة الاستقرار) Terminal Stage

ترتفع نسبة سكان المدن في هذه المرحلة لتزيد على ٧٠% من جملة السكان في القطر، وتبقى النسبة الباقية من السكان ريفيون، يعملون بالوظائف الأولية، ويقومون بتأمين حاجات سكان المدن من الغذاء، وقد وصلت نسبة التحضر في انجلترا وويلز إلى ٨٠% منذ مطلع القرن العشرين، أي أن المجتمع الانجليزي قد بلغ مرحلة النضج في وقت مبكر، وربما سبقت المجتمعات الأوروبية الأخرى.

ويعتمد شكل هذا المنحنى على تاريخ تطور عملية التحضر أو التجربة البشرية، وقد يستمر المنحنى في التفلطح مستقبلاً أو قد ينحدر ويظهر تراجعاً إلى الأسفل نتيجة للهجرة العكسية من المدن إلى المناطق الريفية، أو لزيادة معدلات نمو السكان في المناطق الريفية عنها في المدن (Northam R.1979,P.67)

اتجاهات التحضر:

على الرغم من أن المدن تعتبر ظاهرة قديمة، ظهرت في الألف الرابعة قبل الميلاد في وادي الدجلة والفرات، أو فيما يعرف ب Mesopotamia جنوب العراق، إلا أن ظاهرة التحضر، أي تركز السكان في المدن تعتبر ظاهرة حديثة، ربما ظاهرة القرن العشرين، فتقدر نسبة سكان المدن في العالم في مطلع القرن ١٩ (١٨٠٠) بحوالي ٢% فقط من مجموع السكان في العالم، وكان في العالم آنذاك مدينة مليونية واحدة هي لندن، وارتفعت هذه النسبة عام ١٩٦٠ لتشكل حوالي ثلث سكان العالم وإلى حوالي ٤٠% عام ١٩٨٠، وإلى أكثر من نصف سكان العالم عام ٢٠٠٠ (//A: /uno4gol.asp)

ففي العصر الحديث، شهد العالم معدل نمو سريع لسكانه وصل عام ١٩٧٠ إلى ٢%، فقد تضاعف سكان حوالي عشرين دولة يزيد عدد سكان كل منها على مليون نسمة، تقع معظمها في شرق أفريقيا وغرب آسيا وأمريكا الوسطى، تضاعف بأكثر من ثلاثة أضعاف منذ عام ١٩٥٠، وقد أدى هذا النمو السريع إلى رفع معدل التحضر في هذه الأقطار بخاصة وأقطار الجنوب بعامة. كما ظهرت تغيرات كبيرة في بعض الخصائص

الديموغرافية مثل حجم الأسرة ونمطها والتركيب العمري للسكان في بعض الدول التي تتميز بمعدلات نمو صغيرة مثل أقطار غرب أوروبا وأمريكا الشمالية، وكان لهذه التغيرات آثار مهمة في أنماط التحضر ـ واتجاهاته لهذه الأقطار.

واستمرت عملية التحضر ـ نتيجة للتغيرات الاقتصادية والاجتماعية والسياسية والديموغرافية السريعة التي شهدتها المجتمعات بعامة، فقد تغير معدل حجوم المدن الأكبر في العالم بشكل كبير، كما تغيرت مواقعها بدرجة اقل، حيث توجد استمرارية مدهشة لقائمة المدن الأكبر، فقد كان مهما خلال ٥٠٠ سنة، وكانت قد أسست معظم المدن الكبرى الحالية في أمريكا اللاتينية، في مطلع القرن الثامن عشر، كما أسس حوالي ٩٠% من المدن المليونية في قارة آسيا قبل عام ١٨٠٠م.

وهذا يشير إلى استمرارية عملية التحضر في المدن الأكبر ذات التاريخ الطويل بشكل خاص، وبقيت المدن تشكل مراكز سكانية واقتصادية تصعب منافستها من قبل المدن الجديدة كما تمثل المدن الكبرى مراكز إدارية مهمة، الأمر الذي يؤدي إلى ثبات اقتصادها، وقدرتها على التكيف مع أية تغيرات تحدق فيها (Global Report, 1996, PP12-13) .

هذا، وقد حدثت تغيرات كثيرة فتطورت القرى الصغيرة إلى مدن، والمدن الصغيرة إلى مدن كبيرة والمدن الكبيرة إلى مدن مليونية، وبعض المدن المليونية إلى حواضر أو ميغا سيتي Megacities، فكان متوسط مجموع سكان المدينة من المائة مدينة الأكبر في العالم عام ١٩٩٠ خمسة ملايين نسمة، في حين كان هذا المتوسط عام ١٩٥٠ حوالي ٢.١ مليوناً وعام ١٨٠٠ أقل من مائتي ألفاً من السكان وعلى الرغم من أن أكثر من نصف سكان العالم يعيشون حالياً في المدن، فيعيش عشرات الملايين في الريف، إلا أنهم يعملون في المدن.

يبين الجدول التالي توزيع سكان المدن في العالم و المدن الأكبر عام ١٩٩٠

الإقليم	%سكان المدن إلى مجموع سكان المدن في العام	%السكان في المدن المليونية	مدن مليونية	ميغا سيتي
العالم	١٠٠	١٠٠	٢٨١	١٢
إفريقيا	٨.٨	٧.٥	٢٥	صفر
آسيا	٤٤.٥	٤٥.٦	١١٨	٧
أوروبا	٢٢.٨	١٧.٩	٦١	صفر
أمريكا اللاتينية	١٣.٨	١٤.٧	٣٦	٣
أمريكا الشمالية	٩.٢	١٣.١	٣٦	٣
أوقيانوسيا	٠.٨	١.٣	٥	صفر

(Global Report, 1996, P.13)

مر العالم بعملية التحضر- وبمعدلات سريعة، خلال العقود الأخيرة، كانت معدلات نمو المدن خلال الثمانينات أقل نسبياً من الفترات السابقة، فكانت أكبر خلال الخمسينات والستينات والسبعينات من القرن العشرين، كما بدأت بعض المدن الأكبر في الدول النامية والمتقدمة تفقد أعداداً من سكانها فيما بعد.

تعكس اتجاهات التحضر الحديثة تلك التغيرات الاقتصادية والسياسية القديمة والحديثة، فقد تغير النظام الاقتصادي منذ الخمسينات حتى الوقت الحاضر من اقتصاد مغلق نسبياً إلى اقتصاد مفتوح، يتميز بالتكامل بين أقاليمه المختلفة وكانت معظم القوى العاملة سنة ١٩٥٠، تعمل في الزراعة، في حين أصبح يعمل معظمها في الخدمات عام ١٩٩٠، فحصل التغير منذ سنة ١٩٥٠ في حجم وطبيعة النشاط الاقتصادي وحجم الأسرة وطبيعتها وحجوم الدخول وتوزيعها ، وتؤثر هذه التغيرات حتماً في أنماط العمران واتجاهاته ، الأقطار التي تميزت بأسرع معدلات نمو اقتصادي منذ ١٩٥٠ هي تلك الأقطار

التي تميزت بأعلى معدلات تحضر، كما تتركز أكبر المدن عالمياً في أكبر الأقاليم الاقتصادية، وأظهرت الدول التي استقلت عن الاستعمار الأوروبي تطوراً كبيراً في نظمها الحضرية، من خلال تركز القوى الاقتصادية والسياسية في العواصم.

(Urbanizing World, 1996, P.13)

(//A: / un 03 P.901.asp)

(//A: / un 03 P 902 P 901. asp)

أصبح النمو الحضري منذ الخمسينات ظاهرة عالمية، إلا أنه من الصعب تحديد أسباب نمو المدن، لأنها تختلف في خلفياتها الجغرافية والتاريخية، ولكن يمكن اقتراح عدد من التعميمات التي تفسر عملية نمو المدن وهي:

النمو أو التطور الاقتصادي والزيادة الطبيعية للسكان (الفرق بين المواليد والوفيات) وهجرة السكان من الريف إلى المدن، وتوجد بعض الاستثناءات لهذه القاعدة، فقد تنشئ بعض الحكومات مدنا تتحمل أعباء عن المدن الكبرى، كما هو الحال في Yamoussoukrou التي أنشئت بديلة لمدينة ابيجان في ساحل العاج، ومدينة برازيليا التي أنشئت في الخمسينات عاصمة للبرازيل (//A: Un 05 P.901.asp)

ويمكن وصف اتجاهات التحضر على مستوى العالم من خلال اتجاهين رئيسيين : اتجاه تميزت به عملية التحضر في الدول الصناعية أو الدول المتقدمة، والاتجاه الثاني الذي تميزت به مدن الحضارة غير الغربية، أو مدن العالم الثالث، لقد كان للثروة الصناعة في الدول المتقدمة دور بارز في عملية التحضر في هذه الأقطار، فعند حدوث الثورة الصناعية، تركزت الصناعات وبشكل رئيس قي المدن، الأمر الذي أدى إلى توافر فرص عمل إضافية في هذه المدن، وخلال الفترة ذاتها ونتيجة للتطور التقني في استخدام الآلات الزراعية، أصبح هناك فائض في الأيدي العاملة في المناطق الريفية، وقد صاحب ذلك طلب على الأيدي العاملة في المدن، فاتجه الناس من المناطق الريفية إلى المدن، حيث عملت المدن أقطاب جذب مغناطيسية للسكان في المناطق الريفية، وتمثل هذا الاتجاه في ما عرف بالقوة الجاذبة للمدن Centripet al force، الأمر الذي أدى إلى زيادة تركز السكان

في المدن الغربية، وارتفاع معـدلات التحضرـ وقـد صـاحب عمليـة التحضرـ في المدن الغربية تحديث وتصنيع.

أما الاتجاه الثاني الذي تميزت به مدن الحضارة غير الغربية، في الـدول النامية، حيث تشهد هذه المدن هجرة قوية من المناطق الريفية، على الـرغم من عدم وجود صناعات أو وجود طلـب عـلى الأيـدي العاملـة كـما حـدث في الدول المتقدمة، فيهاجر الناس من المناطق الريفية بفعل مجموعة من عوامـل الطرد، ومجموعة أخرى من عوامل الجذب في المدن، حيث تتوفر بعض الفرص الضئيلة في المدن كالعمل في مهن متواضعة مثل بيع الصحف أو مسح الأحذية أو العمل في محطات بيع الوقود وغير ذلك، فاتجه السكان للتركز في المـدن، إلا أنه لم يصاحب هـذا الاتجاه تصنيع أو تحديث، كـما كـان الحـال في الـدول الصناعية وعرفت عملية التحضرـ هـذه، بأنهـا زائفـة False Urbanization ويتميز التحضر في الدول النامية بـالهجرة نحـو المدينة الأولى، التـي أدت إلى وجـود ظاهرة هيمنة المدينة الأولى أو سيطرتها: The Primate City، كـما تميزت الهجرة هنا أيضاً بهجـرة المرحلة الواحدة: أي مـن القرية إلى المدينة الأولى، مما أدى إلى تضخم المدينة الأولى في الدول النامية، وتركـز نسـبة كبـيرة من السكان والأنشطة الاقتصادية والخدمات فيهـا، وهـذا عكـس مـا حصـل في الدول المتقدمة، حيث الهجرة تتم على مراحل، من القرية إلى المدينة الصغيرة، ثم إلى المتوسطة فالكبيرة... الخ، وتوزع السكان في مجموعـة المـدن بـدلاً مـن تركزهم في مدينة واحدة.

وكلما تتطور الأمم اقتصاديا فإنها تنضج في نظمها الحضرية وكلما ترسل المدن آثارها للمناطق المحيطة أو المجاورة لها، يأخذ المجتمع تدريجياً في تبنـي القيم والسلوك الخاصة بالمدن، أي تحدث عملية تحضر للمجتمع، وتعني هذه العملية أن يشكل الأفراد جزءاً مكملاً ووظيفياً لنظام حضري معقد، تشكل الخطوة الأولى في عملية تحضر المجتمع، تطور نظام سياسي قـومي متكامـل، حيث يصبح الولاء للقومية بدلاً من الولاء المحلي، بحيث تصبح الهوية المحليـة والسياسة الإقليمية ثانوية بالمقارنة مع الولاء القومي.

وتمثل الخطوة الثانية: تطور نظام اقتصادي متكامل مكانياً، وتطور تجارة واسعة وأشكال أخرى من التفاعل الاقتصادي في المجتمع، على سبيل المثال: يبدأ المزارعون بالتحول من إنتاج مخصص للاستهلاك المحلي وتصدير الفائض إلى أسواق إقليمية، إلى إنتاج مخصص كلياً للسوق الإقليمية أو القومية، وإيجاد رجال أعمال في المدن.

تتطلب الخطوتان سابقتا الذكر، تطوراً في الحركة الجغرافية وفي سهولة انتشار المخترعات، تطوراً في أساليب ووسائل الحركة والمواصلات المختلفة من طرق معبدة ونهرية إلى شبكات بحرية وجوية، بالإضافة إلى تطور في وسائل الاتصالات.

وقد تطلب التحضر تطوراً في شبكة المواصلات والاتصالات، كما تعتبر ثورة المعلومات عاملاً مهماً في تشجيع وزيادة التكامل الاجتماعي والسياسي في مجتمعات الدول المتقدمة والنامية على حد سواء، كما ويتطلب ذلك وجود علاقة بين عملية تحضر المجتمع من جهة، وتحول اقتصاده إلى نظام اقتصادي يسوده البحث العلمي والتنمية واستخدام تقنية عالية وإدارة المعلومات. ,Honey R) (and Others, 1987, PP.420-448

متطلبات سابقة لعملية التحضر:

على الرغم من الدور الكبير الذي لعبته الثورة الصناعية وما نتج عنها من تغيرات اقتصادية واجتماعية، في نمو المدن وارتفاع مستويات التحضر فيها، وبخاصة في الدول المتقدمة، إلا أنه يمكن تحديد العوامل التالية التي لا بد من وجودها في النظام الاجتماعي والاقتصادي المعين حتى يتحول من نظام زراعي ريفي إلى نظام حضري.

١- وجود نظام زراعي قادر على إنتاج كميات من المواد الغذائية تكفي سكان القرية وفائض عن حاجتهم لسد حاجة سكان المدن الذين يعملون في وظائف أخرى غير زراعية، وفي العصر الحديث، ومنذ أواخر القرن التاسع عشر، حيث حصل تقدم وتحسن في أساليب الزراعة وتقدم في استخدام الآلات الزراعية، الأمر الذي أدى إلى إيجاد فائض في الأيدي العاملة الزراعية، ممادفعهم إلى الاتجاه للمدن حيث الطلب

المتزايد على الأيدي العاملة وبخاصة بعد توافر فرص العمل نتيجة لإقامة العديد من المصانع في المدن.

٢- الاكتشافات العلمية والمخترعات الميكانيكية، واستخدام الآلة البخارية، الأمر الذي أدى إلى زيادة في كميات الإنتاج، الذي يحتاج إلى أعداد كبيرة من العمال، كما رافق ذلك تصنيع وتحديث حيث حل الفحم الحجري محل الخشب والمياه لتوليد الطاقة، بالإضافة لما سبق ذكره من اعتماد على الآلة البخارية، وبالتالي أصبحت عملية التحضر ـ مرادفة لعملية التصنيع، ومع زيادة حجم الصناعة، أصبح تقسيم العمل ضرورياً كما أثرت قوى اقتصادية خارجية على تجميع الإنتاج والتوزيع في المدن، هذا ولم تعتمد المدن جميعها على التصنيع، فقد نمت العديد من المدن مراكز للتجميع والتوزيع للمناطق المجاورة، ومنذ عام ١٩٢٠ اعتبر العمل في قطاع الخدمات العامل الأول لتفسير نمو المدن بعد أن كانت الصناعة الثانوية أو التحويلية هي العامل الأول للتحضر في عهد الثورة الصناعية.

٣- تطور نظام للمواصلات، عمل على تسهيل تجميع المواد الخام اللازمة للصناعة وتسويق السلع والبضائع المصنعة، ونقل العمال من أماكن السكن إلى أماكن العمل، وقد مر تطور المواصلات بعدة مراحل ارتبطت كل مرحلة من هذه المراحل بتطور المدن وتوسعها، وتتمثل هذه المراحل في استخدام السيارات الكهربائية وتطور السكك الحديدية بعد ١٨٥٠، وتطور السيارة واستعمالها في مطلع القرن العشرين.

٤- تطور نظام اجتماعي يسمح لعمليات التخصص في العمل وتجميع المواد الخام وتسويق السلع، وفي أوقات مبكرة لنشوء المدن الأولى، تطور نظام اجتماعي يسهل عملية توزيع الفائض من المواد الغذائية على السكان، واستخدام نظام المقايضة وحفظ سجلات لدى رجال الدين والجيش الذين كانوا يقومون بهذه الأعمال وفي العصر الحديث، عمل التقدم الطبي والعناية الصحية وتوافر الغذاء وما إلى ذلك إلى ارتفاع معدلات النمو الطبيعي للسكان الذي عمل مع الهجرة الوافدة على نمو المدن وتوسعها(Yeates M. And Other, 1976, PP. 24-26) .

التباين الإقليمي في مستويات التحضر:

إذا أخذنا مستوى التحضر، مقاساً بنسبة سكان المدن، فإننا نلاحظ وجود تباين في مستوى التحضر بين القارات وبين الأقاليم وبين الأقطار، ومن نظرة فاحصة إلى نسب التحضر في نشرة سكان العالم، يظهر التباين واضحاً في هذه النسب بين القارات وبين الأقاليم داخل القارة وبين الأقطار (World Population Data Sheet, 2000).

يلاحظ أن مستوى التحضر في العالم عام ١٩٩٩ وصل إلى ٤٦%، وتراوحت هذه النسبة بين ٣٣% في قارة أفريقيا و ٧٥% في أمريكا الشمالية، فكانت أقلها في إفريقيا وأعلاها في أمريكا الشمالية، ومن خلال مقارنة نسب التحضر بين أقاليم العالم المختلفة، يلاحظ أن أقل مستوى للتحضر تميز به إقليم شرق إفريقيا، حيث بلغت هذه النسبة فيه ٢٠% وأعلى نسبة في المناطق المعتدلة من قارة أمريكا اللاتينية، فوصلت في الأرجنتين إلى ٩٠%.

ويبدو التباين أكبر وأكثر وضوحاً عند مقارنة أقطار العالم، فبلغت أقل نسبة للتحضر في رواندا ٥% وأعلى نسبة في بلجيكا ٩٧%، إذا استثنينا بعض الأقطار الصغيرة التي تشكل المدينة معظم سكانها، أو ما يسمى بالدولة المدينة City State التي بلغت نسبة التحضر فيها ١٠٠%، وهي هونغ كونغ والكويت وسنغافورة.

شكل ٧ مستويات التحضر في العالم

ملحق ١، الأنماط المكانية لمستويات التحضر في العالم.

وإذا قارنا نسب التحضر في القارات والأقاليم مع متوسط نسبة التحضر في العالم فيلاحظ أن نسبة التحضر في كل من قارتي إفريقيا وآسيا تقل عن متوسط نسبة التحضر في العالم، في حين تزيد نسبة التحضر في أمريكا الشمالية وأوروبا وأمريكا اللاتينية وأوقيانوسيا عن متوسط نسبة التحضر في العالم، وكذلك يقل مستوى التحضر في أقاليم قارة إفريقيا وآسيا عن المعدل العام لمستوى التحضر في العالم، باستثناء إقليم غرب آسيا، حيث بلغت فيه نسبة التحضر ٦٥%.

ويظهر التباين واضحاً بين الأقاليم داخل القارة الواحدة، فقد وصلت أعلى نسبة للتحضر ــ في قـارة إفريقيـا في شـمالها (٤٥%) وأقلهـا في شرقهـا (٢٠%)، وفي قـارة آسيا بلغت أعلى نسبة لمستوى التحضرـ في غرب آسيا (٦٥%) وأقلها في جنوب آسيا (٣٠%).

وكـذلك يظهر التبـاين واضحاً في مستوى التحضرـ بـين الأقاليم الجغرافيـة الأوروبية، على الرغم من ارتفاع مستوى التحضر في قارة أوروبا، بشكل عام، إلا أن التباين هنا أقل منه في قارتي إفريقيا وآسيا، فكانت أعلى نسبة للتحضرـ في شمال أوروبا (٨٣%) وأقلها شرق أوروبا (٦٨%)، ويوجد تباين قليل نسبياً في أمريكا الشمالية بين الولايات المتحدة وكندا، أما في أمريكا اللاتينية فالتباين أكبر حيث تنخفض هـذه النسبة في هايتي وغرينـادا إلى ٣٥% و ٣٤% على التوالي، وترتفع لتصل إلى ٩٣% في المارتينيك والأوروغوي إلى ٩٣% و ٩٧% على التوالي، وتنخفض هذه النسبة في أمريكا الوسطى إلى الثلاثينات بشكل عام.

ويبدو التبـاين في مستوى التحضرـ بـين الأقطار أكـبر في القارات جميعهـا، فتنخفض هذه النسبة في قارة أفريقيا إلى ٥% في روانـدا وترتفـع إلى ٨٦% في ليبيا، وفي قارة آسيا تصل أقل نسبة للتحضر في نيبال إلى ١١% وأعلاها في لبنان ٨٨% إذا استثنينا هونغ كونغ والكويت وسنغافورة، ويبدو التباين أقل بين الأقطار الأوروبية، فتبلغ نسبة التحضرـ أقلها في الأقطار التي كانت أجـزاء مـن النظام الاشـتراكي، فوصلـت هـذه النسـبة في البوسـنة والهرسـك ٤٠%، وارتفعـت في أقطار غـرب أوروبـا وشـمالها إلى التسعينات.(ملحق ٣).

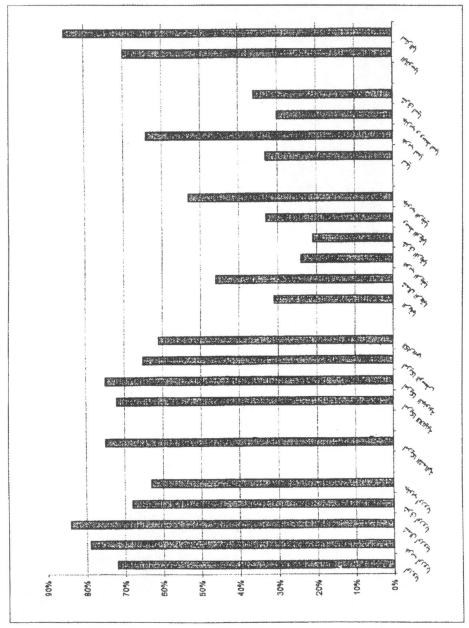

شكل (٧): مستويات التحضر في العالم (القارات وأقاليمها) لعام ١٩٩٧

ويمكن اعتبار الدول المتقدمة تحتل المراحل النهائية من منحنى التحضر، حيث تتركز معظم الأنشطة الاقتصادية في عدد محدود من المدن، وقد رافق هذا التركز تركز للسكان أيضاً، وتحتل الدول النامية مرحلة التسارع من منحنى التحضر، كما تحتل المجتمعات البدائية المرحلة الأولية ولإبراز التباين في اتجاهات التحضر في النصف الثاني من القرن العشرين تمت مقارنة نسب التحضر خلال فترتي ١٩٢٠ و ١٩٦٠ فيلاحظ ارتفاع نسبة سكان المدن (التي يبلغ حجم السكان فيها ٢٠ ألفاً وأكثر) من ١٤% إلى ٢٥%، أي بزيادة نسبة ١١% خلال أربعين سنة، وقد تزايد سكان العالم وخلال الفترة ذاتها بنسبة ٦١%، في حين تزايد مجموع سكان المدن بنسبة أكبر، وبمعدلات أكبر وفي المدن الكبيرة بخاصة، حيث شهدت هذه المدن معدلات نمو أسرع، إلا أن هذه المعدلات تختلف من إقليم لآخر في كل من الدول المتقدمة والنامية، فقد كان معدل النمو في حواضر الدول المتقدمة أقل من ٨%، بينما ارتفع في الدول النامية إلى ١٢ و ١٣%، فعلى الرغم من أن مستوى التحضر في الدول المتقدمة، لأن الدول النامية ما زالت تشهد تياراً قوياً من الهجرة من الريف إلى المدن، في حين لم تعد هناك هجرة مهمة ريفية في الدول المتقدمة (Northam .R, 1979, PP. 67-73)

قدر مجموع عدد سكان التجمعات الحضرية في الدول المتقدمة سنة ١٩٦٠ بحوالي ٣٨٩ مليوناً، ارتفع هذا الرقم عام ٢٠٠٠ إلى ٧٨٤ مليوناً، أي بزيادة تصل إلى حوالي ١٠٠%، علماً بأن الزيادة بلغت للإقليم بعامة ٤٨%، أي مجموع السكان في الدول المتقدمة.

وقدر عدد سكان التجمعات الحضرية في الدول النامية عام ١٩٦٠ بـ ٣٧١ مليوناً ارتفع عام ٢٠٠٠ إلى ١٥٥٣ مليوناً، أي بزيادة تصل إلى ٣١٩%، بالمقارنة مع معدل الزيادة في الدول النامية الذي بلغ حوالي ١٢٧%.

تشير التقديرات إلى أنه يتوقع أن تكون معدلات النمو في التجمعات الحضرية (عشرين ألفاً وأكثر) أكبر من معدلات النمو السكاني في العالم، بشكل عام، لذا يتوقع أن

تستمر عملية التحضر في العالم كما يتوقع أن تكون معدلات النمو في المراكز الحضرية وارتفاع مستويات التحضر في الدول النامية عنها في الدول المتقدمة.

إذا اعتمدنا معدل الناتج القومي للفرد مقياساً للتطور الاقتصادي، فيلاحظ وجود علاقة خطية موجبة بين معدل الناتج القومي للفرد من جهة ومستوى التحضر من جهة ثانية، ويكون مستوى التحضر ـ الأعلى في الأقطار التي تتميز بأعلى مستويات اقتصادية، وأعلى معدلات في الدخل الفردي.

ويلاحظ أنه، ومع مرور الزمن، حدوث زيادة في تركز الأنشطة الاقتصادية في قطاعي الصناعة الثانوية والخدمات (الصناعة الثالثة)، التي تتركز في نقاط محددة على سطح الكرة الأرضية هي المدن، وبالتالي يتركز السكان العاملون في هذه الأنشطة في هذه المدن.

ومع تزايد وارتفاع معدلات النمو السكاني، بشكل عام، في العصر ـ الحديث، تزايدت معدلات التحضر، على الرغم من وجود تفاوت بين أقاليم العالم المختلفة في مستويات التحضر، فقد شهدت المدن الأكبر زيادة في حجم السكان فيها بنسبة أكبر، حيث تضاعف حجم المدن التي يزيد عدد سكانها عن نصف مليون نسمة بضعفين إلى ثلاثة أضعاف.

وإذا تمت مقارنة معدلات نمو الحواضر بين أقاليم العالم المختلفة، يلاحظ وجود فروق كبيرة بينها، فعلى سبيل المثال بلغ معدل النمو في حواضر إقليم أفريقيا والشرق الأوسط حوالي ٥% سنوياً، في حين بلغ هذا المعدل في حواضر غرب أوروبا وشرقها أقل من ذلك المعدل السابق.

وعلى مستوى العالم، يلاحظ أن معدل نمو الحواضر الكبرى في الدول النامية أعلى منه على مستوى العالم، ومعدل النمو في الحواضر الكبرى في الدول المتقدمة أقل من معدل النمو على مستوى العالم، ولعل السبب في ذلك، يعود إلى بلوغ مدن الدول المتقدمة مرحلة الاستقرار أو المراحل النهائية من منحنى التحضر، في حين ما زالت المدن

بعامة، والحواضر الكبرى، بخاصة، في الدول النامية، تستقبل أعداداً كبيرة من المهاجرين من الريف.

ولوحظ أخيراً، وجود تناقص في مستوى التحضر في المدن الكبرى في الدول المتقدمة، وإذا استمر هذا الاتجاه، فربما توجد مرحلة رابعة في منحنى التحضر، تظهر انحداراً أو تراجعاً في منحنى التحضر، بعد المرحلة النهائية، إلا أن استمرار تركز الأنشطة الاقتصادية وتركز السكان في هذه المدن، يؤدي إلى استمرار المدن الكبرى في مرحلة الاستقرار، أي أن تراجع المنحنى غير محتمل الحدوث، على الأقل سيما معدل النمو الطبيعي للسكان واستمرار تركز الأنشطة الاقتصادية في المحافظة على استمرار المدن الكبرى مراكز للأنشطة الاقتصادية وتركز السكان (Northam R. 1979, PP. 83, 84) .

أنماط التحضر في العالم:

على الرغم من أن العالم، يسير في عملية تحول حضري شاملة في العصر الحديث، إلا أن مستويات التحضر ليست واحدة من الأقطار المختلفة، فتحتل أقطار مختلفة مستويات متباينة من منحنى التحضر، كما تختلف الأقطار فيما بينها في مستويات التحضر، أي في نسبة تركز السكان في المدن، وربما يعود السبب في ذلك إلى التباين التاريخي للتنمية الاجتماعية والاقتصادية للنظام العالمي (Abu Lughod, and other, 1977,P.72) .

هذا ويمكن الوصول إلى عدد من النتائج العامة المتعلقة بالتوزيع المكاني للمراكز الحضرية (المدن) في العالم:

١- تقع معظم المدن والتجمعات الحضرية بالقرب من الممرات المائية والمسطحات المائية، من أنهار وبحيرات وموانئ محيطية يمكن الوصول إليها بسهولة، ومناطق سياحية.

٢- تقع معظم التجمعات الحضرية بالقرب من مناطق تحتوي المواد الخام اللازمة للصناعة، أو بالقرب من المواد الخام اللازمة لتوليد الطاقة (مصادر الطاقة) ومن هذه المدن : بتسبرغ وهيوستن في الولايات المتحدة، وكولونيا ودوسلدورف في ألمانيا وجوهانسبرغ في جنوب أفريقيا.

٣- تكون أعداد التجمعات الحضرية قليلة وصغيرة الحجم في أواسط القارات مقارنة مع المناطق الساحلية وأطراف القارات. (Honey R. And Others,1987, PP.442-444)

وفيما يلي نبذة مختصرة عن أنماط التحضر الرئيسية في العالم:

١- **الولايات المتحدة وكندا:** تتميز المجتمعات في هذا الإقليم بأنها ناضجة اقتصادياً ومتنوعة الاقتصاد متحضرة، أي أن المجتمعات في أمريكا الشمالية وصلت إلى نسبة عالية من التحضر، وهي أصلاً مجتمعات حضرية، فالسكان في غالبيتهم سكان مدن، وقد صاحب التركز السكاني الكبير في المدن تنوع اقتصادي وصل إلى مراحل ناضجة، وتشكل المدينة الأمريكية نوعاً مميزاً للمدينة الحديثة، تتميز بتركيب عرقي مميز ومورفولوجية تتميز بالعمارات الشاهقة Skyscrapers وبظاهرة الضواحي وفخامة السيارات والتقنية العالية المستوى، كما تتميز المدن الأمريكية، أيضاً بنشر جوانب من حياة أو مظاهر المجتمع الأمريكي إلى مدن العالم الآخر، سواء في الدول المتقدمة أو في الدول النامية (النموذج الحضري الأمريكي)، وتعتبر المدينة الأمريكية بأنها متغيرة وليست ثابتة، وقد تطورت العديد من المدن الأمريكية، فيما عرف بنطاق الشمس Sun Belt ، ومن هذه المدن: هيوستن وفينيكس وميامي وأتلانتا (Brunn S, And Other, 1983, PP. 43,44).

يتميز النمط الحضري في أمريكا الشمالية بوجود هرمية، تنتظم بموجبها المدن أو المراكز الحضرية، وترتبط المراكز الحضرية المحلية (المدن) لتشكل نظماً حضرية إقليمية، ثم ترتبط مع بعضها لتشكل نظاماً حضرياً قومياً، على مستوى قومي، في كل من الولايات المتحدة وكندا، ويتميز هذان النمطان بوجود شبه كبير بينهما، وترتبط المدن بعضها ببعض

بأشكال مختلفة من الروابط والعلاقات المتبادلة في أمريكا الشمالية ، وتشمل هذه الروابط؛ وسائل ربط طبيعيـة مـن طـرق وممـرات مائيـة وسكك حديد واتصالات اليكترونيـة مثـل التليفـون والإذاعـة والنظم الفضائية وشبكات الكمبيوتر والتحويلات والميكروويف ، والاتصالات الجوية والبحرية، بالإضافة إلى الاتصالات من خلال شبكات اتخاذ القرار والأعمال الحكومية.

ويتم من خلال هذه الوسائل تدفق السلع والبضائع والناس والأمـوال والديون والمعلومات والتعليمات ، فعلى سبيل المثال تتم عمليـة تحديد سعر الذرة في شيكاغو والسيارات في ديترويت ، والفوائد في دينفر..الخ. مـن خـلال وسائل الاتصالات السابقة الـذكر، وتـربط هـذه التيارات أو الوسائل النظام الحضري في كندا.

ويتميز النمط الحضري في كندا بالتغير أيضا ، إلا أن مستوى التغير هنا أقل منه في مدن الولايات المتحدة ، حيث تكاد تنحصر المـدن الكنديـة في نطاق ضيق جنوب البلاد بمحاذاة الحدود الشمالية للولايات المتحدة الأمريكية ، إلا أن كندا شهدت في العصر ـ الحديث تطور العديد من المدن الضخمة الرئيسية الأنيقة مثل: تورينتو وفان كوفر التي اعتبرت رمـوزا للبيئـات الحضـرية التـي يرغب الإنسان المعـاصر في الاستقرار فيهـا. (Brunn S, and Other, 1983, P. ٤٤) ملحق ٣

غرب أوروبا: يعتبر هذا الإقليم واحدا من أكثر الأقاليم تحضرا في العـالم، عـلى الرغم من التباين في مستويات التحضر بين أقطاره وأقاليمه المختلفة، ويظهـر توزيع المدن في غرب أوروبا خصائص متشابهة مع النظام الحضري في أمريكا الشمالية ، فيعيش حوالي ثلاثـة أربـاع السكان ، هنـا ، في المدن ، كـما تسيطر المـدن الكبرى عـلى الحيـاة الاقتصادية والسياسية والثقافيـة، إلا أن الحالـة السياسية في غرب أوروبا تختلف عنها في أمريكا الشمالية ، فتقسم الأرض إلى وحدات مساحية أصغر تشمل سبع عشرة وحدة سياسية (دولة) تحمل بعضها آلاما دفينة من البعض الآخر، كما أن كثرة الحدود السياسية تحول دون الاتصال السهل، إلا أنه على الرغم من ذلك فإن المدن الكبرى ترتبط بعضها

ببعض، وقد ساعد في تطوير النظام الحضري لغرب أوروبا تطوير السوق الأوروبية المشتركة والوحدة الأوروبية التي أخذت أشكالاً مختلفة في الآونة الأخيرة، مما يشجع زيادة حركة السكان والسلع والمعلومات ورأس المال بين دول غرب أوروبا وبين المدن فيها.

إن النمط الحضري في غرب أوروبا يشبه إلى حد كبير النمط الحضري في أمريكا الشمالية من حيث النضج وتنوع الاقتصاد، وارتباط عملية التحضرـ بالتصنيع والتحديث، حيث تركز التطور الحضري في انجلترا وشمال فرنسا والأراضي المنخفضة وغرب أوروبا، ولعل ذلك يمثل انعكاساً لأثر الثورة الصناعية التي بدأت في هذه الأقطار، ملحق رقم ٤.

كما أن التطور المبكر الذي حصل في وسائل المواصلات وبخاصة المائية، وتطور العديد من المدن المهمة التي اتخذت مواضعها على هذه الممرات، وعملت على تسهيل الاتصال والعلاقات مع المدن الأخرى، بواسطة الممرات المائية (Honey Report, 1996 P. 64).

هذا فقد أدى توحيد ألمانيا وسقوط الجدار الحديدي إلى حدوث تغييرات مهمة في النظام الحضري الأوروبي وربما في إعادة توزيع السكان بعامة، فقد تغير توزيع السكان فيما كان يعرف بألمانيا الشرقية، وبخاصة بعد أن أصبحت برلين العاصمة لألمانيا الموحدة (Global Report, 1996, P.64).

وهناك عامل آخر يؤثر في توزيع السكان في هذا الإقليم يتعلق بمستوى أو جودة الحياة في المدن، حيث تمثل هجرة المتقاعدين مثالاً لذلك الذين ستتزايد أعدادهم بعد عام الـ ٢٠٠٠، وقد تغيرت الأماكن المفضلة للإقامة لديهم خلال الثلاثين سنة الأخيرة، لأن هناك عوامل تؤثر في اختيار أماكن الإقامة منها:

درجات تفضيلهم ومستوى دخولهم وأنماط حياتهم، التي ستؤثر على اختيار الناس لأعمالهم، حيث استمرت المدن الكبرى وما يجاورها من ضواحي في جذب الأعمال والأنشطة الاقتصادية وبالتالي جذب السكان (Global Report, 1996,P.64)

هذا ويذكر ستانلي برون أن مدن غـرب أوروبـا تختلـف عـن المـدن الأمريكيـة فالمدن الأوروبية تأثرت بعدة عوامل منهـا: التـاريخ والتبـاين العرقـي والبيئـي والسياسـة والحـرب والديـن والثقافـة والاقتصـاد، وتنتشـر هنـا المشـروعات الحكومية للإسكان، نظراً لارتفاع أثمان الأراضي وصغر مساحتها، وعـدم كفايـة رأس المال، وتميزت ملكية الأراضي بتشـتتها، وكثـيراً مـا تدخلـت الحكومـات في تخطيط المـدن وتنظيمهـا إلا انـه بعـد الحـرب العالميـة الثانيـة، تأثـرت المـدن الأوروبية بالنمط الأمريكي إلى حد ما، من حيث اتساع الطرق وتوفير مساحات من الفـراغ ومواقف للسيارات وتطـور مـدن صغـيرة مجـاورة، وبنـاء العمـارات الشاهقة والمدن الشريطية بمحاذاة طرق المواصلات (Brunn S. and Other, 1983, PP.97.98).

النظم الحضرية في بعض الدول المتقدمة الأخرى:

تشمل هذه النظم بعض الدول الأخرى المتقدمة اقتصادياً، التـي تظهـر نمطاً مشابهاً لذلك النمط غرب أوروبا وأمريكا الشمالية، وتبدو الاختلافات بـين هذه النظم نتيجة لاختلاف في حجوم المدن وتاريخها وخصائصها الجغرافية.

وتشمل هذه النظم الحضرية استراليا ونيوزيلندة واليابان والاتحاد السـوفييتي سابقاً.

فقد أصبحت استراليا ونيوزيلندة متطورة اقتصادياً خلال الخمسين سنة الأخيرة، ويعكس نظامها الحضري تاريخها وبيئاتها الطبيعيـة، وتظهـر أهميـة مواقـع المـدن في هـذا النظام الحضـري كـما هـو الحـال في النظـام الأوروبي والأمريكي الشمالي، فتقع المدن الكبرى في استراليا مثل سيدني وميلبورن وبـيرت على الساحل، كما تقع مدن أوكلند وويلنجتون على سواحل جزيـرة نبوزيلنـدة أيضاً.

ويعكـس النظـام الحضـري، في كـل منهـا تـاريخ الاستعمار البريطـاني واستمرار اعتماد اقتصادياتها على الإنتاج الزراعي وعلى بيئاتها الطبيعية.

وبشكل عام تلعب المدن الرئيسية في أوقيانوسيا أدواراً مهمة، ويظهر أثر التضاريس واضحاً في تحديد مواقع المدن الرئيسية هنا، حيث تركزت المدن على الساحل بعيداً عن الصحراء التي تمتد في وسط استراليا، والمرتفعات الجبلية العالية في نيوزيلندة.

يعكس النمط الحضري الاسترالي مرحلة عالية من مراحل التطور الصناعي إلى حد كبير كما حدثت تطورات صناعية في المدن الكبرى ومن هنا جاء التشابه بين هذا النمط وتلك الأنماط في غرب أوروبا وأمريكا الشمالية، في حين يعكس النظام الحضري في نيوزيلندة نظامها الاقتصادي الذي يعتمد على الزراعة، ويتميز النمط الحضري في استراليا بوجود قمة مزدوجة لنظامها الحضري (Honey R, 1987, P.451). ملحق رقم ٦

أما بالنسبة للنمط الحضري في اليابان، فيعكس التاريخ الذي مرت به اليابان بالإضافة إلى آثار البيئة الطبيعية والتطور الاقتصادي السريع الذي شهدته اليابان بعد الحرب العالمية الثانية، ويتميز النظام الحضري في اليابان باعتماد المدن على بعضها ووجود علاقات متبادلة فيما بينها، وتظهر التعميمات الثلاثة السابقة الذكر في النظام الحضري الياباني، ملحق رقم ٧.

وبالنسبة للنظام الحضري فيما كان يسمى بالاتحاد السوفييتي فيظهر أثر التاريخ والثقافة بالإضافة إلى خصائص البيئة الطبيعية في هذا النظام الحضري، كما يظهر أثر النظام الشيوعي الاشتراكي واضحاً في تخطيط المدن وانتظامها، وعلى الرغم من سيادة النظام الشيوعي، فقد فشلت الجهود لإيقاف الهجرة نحو موسكو، واستمر التركز السكاني في المدن الكبرى على الرغم من تدخل الحكومات للحد من ذلك، وتظهر التعميمات الثلاثة السابقة الذكر التي تميز النظم الحضرية الأخرى، ماثلة في هذا النظام الحضري.

ولكن بعد انفراط عقد الدول الاشتراكية ودول الاتحاد السوفييتي، فيتوقع أن تستمر مظاهر النظام الحضري السابق واستمرار المزايا الثلاث السابقة الذكر واستمرار تركز السكان في المدن الكبرى بشكل عام.

وعلى الرغم من أن النظم الاقتصادية والبنى السياسية لهذه الأقطار (أقطار أوروبا الشرقية) تتميز بخصائص عامة مشتركة إلا أنها تختلف عن تلك في أقطار غرب أوروبا، فكانت قبل عام ١٩٨٩، تخضع لمـا عـرف بالسـتار الحديدي وسيطرة الحكومات على التغيرات السكانية والحضرية، وعلاقاتها مـع الدول الأخرى، فقد عملت عوامـل عـدة عـلى إيجـاد نمـط مـن حيـث المظهـر وتوزيع السكان والمدن يختلف عنه في أقطار غرب أوروبا، ومن هذه العوامـل: عدم وجود سـوق لبيـع الأراضي في المـدن، والـدور المحـدد للقطاع الخـاص في مجال الإسكان والمشروعات الخاصة والاعتماد على القطاع الحكومي في هـذه المجالات (Global Report, 1996, P.65)

وقد أظهر التحول إلى اقتصاد السوق، حتـى ١٩٩٤، آثاراً محـددة عـلى التنمية الإقليمية والتطور الحضري، وتعتمد أيـة تغيـرات في الأنمـاط الحضريـة على مدى نجاح اقتصادياتها، التي إذا نجحت ستؤدي إلى تغيـرات حضريـة مشابهة لتلك التي حصلت في غـرب أوروبـا (Global Report, 1996,P.74). ملحق رقم ٨

أنماط التحضر في الدول النامية:

يمثل التحضر في الدول النامية حالة مختلفـة عنـه في الـدول المتقدمـة، فعلى الرغم من وجود عدد من المدن الضخمة، لم يصاحب عملية التحضرـ في الدول النامية تحديثاً أو تصنيعاً، ولا حتى تشكيل طبقة وسطى في هذه المدن، حيث تستمر عملية نمو المدن في الدول النامية في ظروف ثقافية واقتصادية مختلفة عنها في الدول المتقدمة، وقد وصف التحضر في الدول النامية بالتحضر الزائف False Urbanization لأنه يعكس صورة الواقع، فلم تشهد مـدن العالم الثالث انتشاراً واسعاً للأعمال والفرص التي تعمل عـلى تطويـر سـوق للطبقـة الوسطى خلال عملية التحول الحضريـ، كما هـو الحـال في الـدول المتقدمة.

وتنتج عملية التحضر في الدول النامية، بشكل رئيس، عـن عوامـل ديموغرافيـة وبخاصة عامل الهجرة من الريف إلى المدن، وليس نتيجة لقوى اقتصادية وصناعية كـما كـان الحـال في أوروبـا وأمريكـا الشـمالية واليابان، ويظهـر في مـدن العـالم الثالـث الغني والفقير جنباً إلى جنب، وتمتزج المتناقضات في النسيج الاجتماعـي والاقتصادي للنظم الحضرية في الدول النامية ، بشكل رئيس ، عن عوامل ديموغرافية وبخاصة عامل الهجرة من الريف إلى المدن، وليس نتيجة لقوى اقتصادية وصناعية كـما كـان الحـال في أوروبا وأمريكا الشمالية واليابان، ويظهر في مدن العالم الثالـث الغني والفقير جنباً إلى جنب، وتمتزج المتناقضات في النسيج الاجتماعي والاقتصادي للنظم الحضرية في الدول النامية (Hoartshorn T. and Others, 1992, PP. 39-40).

تشهد دول العالم الثالث نمواً حضرياً سريعاً في العصر ـ الحاضر، نتيجـة لاستمرار تدفق المهاجرين من الريف إلى المدن، وتختلف الأنماط الحضريـة في الدول الناميـة عنهـا في الـدول المتقدمـة، فتتميـز النظـم الحضريـة في الـدول المتقدمة بمستوى ناضج للتحضر وعلاقات معقدة متداخلة بين المدن في النظم الحضري المعين، وبين النظم الحضرية المختلفة، بينما تتميز دول العـالم الثالـث بظاهرة مـا يسـمى بالهيمنـة الحضريـة أو سيطرة المدينة الأولى عـلى النظـام الحضري The Primate City، حيـث يتركـز السكان والأنشطة الاقتصادية والمرافق والخدمات في المدينـة الرئيسـة أو الأولى، كـما ينتقـل المهاجرون مـن الريف إلى المدينة الأولى.

ويتميز النظام الحضري في الدول المتقدمـة بوجـود تيـارات كثيفـة مـن حركات السلع والسكان والمعلومات بين المدن، وتميل هذه التيارات لـئن تكون في اتجاهات مختلفة في النظام الحضري، مما يشير إلى درجة من التخصص بـين المدن المختلفة، كما أن المدن لا تنمو جميعها بمعدلات ثابتة، وتتميـز المـدن الرئيسية أو المناطق المجاورة لها بمعدلات سريعـة مـن النمـو، مـا لم تتـدخل الحكومات لتخفيف ذلك.

وتتميـز الأنمـاط الحضريـة في الـدول الناميـة بوجـود اختلافـات كبـيرة اقتصادية واجتماعية وثقافية بـين المـدن المهيمنـة وبقيـة المـدن الأخـرى، كـما تتميـز بمجموعـة صغيرة مـن الطبقـة الوسـطى والعليـا (Honey R. and Others, 1987, P.454).

وعـلى الـرغم مـن أن معظـم سـكان الـدول الناميـة فقـراء وأميـون ويسكنون مناطق ريفية، ويعمـل معظـم السـكان بـأعمال للاكتفـاء الـذاتي ولا ينخرطون في الاقتصاد الحديث ينتجون مواد خام لصناعات تنتج سـلعاً بعيـدة عن متناول أيديهم، إلا أن اقتصاد المدن المهيمنة ومجتمعاتها تعتـبر جـزءاً مـن النظام الاقتصادي الدولي الحديث.

وهناك عامـل آخـر، لا بـد مـن أخـذه بعـين الاعتبـار، عنـد دراسـة الـنمط الحضري في الدول النامية، وهو ما ورثتـه هـذه المـدن مـن فـترة الاسـتعمار، حيـث بنيت المدن المهيمنة أساساً وتوسعت لخدمـة حاجـات الاسـتعمار، فعملـت مراكـز للقـوة السياسـية والعسـكرية ومراكـز تجاريـة تـرتبط بعلاقـات قويـة مـع الـدول المستعمرة، كما تركز معظم استثمار الدول المستعمرة في المـدن الكـبرى والمهيمنـة، مما أدى إلى أن تستفيد هذه المدن من خصائص مواقعها الجغرافية، واستمرار عدم التوازن في النظام الحضري المعين، نتيجة استمرار عدم التـوازن في النظـام الحضـري المعين، نتيجة استمرار الهيمنة وتركز السكان والأنشطة في تلك المدن الكبرى.

النمو الحضري في الدول النامية:

يشير أحد التقديرات إلى وجود أكـثر مـن ألـف مليـون شـخص في ٣٠٠ مدينة يزيد عدد سكان كل منها على مليون نسمة في أقطار الدول النامية مـع بداية القرن الحالي، وتوجد في الدول النامية حالياً ١٢٥ مدينة مليونية، وهنـاك إمكانية لزيادة نمو السـكان في هـذه المـدن مسـتقبلاً، حيـث يتوقـع أن تكـون مدينة مكسيكو سيتي الأكبر في العالم بمجمـوع يزيـد عـلى ٣٠ مليونـاً، في حـين كان يقدر عدد سكانها عام ١٩٩٠ ب ١٥ مليوناً فقط، وتقع هذه المدينة ضمن أكبر أربع حواضر في العـالم، وفي عـام ١٩٨٦ كانـت سـت مـدن مـن بـين تسـع تراوح عدد سكان كل منها بين ١٠-١٥ مليوناً في الدول النامية،كما كان معظم

المدن التي تراوح حجم السكان فيها بين ٥-١٠ مليون في الدول النامية، كما كانت معظم المدن وتقع في قارة آسيا ثلاثين مدينة يزيد مجموع السكان في كل منها على ١.٥ مليوناً، تقع ثمانية عشر مدينة منها في جنوب وجنوب غرب آسيا والباقية في شرق وجنوب شرق آسيا، وتقع في قارة أمريكا اللاتينية أكثر من عشرين مدينة يزيد حجم السكان في كل منها على ١.٥ مليون، في حين تبقى قارة أفريقيا أقل قارات العالم الثالث في مستوى التحضر- حيث توجد فيها عشرة مدن يزيد حجم الواحدة منها على ١.٥ مليون، هذا وقد زاد عدد المدن المليونية في الدول النامية خلال الفترة من عام ١٩٥٠-١٩٧٥ من ٢٣-٩٠ مدينة، في حين زاد عددها في الدول المتقدمة من ٤٨-٩١. (Abu Lughod J. and Other, 1977, P. 75) .

تؤدي سرعة نمو المدن في الدول النامية إلى إيجاد مشكلات تخطيطية فعلى سبيل المثال، تكلف إقامة نظام مواصلات في مركز Jabotabek (مركز حضري تتوسطه جاكرتا) للسنوات العشر القادمة ١.٢ بليون دولار، ويقدر هذا المبلغ بسبعة أضعاف ما هو مخصص لنظام المواصلات العام في الدولة، بشكل عام، ويختلف هذا الوضع عن ذلك الوضع فيما كان يعرف بدول العالم الثاني (الاتحاد السوفييتي سابقاً والصين) حيث كانت سيطرة الحكومات تحد من توسع المدن الكبرى (Hartsharn T. 1992, PP. 40-41).

هذا ويعزى سبب انتشار الفقر، والضعف في المهارات وفي التقدم التقني، وانخفاض مستوى التعليم في الدول النامية إلى ارتفاع معدلات النمو السكاني في المدن، الناتج عن هجرة الريفيين غير المدربين إلى هذه المدن، الأمر الذي يجعل عملية اندماجهم في حياة المدن أمراً صعباً.

وعلى الرغم من توسع النشاط الصناعي في المدن الرئيسة من الدول النامية، تستمر معدلات البطالة المرتفعة، ويلتحق القادمون بأعمال بسيطة مثل البيع في الطرقات كبيع الصحف وتلميع الأحذية وبيع المفرق (التجزئة) لمنتجات بعض المصانع، ويتواجد البائعون في المواقع المركزية التي تتميز بحركة السكان وكثافتهم، مثل أماكن قرب دور

العرض والمسارح والحدائق العامة ومواقف السيارات...الخ حيث لا يتطلب ذلك استئجار محلات تجارية.

وتتميز الصناعات في الدول ببعض المزايا التي تشجع على توفير فرص للمهاجرين إلى المدن، ومن هذه المزايا:

١- اعتماد الصناعات في الدول النامية، بشكل عام، على الآلات والمعدات المتقدمة التي لا يحتاج تشغيلها إلى عدد كبير من العمال، كما تؤدي إلى الاستغناء عن أعداد كبيرة من العمال.

٢- تحديد حد أدنى للأجور، مما لايشجع على توظيف أعداد كبيرة من العمال.

٣- افتقار الصناعات التي يعود تأسيسها إلى حقبة الاستعمار، افتقارها إلى رأس المال وضعف منافستها لصناعات أخرى في مناطق مختلفة من العالم.

وعلى الرغم من ذلك، فقد أظهرت دراسات، أن الدخل الناتج عن القطاع الاقتصادي غير الرسمي Informal الذي يعمل فيه القادمون إلى المدينة، يعادل أو يزيد على الإنتاج أو الدخل الذي يتأتى من قطاع الاقتصاد الرسمي Formal، وهذا يظهر أهمية القطاع الاقتصادي غير الرسمي لاقتصاد المدينة وللمهاجرين القادمين إليها، فتعمد بعض الحكومات إلى تدريب العاملين في هذا القطاع لرفع مستواهم (Hartshorn T. 1992, PP. 44-45)

النمط الحضري في أمريكا اللاتينية:

تتميز دول أمريكا اللاتينية بارتفاع مستوى التحضر، فوصلت نسبة سكان المدن فيها حوالي ٧٤% من جملة سكانها حسب إحصائيات عام١٩٩٩ (World Population Data 2000) وتعود أسباب ارتفاع هذه النسبة إلى:

١- تطور عدد من المدن والمراكز الحضرية المبكرة في هذه القارة.

٢- التطور التاريخي لأقطار القارة.

٣- الاستعمار الأوروبي بعامة والاسباني والبرتغالي بخاصة.

فقد أثر الاستعمار الأوروبي على أنماط التحضر ـ في قارة أمريكا اللاتينية بشكل كبير، حيث ساهم الاستعمار الاسباني في تحديد التوزيع الحالي للمدن في القارة، من خلال إنشاء العديد من المدن خلال القرنين السادس عشر ـ والسابع عشر بالقرب من تجمعات السكان الأصليين، فعلى سبيل المثال، أنشئت كل من مدينتي مكسيكو سيتي وليما بالقرب من مركزي إمبراطوريتي الأزدوالانكا، وأنشئت مدن أخرى لأغراض وظيفية، مثل بنما سيتي التي أنشئت لنقل البضائع وساند بيغو سيتي شيلي لأغراض دفاعية.

وكان الاستعمار البرتغالي قد استقر، بشكل عام، بالقرب من أماكن استخراج المواد الخام التي كانت تنتقل إلى اسبانيا (Abu Lughod and Other, 1977, PP. 81-82) وبالتالي فقد كانت أمريكا اللاتينية هدفاً لهجرات أعداد كبيرة من قارة أوروبا، وبشكل خاص من جنوبها، الأمر الذي أدى إلى ارتفاع نسبة التحضر فيها، كما شهدت هذه القارة، خلال الخمسينات من القرن العشرين، هجرة من المناطق الريفية إلى المدن، وبخاصة إلى المدن المهيمنة أو المسيطرة، مما زاد سرعة معدلات النمو السكاني في هذه المدن.

وقد زاد من ارتفاع معدلات التحضر، أيضاً ارتفاع معدل النمو الطبيعي للسكان، نتيجة لارتفاع معدلات الخصوبة وانخفاض معدلات الوفاة، بشكل عام، فقد قدر أن ٦٠% من النمو الحضري في قارة أمريكا اللاتينية، يعود إلى عامل النمو الطبيعي و ٤٠% من معدل هذا النمو يعود إلى هجرة من الريف إلى المدن (Palen J. 1981, P.359).

لقد تحول الإقليم بشكل عام، من إقليم ريفي إلى إقليم مدني خلال الفترة من ١٩٥٠ - ١٩٩٠ مع ارتفاع نسبة السكان الذين سكنوا المدن المليونية، فكان يسكن المدن المليونية في أمريكا اللاتينية عام ١٩٩٠ أكثر من مجموع سكان الريف، كما بلغت نسبة سكان المدن للأقطار التي يزيد مجموع سكانها على مليون أكثر من نصف مجموع السكان، بشكل عام (Palen J, 1981, PP. 359-61, Global Report, 1996, P.4).

ومن خلال دراسة الأنماط الحضرية في أمريكا اللاتينية، تظهر أهمية الموقع الجغرافي في نمو المدن، تماماً كما هو الحال في النظم الحضرية التي تمت مناقشتها، فقد بنيت العديد من المدن في المرتفعات الجبلية نظراً لاعتدال الظروف المناخية مثل: مدن مكسيكو سيتي وبوغاتا ولاباز وكيتو.

وتتميز الأنماط الحضرية في أمريكا اللاتينية بظاهرة سيطرة أو هيمنة المدينة الأولى، كما هو الحال في الدول النامية، وتبدو البرازيل استثناء لهذه القاعدة، حيث تحتل قمة الهرم مدينتان هما: ساوباولو وريودي جانيرو، كما طورت عاصمة لها داخل البلاد في الخمسينات هي برازيليا.

ويتميز المجتمع البرازيلي بتباين كبير في المستوى الاقتصادي بين الأغنياء وملاكي الأراضي والعقارات من جهة وبين مجموع الشعب الفقير، ويبدو أن تطور المدن الأولى، أو سيطرتها على النظم الحضرية في أمريكا اللاتينية، أدى إلى ابتعاد هذه النظم عن قاعدة الرتبة والحجم، أي عدم توزيع السكان في المدن بشكل متساوٍ، إلا أن تطور المدن المهيمنة عمل على تطور الأقاليم المجاورة لهذه المدن، بحيث أصبحت مراكز جذب للسكان الذين هاجروا من المناطق الريفية، هذا ويمكن ملاحظة ثلاثة مستويات للتحضر ـ في قارة أمريكا اللاتينية، أولها: تتميز به أقطار تشيلي والأرجنتين والأوروغوي وفنزويلا، بنسبة تزيد على ٨٠%، وثانيها: تتميز به أقطار مرت بتطور سريع اقتصادياً وحضرياً، فارتفعت نسبة التحضر ـ فيها بين ٥٠-٨٠% خلال الفترة بين ١٩٥٠-١٩٩٠، ويشمل أقطار المكسيك والبرازيل والإكوادور وكولومبيا وكوبا وجمهورية الدومنيكان.

وثالثها: تتميز به أقطار البراغوي وهايتي وكوستاريكا والسلفادور وغواتيمالا وهندوراس بنسبة تحضر تقل عن ٥٠%، وتتميز هذه الأقطار بأنها الأقل حجماً للسكان (Global Report, 1996, P.48) .

أنماط التحضر في قارة آسيا:

تتميز قارة آسيا بعدة مزايا تتعلق بحجم السكان الريفيين وسكان المدن، مقارنة مع العالم وهذه المزايا:

١- تشمل آسيا أكبر خمسة تجمعات ريفية في العالم هي: الصين والهند و إندونيسيا وبنغلاديش وباكستان، يشكل سكانها حوالي ثلاثة أرباع مجموع السكان الريفيين في العالم.

٢- يسكن قارة آسيا حوالي ٤٥% من مجموع سكان المدن في العالم، وهذا يشمل أكبر تجمعين حضريين الصين والهند.

٣- يسكن في مدن آسيا المليونية حوالي ٤٢% من مجموع سكان المدن المليونية في العالم، كما يسكن نصف سكان العشرة تجمعات سكانية الأكبر في العالم في قارة آسيا، وهي مدن طوكيو وشنغهاي وبكين وبمباي وكلكوتة.(Global Report, 1996, P.75)

تعتبر قارة آسيا ريفية بشكل عام، حيث أن أكثر من ثلثي سكانها هم سكان ريف، إلا أن ذلك يعتمد بدرجة كبيرة على حدود المدن، فلو طبقت تعريفات المدن في أوروبا على قارة آسيا، لارتفعت مساهمة سكان المدن فيها بين ٥٠-٦٠%من المجموع حسب مستوى التحضر فيها، وتتميز كل مجموعة من هذه المجموعات بخصائص اقتصادية مشتركة:

١- مجموعة الأقطار الأعلى مستوى في التحضر- وتشمل: استراليا ونيوزيلندة واليابان وهونغ كونغ سنغافورة وكوريا، وتتميز بانخفاض نسبة مساهمة الريف، تقل عن ٤% من الناتج القومي باستثناء نيوزيلندة التي وصلت فيها هذه النسبة إلى ٨% عام ١٩٩٠.

٢- وتشمل أقطار تايلند وإندونيسيا وماليزيا والفلبين وفيجي وباكستان، حيث يساهم قطاع الزراعة في هذه الأقطار بأقل من ثلث الناتج المحلي.

٣- تعتبر الصين وأقطار جنوب آسيا باستثناء باكستان، ريفية بشكل عـام، وتشكل الزراعة المساهمة الأكبر في الناتج المحلي، ويمكن تصنيف الصين والهند ضمن المجموعة الثانية حيث يتميز اقتصادهما بالتنوع، كمـا أن تعريفـات المدينـة التـي تعتمـدها تـؤدي إلى إخفـاء نسبة سكان المـدن الحقيقية، وإبرازهما وكأنهما بلدان يسيطر عليهما الريف.

وتتميز المدن الكبرى في آسيا بانخفاض معدل النمـو خـلال الثمانينـات عنـه في السبعينات وقد يعود السبب في ذلك إلى طريقة حسـاب المعـدل السنوي منسوباً إلى حجوم المدن الكبيرة وبالتالي يكون معدل النمو صغيراً، في حـين تكـون الأعـداد المطلقة لزيادة السكان كبيرة. (Global Report, 1996, PP. 77-80).

تعتبر الخلفية الثقافية والتاريخية مهمة جداً من أجل فهم توزيع المدن في قارة آسيا، وتنتمـي جميـع أقطـار آسيا إلى مجموعة الـدول الناميـة، باستثناء اليابـان، وتتميز النظم الحضريـة لأقطار قارة آسيا بمستوى منخفض نسبياً، في مستوى التحضر، على الرغم من وجود عدد من المدن الضخمة، كما يتأثر توزيع المـدن، إلى حد ما، بخصائص الموقع التي سبق ذكرها، وينعكس المستوى المنخفض من التنمية والتطور الاقتصادي في أقطار آسيا في وجود ظاهرة الهيمنـة الحضريـة، أو سيطرة المدينـة الأولى، وعـدم انطبـاق النظريـات والقواعـد الأخرى، مثل قاعـدة الرتبـة والحجم ونظرية المكان المركزي، نظراً لتضخم المدينـة الأولى، بشكل عـام، نتيجـة لتركز السكان والأنشطة الاقتصادية والمرافق والخدمات فيها، وربما تختلـف النـظم الحضرية في الهند والصين عن غيرها من النظم الحضرية للأقطار الآسيوية الأخرى، حيث يوجد عدد من المدن الضخمة فيهما، ويقترب انتظام المدن فيهما من قاعـدة الرتبة والحجم (وسيأتي تفصيل لهذه القاعدة في مكان لاحق من الكتاب).

ونتيجة للخلفية الثقافية والتاريخية لأقطار آسيا، فإنه يمكن ملاحظة عدد من المـدن الكبرى تنتشر عبر القارة، وليس نتيجة لآثار التنمية والتطور الاقتصادي، فتفوق الأهميـة الدينية والثقافية لكليكوتا ولاهور والدور التاريخي والثقافي لبكين أكبر من أهمية الـدور الاقتصادي لهذه المدن (Honey R. and Others, 1987, P.460).

هذا، وقد تم بناء العديد من المدن في قارة آسيا أثناء حقبة الاستعمار الأوروبي، وبتأثير أوروبي، ومن هذه المدن: هوشي منه (سايغون سابقاً) وهونغ كونغ، وسنغافورة ومانيلا وبمباي.

وتشبه النظم الحضرية في أقطار آسيا، غيرها من النظم الحضرية في الدول النامية، حيث توجد فروق واضحة في الظروف الاقتصادية والاجتماعية والسياسية والثقافية والتقنية بين المدن الضخمة المهيمنة من جهة وبين المدن الأخرى والمناطق الريفية من جهة أخرى، حيث تشهد المدن المهيمنة نمواً سريعاً نتيجة لتدفق المهاجرين من الريف، ونتيجة لارتفاع معدل النمو الطبيعي لسكانها.

أنماط التحضر في قارة أفريقيا والشرق الأوسط:

تشهد قارة أفريقيا تحضراً سريعاً في العصر الحاضر، على الرغم من أنه كان يسكن التجمعات السكانية التي يسكنها عشرين ألفاً أو أكثر أقل من ١٠% عام ١٩٥٠، ويمكن تقسيم القارة إلى إقليمين كبيرين: جنوب الصحراء وشمال الصحراء (المتوسطية)، ويتميز إقليم جنوب الصحراء بأنه الأكثر فقراً في العالم و الأقل مستوى من التحضر في العالم، وقد تأثرت أنماط التحضر فيها بالبيئات الطبيعية لمناطقها وتجارب الاستعمار التي مرت بها شعوبها، بالإضافة إلى موروثها الثقافي واستقرارها السياسي الحالي، وتتميز الأنماط الحضرية بالتعميمات التي تميزت بها الأنماط الأخرى، باستثناء إقليم شرق أفريقيا، الذي يشبه إلى حد كبير أنماط التحضر في أمريكا اللاتينية، حيث أقيمت المدن على المرتفعات الجبلية من المناطق الداخلية، ومن هذه المدن: نيروبي وأديس أبابا والخرطوم وجوهانسبرغ. وقد لعبت العوامل التاريخية وتوافر الموارد أدواراً مهمة في تحديد مواقع العديد من المدن الأفريقية.

ويظهر عامل آخر مهم، يعلب دوراً كبيراً في توزيع المدن الحديثة في قارة أفريقيا، وهو بناء السكك الحديدية وسيلة استعمارية، فقد نمت وتطورت مدن أفريقية بسبب هذا العامل،خلال القرن التاسع عشر ومطلع القرن العشرين،ومن هذه المدن: مدن الموانئ

التي تتميز بسهولة الوصول إلى الداخل الأفريقي، والمدن التي أقيمت في داخل القارة، حيث شكل توافر الموارد الطبيعية قاعدة لنمو هذه المدن، لأنها كانت تقوم بإنتاج ونقل الموارد من الداخل إلى الساحل.

وفي الإقليم الأفريقي الثاني: شمال الصحراء، يظهر الأثر التاريخي والثقافي في أنماط التحضر، بشكل أكبر ممـا هـو في آسـيا، ويتميـز هـذا الإقليم مركزاً حضارياً وحضرياً لمـدة تزيـد عـلى ثلاثـة آلاف عـام، كـما يعكس النمط الحضري في هذا الإقليم أهمية المياه مصدراً ووسيلة للمواصلات، بالإضافة إلى تأثر هذا الإقليم بالإسلام الذي أثر في طبيعة النظام الحضري وأنماطه وثقافته، فعلى سبيل المثال، تتميز مدينـة مكـة بـدور مهـم مـن الناحيـة الدينيـة وأقـل أهمية من ناحية اقتصادية (Honey R. and Others, 1987, P. 462)

هذا وتجـدر الإشـارة، إلى أن تطـور المـدن في قـارة أفريقيـا ، يعـود إلى الاستعمار الأوروبي، على الرغم من وجود العديد من المدن التي أنشئت قبل حقبة الاستعمار، فهناك العديد من المدن التي لم تكن موجودة قبل الاستعمار، أصبحت مهمـة أثنـاء عهـد الاستعمار، ومـن هـذه المـدن: نـيروبي وهـاراري وأبيدجان وجوهانسبرغ، وغيرها كانت قد أنشئت مراكز للتجارة والإدارة، وكما أقيمت هذه المدن بالقرب من الساحل أو الممرات المائية.

وقد شجعت الدول المسـتعمرة هجـرة السـكان مـن الريـف إلى المـدن للعمل في هذه المدن حيث تتوافر فرص العمل المختلفة، مـن تعـدين وزراعـة في المزارع الواسعة، وأعمال أخرى توجد في المدن، وقد شكلت المدن التي أقامها الاستعمار مراكز للحكومات والإدارة (Global Report, 1996, PP, 78-88).

أكبر عشر مدن في العالم

	١٩٩٥			٢٠١٥
١ طوكيو	٢٠.٨	١	طوكيو	٢٨.٧
٢ نيويورك	١٦.٣	٢	بمباي	٢٧.٧٣
٣ ساوباولو	١٦.٤	٣	لاغوس (نيجيريا)	٢٤.٤
٤ مكسيكو سيتي	١٥.٦	٤	شنجهاي	٢٣.٣٨
٥ بمباي	١٥.١	٥	جاكارتا	٢١.١٧
٦ شنجهاي	١٥.١	٦	ساوباولو	٢٠.٧٨
٧ لوس أنجلوس	١٢.٤	٧	كراتشي	٢٠.٦١
٨ بكين	١٢.٤	٨	بكين	١٩.٤
٩ كلكوتا	١١.٨	٩	دكا	١٨.٩٦
١٠ سيول	١١.٦	١٠	مكسيكو سيتي	١٨.٧٨

Economic Indicators, The Economist, Nov. 1 st 7 th 1997, P. 122

ويبدو من الجدول السابق أن من أكبر عشر مدن على مستوى العالم وجدت سبع منها في الدول النامية عام ١٩٩٥، ويتوقع أن يصبح عددها في الدول النامية تسع مدن من عشرة عام ٢٠١٥ بالإضافة إلى طوكيو.

اتجاهات معاصرة في عملية التحضر

شهد التحضر في الدول المتقدمة وبخاصة الولايات المتحدة بعد الحرب الثانية تغيرات مهمة في معدل النمو الحضري، وفي شكل ونمط عملية التحول الحضري، وتعزى هذه التغيرات إلى مجموعة من العوامل منها: ارتفاع مستوى الدخل لدى السكان والتقدم التقني وتحسن مستوى المعيشة وتغير صورة الحياة إلى ما يعرف بالحياة الجيدة (Good Life).

وقد تمثل التغير الأول الذي شهدته عملية التحضر، في التوسع المساحي الخارجي للمدن والانخفاض النسبي في حجم التفاعل المباشر بين المناطق الخارجية من المدن و المناطق المركزية القديمة فيها، ويشار إلى هذه العملية بانتشار ظاهرة الضواحي أو تطور مدن الخارجية Outer Cities، فقد اشتملت هذه الأجزاء من المدينة (الأطراف والضواحي) على مراكز تجارية وصناعية وانتشرت فيها الوظائف التجارية والصناعية، بعد أن كانت أماكن سكن للأغنياء فقط ، ومن ثم انخفض تأثير المركزية على أطراف المدن وهوامشها.

وفي السبعينات ظهر اتجاه تمثل في تدهور المدينة المركزية، ونمو العديد من المدن أو المراكز الحضرية في المناطق القريبة من الضواحي، فبدأت المدن المركزية تفقد أعداداً من سكانها باتجاه الضواحي، أو حتى باتجاه المناطق الريفية، نتيجة لظهور مشكلات في المدن المركزية مثل : الازدحام والاكتظاظ والضجيج والتلوث وبعض المشكلات الاجتماعية، وعرفت حركة السكان بالهجرة العكسية Turn around movement أو Counter Urbanization

كما ظهر تغير آخر، شهدته المدن المركزية أيضاً، تمثل في فقدان المدن القديمة أعداداً من السكان وفرص العمل والأنشطة التجارية.

وقد شهدت المدن الأمريكية حركة إقليمية، تمثلت في هجرة السكان من المناطق الشمالية إلى المناطق الدافئة التي عرف بنطاق الشمس Sun-Belt مما أدى إلى تطور نظام حضري جنوب فلوريدا وتكساس.

أما بالنسبة للتغيرات الاقتصادية التي حدثت في النظم الحضرية، يمكن تفسيرها بالعوامل التالية:

١- تقادم النظام الاقتصادي في مراكز المدن وعدم ملاءمته للتقنية الحديثة ذات الإنتاجية العالية.

٢- انخفاض الأجور، وضعف في القوى العاملة وتنظيماتها في المناطق الحديثة مثل نطاق الشمس، في الولايات المتحدة، حيث إن التنظيمات العمالية في المدن القديمة أقوى.

٣- تطور شبكة المواصلات والاعتماد على الشحن، مما أدى إلى انتشار الصناعة من المراكز القديمة.

٤- الانتقال بالاقتصاد الأمريكي نحو الاقتصاد " الخفيف" والأنشطة الرباعية quatemary بعيدا عن النشاط الاقتصادي التقليدي الواسع، مما حرر الصناعات من عامل الموقع بحيث لم تعد تتأثر المراكز الصناعية الحديثة بعوامل الموقع، كما أصبحت موجهة نحو السوق بشكل أكبر، (وتنطبق هذه التغيرات على النظم الحضرية الغربية والأمريكية بشكل كبير).

وقد أدت التباينات والاختلافات في النظم السياسية وما ينتج عنها من سياسات حضرية في دول العالم، إلى استجابات للتغير التقني، تختلف عن تلك التي حدثت في الولايات المتحدة، فقد أظهرت الدول الأوروبية، بشكل عام، اهتماماً أكبر بحماية الأراضي الفراغ والأراضي الزراعية من توسع الضواحي فيها، ووضعت تشريعات تحول دون ذلك، مما نتج عنه استغلال كثيف للأراضي داخل المدن، كما كانت تشجع وسائل المواصلات الجماعية والاعتماد عليها بشكل أكبر من اعتمادها على وسائل المواصلات الخاصة نظراً لعدم وجود نفط في أراضيها، وكانت الدول الأوروبية قد أعادت بناء صناعتها باستخدام تقنية جديدة وتطوير سياسات تشجيع إعادة تشغيل رأس المال، بعد تدمير البنية التحتية فيها أثناء الحرب العالمية الثانية (Honey R.and Others, 1987, P.465)

أما اتجاهات التحضر المعاصرة في الدول النامية، فتتميز بأنها أكثر حيوية من أي وقت سابق، حيث تشهد الأقطار في أفريقيا وآسيا وأمريكا اللاتينية نمواً حضرياً سريعاً نتيجة لعاملين قويين نسبياً، هما: تدفق الهجرة من الريف إلى المدن، وارتفاع معدل النمو الطبيعي للسكان الذي يعود لارتفاع مستوى الخصوبة و انخفاض معدلات الوفاة.

وقد تطورت المدن الرئيسة أو المهيمنة في الدول النامية، وزاد عدد السكان بشكل كبير نتيجة لتركز الأنشطة الاقتصادية والاستثمارات الحديثة فيها، ويظهر هذا الاتجاه واضحاً في مدن: مكسيكو سيتي وبوغاتا ونيروبي ولواندا ولاغوس وكوالالمبور ورانغون وسيول، إذ تحتوي كل من هذه المدن على مطار دولي وسلسلة من الفنادق العالمية والعمارات الشاهقة تشغلها مكاتب شركات عالمية، وترى في هذه المدن، يومياً تجاراً ينتمون إلى جنسيات مختلفة.

يتأثر نمط التحضر في الدول النامية بالصناعات الإستراتيجية والزراعة ونمو قطاع صناعات التجميع، وصناعات أخرى تستفيد من كلفة الأيدي العاملة المنخفضة، كما أن رأس المال المستثمر لا يصل إلى بقية أجزاء الأقطار، مما أدى إلى وجود فجوة وتباين كبير بين المدن الكبرى المهيمنة من جهة وبين المدن الأصغر والمناطق الريفية من جهة أخرى.

وتتميز مدن الدول النامية بنمو سريع وتزايد في مستوى الفقر، نتيجة للهجرة القوية من الريف إليها، مما يجعلها تعاني من ضغوط كبيرة على البنية التحتية وخدمات القطاع العام، وزيادة الطلب على المياه والسكن والتخلص من النفايات والتعليم والصحة والمواصلات والأمن... هذه الخدمات التي تحتاج توفيرها إلى موارد مالية وميزانيات ضخمة.

وتنتشر في المدن الكبيرة في الدول النامية الأحياء الفقيرة المعروفة، بمدن الصفيح والمباني العشوائية التي تفتقر إلى الخدمات الضرورية والمرافق المطلوبة وتتميز بمستويات متدنية للسكن (Honey R, and Others, 1987, PP. 67-469)

يؤكد تقرير الأمم المتحدة المتعلق بمراكز العمران البشرية لعام ١٩٩٦ عدة نقاط تميز اتجاهات التحضر المعاصرة منها:

١- انخفاض معدلات نمو السكان في عدد من المدن النامية (التي يسميها التقرير مدن الجنوب) حيث كانت معدلات نمو السكان في معظم المدن الكبرى في إقليم الجنوب خلال الثمانينات أقل من تلك المعدلات في السبعينات والستينات، كما غادر المدن

الكبرى في كلا الإقليمين (الشمال والجنوب) عدد من السكان أكثر من عدد القادمين إليها، خلال حقبة الثمانينات، وكذلك زاد نصيب السكان خارج المدن الكبرى في عدة أقطار خلال الفترة ذاتها، ربما شهدت المدن الغنية نمواً سريعاً للسكان، خلال الفترة السابق ذكرها، سيما وأن هذه المدن شهدت نمواً اقتصاديا سريعاً، ولم يظهر فرق واضح بين المدن الكبرى في إقليمي الشمال والجنوب.

(An urbanizing world, Global Report on Human Settlements 1996, P.xx(v))

انخفاض نسبة السكان، الذين يسكنون المدن العملاقة Mega Cities وهي المدن التي يسكنها عشرة ملايين أو أكثر من السكان، حيث بلغت نسبة السكان في هذه المدن عام ١٩٩٠ حوالي ٣% فقط من مجموع سكان العالم، ولم تتأكد التوقعات بتضخم أعداد السكان في بعض هذه المدن مثل كلكوتا وساباولو، فقد كان يتوقع أن يبلغ مجموع سكان كل من هاتين المدينتين بين ٣٠-٤٠ مليوناً، لأنه ربما أثر اتساع حدود هذه المدن لتشمل مساحات كبيرة بما فيها من مناطق ريفية شاسعة في ارتفاع حجوم السكان المتوقعة بشكل كبير جداً، يؤكد التقرير أيضاً، تطور نظام حضري جديد في كلا الإقليمين الشمال والجنوب، حيث تتطور شبكة كثيفة من المدن الصغيرة حول المدن الضخمة، وتتميز هذه المدن بحيوية أكبر من المدن الضخمة (Global Report, 1999, P xxvII).

٢- ضعف العلاقة بين التغير الحضري من جهة، والتغيرات الاقتصادية والاجتماعية والسياسية من جهة أخرى، حيث يظهر تقرير الأمم المتحدة أن بعض المدن الضخمة التي تنمو بمعدلات سريعة، تتميز بمستويات من البنية التحتية، وتوفير الخدمات بشكل أفضل من بعض المدن الصغيرة الآخذة في التدهور (Global Report, 1996, x vii).

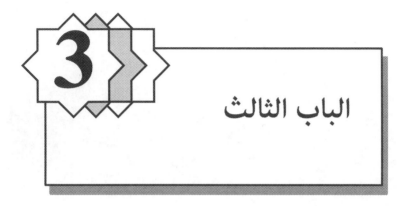

3

الباب الثالث

الجغرافية التاريخية للمدن

الفصل الأول
أقدم المدن

تعتبر المدينة ظاهرة قديمة جداً، حيث يعتقد أن المدينة، قد أنشئت قبل أكثر من خمسة آلاف سنة، إلا أن ظاهرة التحضر ـ أي تركز السكان في المدن بشكل كبير، تعتبر ظاهرة حديثة، وربما ظاهرة القرن العشرين، فكان يسكن المدن في مطلع القرن العشرين أقل من ٥% من سكان العالم، وارتفعت هذه النسبة عام ١٩٦٠ إلى حوالي ثلث سكان العالم وإلى أكثر من نصف سكان العالم عام ٢٠٠٠، ثم جاءت دول العالم الأخرى خلال القرن العشرين، وكانت بريطانيا أول دولة في العالم تصبح متحضرة منذ أواخر القرن ١٩، ثم تبعتها استراليا منذ مطلع القرن العشرين.

وقد اهتم أتباع المنهج التاريخي من جغرافيي المدن بالشكل الحضري الحديث وتطور أنماط العمران المختلفة، ودور المجموعات البشرية والسكان، وطرق المواصلات وتطورها في تشكيل المدن من خلال المراحل التاريخية المختلفة، وأثر ذلك كله في تطور استعمالات الأرض وكيفية انتظامها وتغيرها بالإضافة إلى دراسة التنظيمات الاجتماعية والعرقية للسكان والعوامل المؤثرة فيها، وقد ركزت أعمال عدد من الجغرافيين في هذه المجالات ومنهم: فانس Vance ووارد Ward وبريد Pred وكونزين Conzen (Vance J,1977) .

١- المدن العراقية

يعتقد، وبناء على الدراسات الأثرية والانثرولويوجية، أن أقدم المدن في العالم قد تطورت خلال الفترة بين ٣٠٠٠-٤٠٠٠ ق.م في السهول الفيضية التي شكلها نهرا دجلة والفرات، في جنوب العراق، التي عرفت باسم ميزوبوتاميا Mesopotamia، كما ويعتقد

بأن المدن قد تطورت في التلال المرتفعة المحيطة بنهري دجلة والفـرات بعيـداً عـن خطر الفيضان(Northam R. 1979,P34) (Hartshorn T. 1992, P.18).

ويعتقد بأن القرى الزراعيـة في جنوب العراق قـد تطورت إلى نظام حضري خلال الألف الرابعـة قبـل الميـلاد، لأن مـن المتطلبـات السـابقة لنشوء المدن، وجود نظام زراعي قادر على سد حاجة المزارعين أنفسهم، وإنتاج فائض غذائي يساعد في سد حاجات الناس الذين يعملون في وظائف غير زراعية مثل الأدوات الفخارية ونسج السلال ورجال الدين والجيش.

ومن المتطلبات الأخرى لنشوء المدن، تطور نظام اجتماعـي يسـمح بجمـع الفائض من الغذاء وتخزينه ثم توزيعه على السكان، وكان يقوم بهذه المهمة رجال الدين والحكام، الذين كانوا يحتفظون بسجلات خاصة ويقومـون بجمـع الضرائـب اللازمة لدعم السكان غير الزراعيين وبناء الأسوار والمباني العامة وتطوير نظم الـري وتظهر مستويات التنظيم الاجتماعي الذي كان يسود في المدن القديمـة مـن خـلال آثار وبقايا المعابد في المدن القديمة.(Northam R. 1979,P33) .

وظهرت في المدن القديمة فئة جديدة من العمال هي التجار، وقدمت هذه الفئة للمـزارعين بـدائل مـن السـلع لمحاصيلهم الزراعيـة الزائـدة، أو نقوداً أثماناً لمنتجاتهم الزراعية، وقد صاحب هذه العملية إنتاج سلع استهلاكية مما شجع عـلى تطوير فئة من العمال الماهرين وتدريجيا تطورت شبكة تجاريـة لهـذه الأنشطة، تكونـت مـن ثـلاث مجموعـات حضريـة هـي: التجـار والعـمال المهـرة والحكـام (Harthshorn T. 1992,P18).

ومن المدن العراقية القديمة إريك واريدو و لاغاش ولارسا وكيش، وريما كانت أور أحدث هذه المدن، ويعتقد بأن المدن الأخرى كانت قد تحولت من قرى إلى مدن، وقد استغرقت عملية التحول هذه قرونا طويلة.

كانت المدن القديمة مراكز دينية بشكل رئيسي، كما قدمت فيها بعض الوظائف الحرفية التي سبق ذكرهاوالتي شكلت الأساس الاقتصادي لهذه المدن،وقد اختفت المدن

القديمة خلال التاريخ الطويل، باستثناء مدينة دمشق، التي تعتبر أقدم مدينة في العالم، استمرت مأهولة بالسكان حتى الوقت الحاضر.

وكانت المدن القديمة صغيرة الحجم، حسب المعايير الحديثة، فتقدر حجوم السكان فيها بين ١٥.٠٠٠ إلى ٢٥.٠٠٠، ما عدا مدينتي اريك وبابل اللتين قدر حجم السكان في كل منهما ب ٥٠.٠٠٠ و ٨٠.٠٠٠ على التوالي.

وكان يقدر عدد السكان في مدينة أور حوالي ٢٤.٠٠٠ و لانماش ١٩.٠٠٠ في حوالي ٣٠٠٠ ق.م، وارتفع عدد سكان أور في حوالي ٢٠٠٠ ق.م إلى ٣٤.٠٠٠ داخل السور وحوالي ٣٦٠.٠٠٠ في أور الكبرى.

ونظراً لصغر مساحة المدن داخل أسوارها وتركز السكان فيها، ارتفعت الكثافة السكانية إلى أكثر من ١٠.٠٠٠ نسمة للميل المربع وهي أعلى منها في المدن الغربية المعاصرة (Northam R. 1979,P40).

وكانت المدن القديمة تعاني من مشكلات عديدة منها: الازدحام والاكتظاظ والتلوث ووجود مناطق قذرة Slums، وعدم تطور شبكة مواصلات ملائمة لحاجات السكان داخل المدن وخارجها، مما حد من تطور وتوسع هذه المدن.

وكانت هذه المدن تعاني من عدم توافر مياه صالحة للشرب وعدم توافر وسائل مناسبة للصرف الصحي وعدم توافر الأمن للسكان.

تميز النظام الحضري جنوب العراق بما يمكن تسميته (دولة المدينة) City State فكانت كل مدينة تحكم من قبل حاكم خاص أو ملك، وربما يكون رجل الدين الرئيسي، وتسيطر المدينة على مساحة صغيرة من الأرض المحيطة بها.

وكان على المزارعين تقديم جزء من فائض إنتاجهم الزراعي لرجل الدين، وكان يخزن هذا الفائض في المعبد الرئيسي- في المدينة الذي يحمي السكان وغذاءهم من خطر الفيضان.

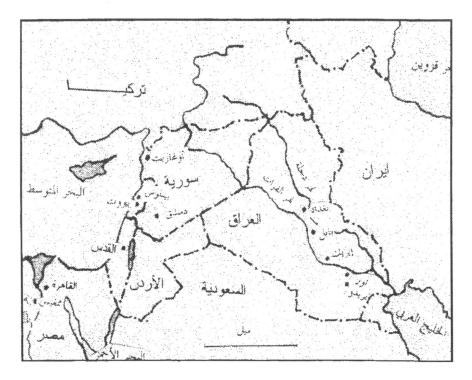

شكل (٨) : المواقع الجغرافية للمدن القديمة

المصدر : *Hartshorn T. 1992, P.17*

٢- المدن المصرية في وادي النيل:

يعتقـد بـأن المـدن المصرـية قـد تطـورت في وادي النيـل حـوالي ٣٠٠٠ ق.م، وقـد
تطورت القرى الزراعية إلى مدن، تدريجياً، وبشكل أكثر بطئاًمنه في جنوب العراق، وربـما
كان تطورالمدن المصريةسابقاً لتطورالكتابة كما كانت المدن المصرية القديمة مستقلة عن

بعضها البعض، وتطورت فيها نظم ري وزراعة القمح والشعير، بالإضافة لاستخدام المعادن واستئناس الحيوان (Palen J. 1981, P.19).

ويعتقد بأن المدن المصرية قد تطورت بعد تطور المدن العراقية بعدة مئات من السنين وبتأثير منها، ومن أشهر المدن المصرية القديمة ممفيس وطيبة اللتان ازدهرتا في حوالي ٣٠٠٠ ق.م، وكذلك هليوبوليس ونيخب Nekheb وتميزت المدن المصرية القديمة بالعمارة ووجود رموز للأهرامات، كما برع المصريون في الفنون والتصاميم العمرانية، واتخذ شكل المدينة المصرية تصميماً هندسياً تميز بوجود طرق طولية متوازية تنطلق من شريط ضيق، فكانت تبنى حسب تصميم ومخطط معين.

ونتيجة لأن مواد البناء في المدن المصرية كانت من الطين المجفف، فإنها لم تقاوم عمليات التعرية، خلال فترات زمنية طويلة، لذلك تعذر تتبع ودراسة هذه المدن بشكل دقيق، وحتى عندما استخدم الصخر (الحجارة) في بناء الأهرامات، كانت تُبنى المساكن من المواد التي تزول بسرعة، كما تشير البقايا الأثرية أن المدن التي بنيت بعد ٢٠٠٠ ق.م كانت تتكون من عدة أدوار، مع وجود ممر (طريق) عريض، وتميزت المدن بوجود أحياء قذرة ومخازن للغذاء ومباني عامة، وأحياء خاصة لسكن العمال.

وتميزت المدينة المصرية القديمة بوجود منطقة مركزية تحتوي القصر والمعبد ومخازن الغذاء والمباني.

وتشبه المدن العراقية في عدم تبليط الطرق وافتقارها إلى قنوات لتصريف المياه (Northam R. 1979,P40).

٣- المدن في حوض نهر السند- منطقة باكستان حالياً: The Indus Valley

تطورت المدن في حوض نهرالسند حوالي ٢٥٠٠ ق.م،ويعتقدبأنه قدتطورت نتيجةلانتشارالمدينةمن العراق،ومن المدن التي تطورت في هذه المنطقةمدينتا موهينجادارو Mohenja Daroوهارابا Harappaعواصم لإمبراطوريات ازدهرت بين ١٥٠٠-٢٥٠٠ق.م وكانت تشكل هاتان المدينتان مراكزدينيةوإداريةبحجم سكاني وصل إلى

أربعين ألفاً لكل منهما وتميز مخطط هاتين المدينتين بالنظام الشبكي (الشطرنجي) The Grid Pattern، الذي احتلت القلعة فيه موضعاً يرتفـع حـوالي ثلاثين قـدماً محاطة بسور، كما ذكر وجود حمام عام كبير ومخازن (صوامع) لتخزين الحبوب في مدينة موهينجا دارو، وقد تميزت منطقة حوض نهر السند بالخصوبة العالية، وقد زرع القطن أولاً في هذه المنطقة وتم نسجه أيضاً، كما طور السكان نظاماً معقداً للأوزان والمقاييس.

وكان قد تطور في هـذه المنطقـة نظـام حضري احتلت فيه مدينتا موهينجا دارو وهارابا مراكز مهمة، وكانت تعتمـد عـلى فـائض في الزراعـة المدعوم بنظام ري استخدم في تلك الأثناء، ومن المحاصيل الزراعية التي طورت القمـح والشعير، كـما اسـتخدمت الآلات وتـم اسـتئناس الحيوانـات وعرفـت العجلات.(Northam R. 1979,P37) (Hartshorn T. 1992, P.18).

٤- المدن الصينية- في حوض النهر الأصغر: Hwang He River

تطورت المدن الصينية في حوض النهـر الأصغر في حـدود ٢٠٠٠ق.م، وقـد تميزت المنطقة بالخصوبة العالية وتوفر تربة غنية هي تربـة اللـويس، وقـد أمنـت التربة الغنية هذه إمكانات الحياة لأعداد كبيرة مـن السكان في العصر ـ البرونزي ١٩٠٠-١٠٥٠ ق.م، ومن أشهر المدن الصينية مدينة آن يونغ Anyang بالقرب مـن النهر الأصفر، ومدينة شانغ Shang، وكانت قد اعتمدت المدن عـلى زراعـة القمح والشعير والعدس وربما الأرز، كما استخدمت نظام الري ولا توجد أدلة عـلى أنهـم قـد عرفوا المعـادن، وتميـزت المـدن الصينية بوجـود قائـد سياسي لكـل مدينة. .(Northam R. 1979,P37)

٥- المدن الأمريكية (أمريكا الوسطى) Meso America

يعتقد أن هذه المدن قد تطورت خلال قرون سبقت ميلاد السيد المسيح، حيث كانت قد تطورت الحضارات القديمة في هذه المنطقـة، حضارات المايا والانكا والازدك، وكانت حجوم المدن هنا صغيرة، وتميزت بوجـود نظـام تقسيم العمل واعتماد جزء كبير

من السكان على أعمال غير زراعية، وقد تطور بعض القرى إلى مدن في حين اندثر بعضها الآخر.

ومن المدن التي تطورت في هذا الإقليم، مدينة تيكال Tikal و Maypan وUaxactun و Copan و H2 Chichen. وتميزت المدن بإنتاج فائض من الذرة الصفراء كما تميزت بوجود ظاهرة قريبة من دولة المدينة City State التي تطورت في مناطق أخرى، وكانت ترتبط المدن مع بعضها بعلاقات فضفاضة أشبه بالعلاقة الكونفدرالية، ويعتقد أن المدن قد تطورت في هذا الإقليم بمعزل عن المدن في الشرق الأوسط، وكان يقدم من قبل الكاهن أو رجل الدين، كما ظهرت فئة اجتماعية في المدن والقرى كانت تجمع الفائض الغذائي من المزارعين لتأمين حاجات سكان المدن. شكل ٩

خصائص أو مزايا المدن القديمة :

ظهر في المدن القديم جميعها تنظيمات دينية وسياسية، أثرت بشكل قوي على التنظيم الإداري والاقتصادي لهذه المدن، وقد وضع شايلد V.Gordon Child عشر خصائص تحدد الثورة الحضرية وهذه المزايا هي:

١- مراكز استقرار دائم في منطقة مزدحمة بالسكان

٢- سكان غير زراعيين يعملون في وظائف متخصصة

٣- جمع الضرائب

٤- وجود مباني عامة ذات صفة رمزية

٥- وجود طبقة حاكمة

٦- أسلوب الكتابة

٧- الحساب والهندسة والفلك

٨- تعبير فني

جغرافيــة المــــدن

٩- تجارة

١٠- إحلال العلاقة السكنية (الإقامة) بدلاً من علاقة القرابة.

إلا أن المباني ذات الصفة الرمزية لم تتطور في جنوب العراق حتى القرن الأول ق.م وكانت تفتقر للتقدم التقني، الذي وجد في مدن الشرق الأوسط وحوض نهر السند والصين في تلك الأثناء.

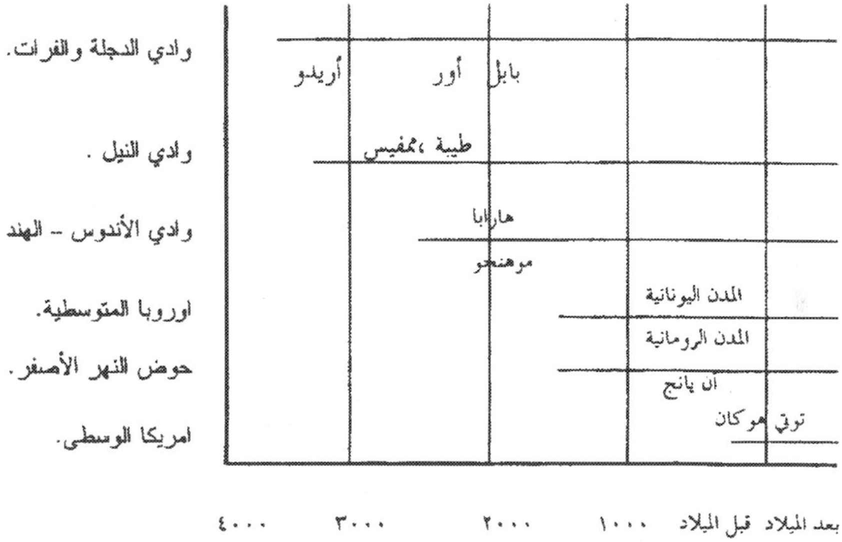

وادي الدجلة والفرات.
وادي النيل .
وادي الأندوس - الهند .
اوروبا المتوسطية.
حوض النهر الأصفر.
امريكا الوسطى.
أريدو
أور
بابل
طيبة ،ممفيس
هارابا
موهنجو
المدن اليونانية
المدن الرومانية
آن يانج
توتي هوكان
٤٠٠٠
٣٠٠٠
٢٠٠٠
١٠٠٠
قبل الميلاد
بعد الميلاد

شكل (٩): نشوء المدن القديمة

وعرفوا في أمريكا الوسطى الزراعة التي أمنت فائضاً كبيراً من الذرة الصفراء على الرغم من عدم وجود الكتابة والعجلات والمعادن.

هذا، ويمكن اعتبار القائمة السابقة لتساعد في تحديد المزايا العامة للمدن، وقد تطورت المدن التي تميزت بهذه المزايا في ميزوبوتاميا ووادي النيل. (Palen J. 1981, 24-25).

وتعكس المدن في أي إقليم ثقافة ذلك الإقليم وسكانه، كما تتشابه المدن في الخصائص الثقافية، إلا أنه نجد في بعض الأحيان بعض الاختلافات الثقافية بين المدن في الإقليم الواحد وتكون الاختلافات الثقافية أكثر وضوحاً بين المدن من أقاليم مختلفة الثقافات، وتتمثل أوجه التشابه والاختلاف في الخصائص التالية: السكانية ومساحة المدينة ونمطها أو مخططها التنظيمي، بالإضافة إلى خصائص موضع المدينة، الذي تشغله، والتنظيمات الاجتماعية للمجتمع وأية خاصية قد تتميز بها المدينة الواحدة (Northam R. 1979,P39).

بالنسبة للمدن جنوب العراق، فقد نمت ضمن قطاع محاط لسور يحتوي المعبد، وكان رجال الدين يسيطرون على تركيب المدينة واقتصادياتها، وكان يوجه اهتمام خاص لبناء المعابد والقصور التي يشترك في بنائها آلاف العبيد، فقد شكلت المعابد أهم عنصر في المدينة، فكانت تبنى على مرتفع اصطناعي أحياناً، كما كان الحال في مدينة اريك التي بلغت مساحة المعبد فيها عشرة أفدنة بني على ارتفاع أربعين قدماً، كانت تحيط به أكواخ مساكن للناس على ارتفاع عشرة أقدام، وكانت المنطقة التي يوجد فيها المعبد والقصر- محاطة بسور لحمايتها من الغزاة أو من فيضان الأنهار، وكانت مدينة بابل محاطة بسور على شكل مستطيل بلغ طور ضلعه بين ٥٥-٨٠ ميلاً، بينما بلغت مساحة مدينة أور المحاطة بسور حوالي ١/٥ ميل، ومدينة أريك حوالي ميلين مربعين.

أما مادة بناء الأسوار والمعابد والقصور، فكانت من الطوب المشوي وغير المشوي، وكانت تتجمع المساكن متقاربة من بعضها بشكل عشوائي، تاركة مساحة فراغ في محيط المعابد والمباني العامة، كما كانت الطرقات ضيقة تفتقر إلى قنوات التصريف المائي ولم يكن سطحها مهيأً أو مبلطاً، وكانت أماكن تلقى فيها الفضلات التي كانت تتراكم لارتفاعات عالية وأظهرت الاكتشافات الأثرية وجود آلات وبقايا محال تجارية.

وكان الفقراء يعيشون على الأطراف الخارجية للمدن في مساكن مبنية من الطين والبوص، وكان يسكن على أطراف المدن العراقية مزارعون يستفيدون من موقعهم القريب من المدن وأسواقها.

كانت المدن القديمة، بعامة، صغيرة الحجم، مقارنة مع حجوم المدن المعاصرة، فبلغت مساحة كركميش، على ضفاف الفرات، حوالي ٢٤٠ فداناً ومساحة موهينجا دارو حوالي ٦٠٠ فدان، وبلغت مساحة أور بقنواتها المائية ومعابدها وموانئها حوالي ٢٠٠ فدان، كما كان يحوي سور أريك ٢ ميل^{2} أو ١٢٠ فداناً، ونينوى حوالي ١٨٠٠ فدان، وبلغت مساحة بابل بحدائقها المعلقة، إحدى عجائب الدنيا السبع ٢،٣ ميل^{2} (Palen J. 1981,P27).

وتعتبر القلعة المحاطة بالسور أهم العناصر المكونة للمدينة القديمة، حيث كان السور يوفر الحماية للحكام، وكانت المدينة تمتد وتنتشر خارج سور القلعة، وكانت تبنى القلعة بشكل عام على مرتفع يجعلها تسيطر على المدينة، وكانت تحوي القلعة على كنوز المجتمع والغذاء الفائض أو المخزون، بالإضافة إلى مساحة من الأرض يعيش فيها الحكام وكان الجزء المخصص لرجال الدين يسيطر على المدن القديمة، وبخاصة في ميزوبوتامبا وحوض نهر النيل، وعلى الرغم من أن هذا الجزء كان محاطاً بسور، إلا أن مساكن الناس كانت تنتشر على الأطراف الخارجية للمدن، كما تنتشر الضواحي في العصر الحاضر.

ويمكن ملاحظة النمط غير المنتظم الذي تميزت به المدن القديمة مثل المدن العراقية ومدن وادي النيل وبعض مـدن العصـور الوسـطى في أوروبـا، ويتميـز هذا النظام بعدم انتظام في الشوارع أو الطرقات في المدينة من حيـث الاتجاه ومن حيث الاتساع، كـما تتوزع المسـاكن بمحـاذاة الطرق، أيضاً، بشكل غـير منتظم. ولعل ذلك، يشير إلى عدم وجـود سـلطة أو إدارة تشرف عـلى المدينـة ووضع مخططات تنظيمية لها، وتميزت بهذا النظام المـدن التي تحولت مـن القرية إلى المدينة في بريطانيا وفرنسا وألمانيا والأراضي المنخفضة، وبعض المـدن الإسلامية في شمال أفريقيا والشرق الأوسط وفي شرق أوروبا.

ويفسر البعض عدم انتظام الطرق وتعرجها إلى عوامل طبوغرافية، إلا أنـه توجد الكثير من المدن التي تميزت بهذا النمط دون وجـود عـوارض أو عقبـات طبوغرافية أو طبيعيـة (Northam R. 1979,P47) وظهـر النمط المسـتطيل ذو الطرق المتوازية في مدينة موهينجو دارو في الهند حوالي ٢٥٠٠ ق.م.

الفصل الثاني

المدن الكلاسيكية ومدن العصور الوسطى

١- المدن اليونانية:

ظهرت المدن اليونانية خلال القرنين السابع والثامن قبل الميلاد، وانتشرت خلال مائتي عام بشكل كبير عبر إقليم بحر ايجة غرباً حتى فرنسا واسبانيا وكانت المدن اليونانية في معظمها صغيرة الحجم، إلا أن لها أهمية تاريخية كبيرة، وكان يشار إليها باصطلاح بوليس Polis، بغض النظر عن حجمها أو " دولة المدينة" City State، ويعني هذا المفهوم وجود إقليم متراص أو ملموم الشكل تقع في وسط مدينة صغيرة أو قرية تسيطر عليه، وكانت هذه المدينة أو القرية محاطة بسور.

ومن المدن اليونانية الكبيرة أثينا وسبارتا، وكان يقدر عدد سكان أثينا في القرن الخامس الميلادي بين مئة ألف ومائة وخمسون ألفاً، ومن المدن اليونانية الأخرى Selinus, Miltus, Corinth ، وقد تطورت المدن اليونانية وبخاصة أثينا أساساً على جبل الأكروبول، وهو جبل مرتفع يتميز بقمة منبسطة، كانت المدينة القديمة تحتل قمة هذا الجبل لأغراض دفاعية ودينية، ثم بعد ذلك انتشرت حول الأكروبول بشكل غير منتظم، وأصبحت وظيفة الاكروبول احتفالية وبخاصة بعد توسع المدينة وانتشار الأنشطة خارجه، وكان يبنى السور حول الاكروبول، وتبنى معظم المعابد فوق جبل الاكروبول وكانت معظم المباني الرئيسية تبنى داخل السور، والمساكن خارجه، باستثناء أماكن إقامة أصحاب النفوذ والسلطة، فكانت تبنى داخل السور (Palen J. 1981,P30) .

وكان يوجد حول الاكروبول منطقة فراغ خالية من البناء، غير منتظمة الشكل، يتقي فيها السكان للتبادل التجاري، عرفت بالأغورا Agora ولكن مع انتشار الأنشطة

والسكان خارج الاكروبول، أصبحت الأغورا متعددة الأغراض، فأصبحت مكاناً للتبادل التجاري ومكاناً للمسرح ومركزاً يلتقي فيه السكان خارج هذه المنطقة، توزعت المساكن بمحاذاة الطرق الضيقة والمتعرجة وبخاصة في العصور المبكرة من عهد الإمبراطورية اليونانية (Palen J. 1981,P29) .

وقد أعيد تنظيم المدن وتطور شبكة المواصلات، مع مرور الزمن، فعندما أعيد بناء مدينة Miletus في ٤٥٠ق.م، وضع لها تصميم شبكي Grid Street-Block، وقسمت المدينة إلى ثلاثة أجزاء أو قطاعات: أحدها خصص للعمال المهرة والثاني للمزارعين والثالث للمحاربين، وكان لكل قطاع نظامه الشبكي الخاص به، وقد تم تبني هذا النظام (الشبكي) في مدن أخرى.

لم تتطور في المدن اليونانية هرمية اجتماعية، أي لم يتطور فيها نظام اجتماعي ذو ميزة هرمية، كما كانت المناطق السكنية عادية، بخلاف المدن التي تطورت لاحقاً في المدن الرومانية، حيث كانت المدينة تنظيماً اجتماعياً كما كانت تصاميم المساكن بسيطة، وكانت تتجه إلى الداخل بعيداً عن الطريق أو الشارع الخارجي.

كانت مدينة أثينا تعاني من مشكلات سكانية، تعود جزئياً إلى قلة مساحة الأراضي المنتجة، الأمر الذي نتج عنه هجرة قوية من المناطق الريفية للمدن، وكان عدد سكان أثينا يتراوح بين ١٢٠.٠٠٠ - ١٨٠.٠٠٠ خلال أوج قمتها، فكانت هناك ضغوط لا تشجع على زيادة عدد سكانها، فما زالت تعتمد المدينة على الفائض من الإنتاج الزراعي، لأنه كانت قد خصصت مساحات كبيرةمن أراضي المدينة للحدائق.

وقد تأثر توسع ونمو المدن اليونانية بشكل عام بعاملين رئيسيين:

أولهما: تفضيل السكان ورغباتهم وثانيهما السياسة، فكان يفضل اليونانيون القدماء الإقامة في مدن صغيرة الحجم، واعتقد كل من أفلاطون وأرسطو بأن الحكومة الجيدة ترتبط بحجم المدينة، وحدد أفلاطون حجم الجمهورية المثالية ب ٥٠٤٠ نسمة، ولم يذكر تفسير مناسب لهذا الرقم، غير أنه يعتقد أن الحجم الكبير للمدن تصعب السيطرة عليه،

ويمكن توفير الغذاء المناسب لهم ، ويعتقد أرسطو بأنـه إذا زاد حجـم السكان في المدينة عن رقم محدد، فإن خصائص المدينة تتعرض للتغير، وبالتـالي يعتقـد أن حجم السكان في البوليس أو City State يكون كاف للدفاع عنها ومكتفيـة ذاتياً.(Palen J. 1981,P31-32) .

٢- المدن الرومانية:

لقد ورثت الإمبراطورية الرومانية المدن اليونانية بشكلها وبتنظيماتها، بحيث أصبح شكل المدينة اليونانية نموذجاً للمدن الرومانية، وتدريجياً تجاوز الرومان أثر العوامل الطبيعية في تصميم المدن الذي ورثـوه عـن اليونـانيين، وأصبحت وظيفـة المدينة اجتماعية مع وجود تنظيم اجتماعي هرمي، يتضح ذلـك مـن خـلال وضـع الوظيفة الدينية والإدارية في أماكن خاصة من الهرم الاجتماعي وكانت مدينة رومـا قد احتلت قمـة الهـرم الحضري في الإمبراطوريـة الرومانيـة، كـما احتلـت عواصـم الأقـاليم التابعـة للإمبراطوريـة مسـتويات أدنى في البنيـة الهرميـة، وتميـزت المـدن الرومانية بالتصميم والتنظيم، حيث احتل مكانة مهمة، كما لاقت حاجات السكان الصحية والترفيهية اهتماما خاصا من مخططي المدن، فكان في مدينة رومـا في فـترة ما ٩٠٠ حمام عام و ١٢٠٠ نافورة و ٢٥٠ مخزناً، وتطورت المدينة سريعاً، بحيـث لم يكن بالإمكان وضع خطـة وتصـميم يجـاري حركـة التطـور السريـع الـذي شـهدته المدينة، وبالتالي جاءت معظم مناطق المدينة دون تنظيم.

وقد تطور نوع آخر من المدن في الإمبراطورية الرومانية، بالإضافة إلى عواصـم الأقاليم، التي كانت تسيطر عـلى الأقـاليم التابعـة للإمبراطوريـة الرومانيـة مترامية الأطراف كما كانت تقوم الوظائف تجارية أيضاً وعرف هذا النوع بالمدن العسكرية (Castrum)، وكان قد وضعت بعض الخطط والتصميم للمـدن العسـكرية هـذه، ومن هذه المـدن قرطاجـة وأوسـيتا Ostia . هـذا وينتشر العديـد مـن المـدن المعاصرة على نهري الراين والدانوب التي تعود في أصولها إلى المـدن الرومانيـة الحربيـة وتميـزت هـذه المـدن بوجـود مراكـز أسـواق بـالقرب مـن المنشـآت العسكرية، فبعد انتهـاء الخدمـة العسـكرية يختـار الأفـراد البقـاء في المنطقـة، ومن هذه المدن العسكرية: كولون ومينز واستراسبورغ وفينا وبودابست . كما

تتميز المدينة الرومانية التقليدية باتخاذها شكل المربع أو المستطيل، يتقاطع في وسطها شارعان أحدهما يقطع المدينة من الشمال إلى الجنوب، ويقع في وسط المدينة منطقة فراغ خالية من البناء عرفت بالساحة العامة أو ال Forum وتوفر هذه المنطقة مساحة يلتقي فيها الناس ويتبادلون السلع التجارية، كما تقام فيها أنشطة مدنية وثقافية، مثل مراسيم دفن الموتى والعروض الرياضية والمناسبات السياسية. وقد تم بناء محلات تجارية دائمة بالقرب من ال Forum، كما أقيمت بالقرب من هذه المنطقة الفراغ المباني العامة التي تشمل المعبد الرئيس والمعابد الأخرى والحمام العام والمكتبة والمسرح والأرينا أو الملعب الرياضي.

أما نموذج البيت الروماني فيبنى على شكل مربع تنتظم حجراته حول مساحة في المنتصف توجد فيها فتحة في السقف، وكانت الأسر الغنية تسكن البيوت المستقلة في حين يسكن ذوو الدخل المتوسط والمنخفض شققاً في مباني تتكون من ثلاثة إلى ستة أدوار وتتميز المدن الرومانية بالتنظيم والتصميم المعماري الذي يظهر في مدينة بمباي بعد إعادة بنائها بعد أن كانت قد غمرت بواسطة ركام بركان فيزوف عام ٧٩م، فانتظمت فيها المباني العامة وعلى شكل مجموعات كانت تحيط بالفورام وشملت المباني العامة الحمام والمسرح والملعب، كما انتشرت مساكن العمال على طول شوارع ضيقة وتميزت المدن الرومانية بنظام الشقق في بنايات تراوح ارتفاعها ما بين خمسة إلى سبعة طوابق، الأمر الذي أدى إلى ازدحام السكان وارتفاع الكثافة السكانية في المدن.

هذا وانتشر تأثير المدينة الرومانية في المدن التابعة للإمبراطورية الرومانية خلال القرنين الثاني والثالث الميلاديين، كما انتشرت المدن الرومانية على امتداد الإمبراطورية الرومانية بوجود برامج عمل لبناء قنوات استخدمت للصرف الصحي، ولخدمة الشبكة مترامية الأطراف من المدن المنتشرة في الإمبراطورية.

وتميزت المدن الرومانية بوجود اهتمام خاص بالفنون والحرف التي تظهر آثارها في بقايا المدن الرومانية حتى الوقت الحاضر، وتنتشر آثار الفنون في كل مكان،ومن هذه الفنون: النحت في الصخر وأعمال الجبص والفسيفساء والرسم الزيتي والأعمال الفنية في

المعدن، بعد ذلك حدث تدهور في المدن الرومانية وفي نظامها الاجتماعي، مما أدى إلى ما عرف بعصر الظلام في أوقات لاحقة.

(Northam R. 1979,PP 45-46) (Hartshorn T. 1992, PP.17-18)

وكان هذا التدهور نتيجة للغزو الذي تعرضت لـه أطراف الإمبراطوريـة الرومانية من قبل الجيرمـان في ٤٩٢م، كـما احتلـت رومـا مـن قبل الغـزاة الـ Goths واختفت الإمبراطورية الرومانية في القرن الخامس الميلادي.

كانت الإمبراطورية الرومانية تنقسم إلى قسمين: شرقي، حيث المدن الهلينية التي سيطر عليها الرومان، وغربي، حيث لم تكن المدن قـد طورت مـن قبل في غـرب أوروبا، فعمل الرومان على تطوير نظام جديد مـن المـدن تتشابه جميعها في تصاميمها، في حين تميز في المدن الشرقية بأصولها العامة، واختلفت عن المدن الغربية ماديـاً وسياسياً (Palen J. 1981,P34).

مدن العصور الوسطى

بدأت في العصور الوسطى فترة انتقالية ثقافية واقتصادية، نقلت أوروبا من إقليم مستعمر من قبل الرومان إلى دور قيادي لخلق حضارة حديثة، وقد حدثت الفترة الانتقالية في أوروبا عـلى مـدى قرون عديـدة. أدت إلى تنظيم سياسي أعقب سقوط الإمبراطوريـة الرومانيـة نتيجـة للغزوات التـي تعرضـت إليها، وفي سبيل تطوير التنظيم السياسي الجديد هذا، ظهرت ممالك وسقطت أخرى منها: الأنجلو ساكسون في انجلترا والجرمان في ألمانيا والفرانك في فرنسا ولمباردز في ايطاليا، واستطاع شارلمان تأسيس إمبراطورية في أوروبا، كانت بداية للحضارة الأوروبية الغربية في القرن الثامن الميلادي، إلا أن هـذه الإمبراطورية سرعان ما تفككت، وبرزت مكانها دويلات صغيرة عديدة كما تعرضت أوروبا للغزوات في القرن التاسع الميلادي.

أصبح بناءالقلاع والمدن المسورةظاهرةعملية في أوروبا في هذه الأثناء، من أجل حماية المدن، كما اختفت السلطة المركزية السياسية، وتزايد نفوذ قوى محلية نتيجة

للحروب الأهلية، وتطور نظام الإقطاع، حيث أصبح رجال أقوياء محاطون بمجموعات مسلحة، حكاما لمناطق صغيرة نسبياً، وأصبح الإقطاع النظام السائد للحكم في غرب أوروبا، وفي انجلترا وفرنسا، بشكل خاص، وبدرجة أقل في ألمانيا وايطاليا، وكانت الدولة الإقطاعية تشبه إلى حد كبير المقاطعة الحالية من حيث مساحتها.

ومع بداية القرن الحادي عشر ـ بدأت المدن الأوروبية في النمو، وبخاصة في المناطق الزراعية الخصبة، في الفلاندرز ونورماندیا شمال فرنسا، كما قامت معامل النسيج للأصواف، وازدهرت المدن الساحلية في ايطاليا ومنها: البندقية وجنوه وبيزا، وقد شاركت هذه المدن في تجارة الحرير والتوابل من الشرق الأقصى.

وقد واجه رجال الإقطاع والكنيسة مشكلات في السيطرة على المدن، واستطاعت بعض المدن في انجلترا وفرنسا القيام بأعمال تجارية، مما أدى إلى تطوير اقتصاد مركزي قوي فيها.

شهد القرن الثالث عشر ازدهاراً في التجارة في عدد من المدن الأوروبية وأصبح يوصف سكان المدن بالبرجوازية في بعض أقطار أوروبا وبخاصة في فرنسا وألمانيا ظهرت في العصور الوسطى مدن عرفت بالحصون أو مدن الأبراج Burgs وكلمة Burg ألمانية الأصل، يعني الحصن، وأصبح يرتبط هذا المفهوم بالمدن المسورة، وهي في الأساس عبارة عن قلعة محاطة بسور وخندق، تحتل وسطها الكنيسة ومقر الحكام والحامية العسكرية، بالإضافة لمخزن الحبوب و الأغذية، التي كان يمكن الحصول عليها من المزارعين الذين يسكنون حول المدينة، وفوق ذلك كله، كان البرج مؤسسة عسكرية، وكانت الوظيفة الدينية والإدارية تحتل مكانة ثانوية، كما أن البرج أو الحصن ليس مدينة حقيقية، وإنما تبدأ المدينة بالظهور خارج الأسوار، لتشكل أساساً للمدن الكبرى في الفترات اللاحقة.

وكانت مدن العصور الوسطى تعتمد على الزراعة، بشكل أكبر، من اعتمادها على التجارة كانت تمثل المدن مراكز لتجمع السكان وأماكن دينية وأسواق محلية ومراكز

سياسية وقضائية ودفاعيـة (عسـكرية)، وبـذلك كانـت تقـدم المـدن وظيفتـين رئيسيتين هما دينية وعسكرية Northam R. 1979,P51).

تميزت مدن العصور الوسطى بظهور قوة اجتماعية عرفت بتنظيـم ال Guilds، وهو عبارة عـن تنظيـم اجتماعـي يضـم العـاملين في مهنـة أو نشـاط اقتصادي معين، يشبه النقابات في الوقت الحاضر، وقد تميزت هذه التنظيـمات بوجود اتجاه ديني قـوي فيهـا، ومـن هـذه التنظيـمات الاجتماعيـة تنظيـمات للتجار والحرفيين وأصحاب المحلات التجاريـة، إلا أن هـذه التنظيـمات لم تكـن موجودة في الريف(Hartshorn T. 1992, P.51) . وقـد عملـت عـلى تنظيم عملية الإنتاج والتوزيع أو التسويق، وعملت على رفع مسـتوى الفئـة العاملـة، وكان الهدف لهذه التنظيمات تقوية الاقتصاد وتحسينه.

كانت تبنى المساكن في خطوط مستقيمة وعلى ارتفاع دوريـن أو ثلاثـة أدوار،ولم تظهر المساكن المستقلة نتيجة للحاجة للأرض في المدن وحاجـة هـذه البيوت للتدفئة، وكان يشكل المسكن مكاناً للصناعة حتى بدايـة القـرن الرابـع عشر، كما كان البيت لا يوفر لساكنيه راحة وخصوصية.

وكان يفتقر للمرافـق الصحية، وتعـاني المسـاكن مـن مشـكلات تلـوث نتيجة لتراكم المخلفات والنفايات، لأن وسائل الصرف الصحي لم تتطور إلا بعـد عام ١٥٤٣ ولم تصل المياه للمساكن عبر الأنابيب إلا في القرن السابع عشر، على الرغم من أنها وصلت للنوافير العامة في القرن الخامس عشر.

ميزت مدن العصور الوسطى بثلاثة أنواع للأشـكال أو الأنمـاط، بنـاء على الخلفية الجغرافية للمدينـة، وأصولها التاريخيـة ونـوع التطـور الـذي شهدته هذه المدينة، فقد ظهر الـنمط المسـتطيل في المـدن التـي تعـود إلى عهد الإمبراطورية الرومانية، وكذلك النمط غير المنتظم مع طرقات متعرجة غير منتظمة، وبخاصة في المدن التي تطـورت مـن القـرى، والـنمط الثالـث هو النمط الشبكي أو الشطرنجي Grid Patern وظهر في المدن التي كانت

تبنى حسب خطة وضعت بشكل مسبق لها، وكانت تظهر الأنماط الثلاثة في المدن التي تطورت عبر مراحل مختلفة.(Hartshorn T.1992, P.51)

ومن العناصر الرئيسة للمدينة في العصور الوسطى: القلعة والممرات الضيقة والكنيسة وقاعة المدينة، وقاعة التنظيمات الاجتماعية، والسوق والحائط أو السور، مع وجود بوابة لهذا الحائط أو أكثر.

هذا وقد أمكن تطوير آلاف المدن الجديدة، كما أمكن توسيع المدن القائمة فعلا في أوروبا، وأعيد بناء الأسوار، وبناء أسوار جديدة لتحيط مناطق المدينة الجديدة والتي انتشرت وراء السور الأول، وقد استمر بناء الأسوار مع توسع المدن وضواحيها حتى القرن السادس عشر عندما أصبح السور لا يفيد في الأغراض الدفاعية، وبخاصة بعد اختراع البارود.

وعلى الرغم من نمو المدن، خلال هذه الفترة، إلا أن حجومها لم تصل إلى حجوم المدن في فترات سابقة، فتراوحت حجومها بين عدة آلاف إلى أربعين ألفاً، فكان حجم مدينة لندن أربعين ألفاً في القرن الخامس الميلادي، وبلغ حجم السكان في كل من باريس والبندقية وميلان وفلورنس مائة ألف، وكانت أكبر المدن في ألمانيا أقل من ٣٥ ألفاً (Northam R, 1979, P,64).

المدن العربية الإسلامية:

شهدت المدن العربية الإسلامية تطوراً وازدهاراً خلال الفترة بين القرن الثامن والعاشر الميلاديين،في الوقت الذي شهدت فيه المدن الأوروبية في العصور الوسطى تدهوراً وضعفاً، وقد ساعدت العوامل التالية على تطور المدينة العربية الإسلامية:

١- **العامل الديني:** يتفق الباحثون على أن الحضارة الإسلامية هي حضارة مدنية، وكانت المدينة مركزاً سياسياً واجتماعياً وثقافياً، على الرغم من أن معظم الأقطار الإسلامية لم تكن قد تم توحيدها وما زالت العوامل القبلية قوية (Palen.J,1981,P.392) ويشجع الدين الإسلامي بطبيعته على التجمع وعلى حياة الاستقرار والتحضر ، كما يشجع

على العمل بمهنة التجارة وصلاة الجمعة والجماعة التي تمارس بشكل أفضل في المدن، لأنها تتطلب التقاء المسلمين في المساجد الرئيسية في المدن، كما أعطى الرسول صلى الله عليه وسلم، معنى مهماً لحياة المدن بدعوته الناس ليتوجهوا إلى مكة المكرمة والمدينة المنورة لاعتناق الإسلام (عبد الرزاق عباس، ١٩٧٧، ص١٧).

٢- **العامل العسكري**: تطورت العديد من المدن نتيجة للفتوحات الإسلامية، وكانت تبني هذه المدن معسكرات على حافة المناطق الصحراوية وشبه الصحراوية والجبهات الحربية، وتشكل حلقة وصل بين مراكز تجهيز الجيوش والجبهات الحربية التي لم تكن مدنا في الأصل، إلا أنها نمت وأصبحت مدناً بعد أن توافرت العوامل اللازمة لنموها، وقد أطلق على هذه المدن فسطاطاً، وكانت تبنى في الغالب قرب قرى أو قرب بعض الوحدات السكنية التي كانت موجودة قبل الإسلام، ومن هذه المدن: البصرة والكوفة والفسطاط والقاهرة والقيروان وغيرها من المدن التي تطورت على الساحل الإفريقي للبحر المتوسط وساحل المغرب على المحيط الأطلسي.

٣- **العامل السياسي**: ظهر نوع آخر من المدن الإسلامية، تلك المدن التي كانت عواصم للخلفاء، وتزايد عدد هذه المدن نتيجة لتعاقب الخلفاء الذين كانوا يختارون عواصم جديدة لحكمهم بسبب تشاؤمهم من العواصم السابقة، ولم يرغبوا في سكن المدن القديمة المحررة حتى لا يصبحوا أقلية بين السكان الأصليين.

ودعت بعض الظروف السياسية إلى بناء مدن جديدة لتكون مناسبة لمدن قديمة، كما تعمل على إضعاف نفوذها أيضاً، من هذه المدن مدينة سامراء التي بناها المعتصم لتنافس بغداد، كما نقل الخلفاء العباسيون العاصمة إلى بغداد بدلاً من دمشق ومدينة رفادة على بعد٦كم من مدينة القيروان لتكون بديلة لمدينة العباسية التي تبعد نصف ميل عن القيروان (عبد الرزاق عباس،١٩٧٧،ص ١٩).

٤- **العامل الاقتصادي**: يحتل الوطن العربي موقعاً متوسطاً بين إقليمي جنوب شرق آسيا من جه وأوروبامن جهةثانية،فكانت تنقل المنتوجات الآسيويةبحراً عبر المحيط

الهندي ثم الخليج العربي فعبر الصحراء السورية مروراً ببغداد والموصل وحلب ودمشق إلى موانئ الساحل الشرقي للبحر المتوسط، ثم إلى قارة أوروبا، فشجعت الحركة التجارية نشوء المدن على طريق القوافل وعلى ضفاف الأنهار وسواحل البحار، عرفت بمدن القوافل، منها تدمر والنجف وحلب ودمشق. وقد عمل العرب على تطور وازدهار بعض المدن في البلاد التي دخلوها فاتحين لأنهم كانوا يشجعون على الاستقرار في هذه المدن، فأسسوا مدينة الزهراء قرب قرطبة، وعدداً آخر من المدن الجديدة على ساحل أفريقيا الشمالي الشرقي لأغراض تجارية وسياسية (عبد الرزاق عباس ١٩٧٧، ص ١٩و ٢٠).

بعض خصائص المدن العربية الإسلامية:

تعكس المدينة العربية الإسلامية النظام الاجتماعي القبلي الذي يتميز به المجتمع العربي ، لأن المدن هي انعكاس لكيفية تنظيم المجتمع نفسه، فكانت تقسم المدينة العربية الإسلامية إلى أحياء أو أرباع كما يسميها البعض، تشكل كل قبيلة حياً خاصاً بها، يشكل كل حي وحدة حضرية مستقلة لها مسجدها ومقبرتها الخاصة، وتكون أحياناً محاطة بسور، وكانت العلاقات بين الأحياء أحياناً، ضعيفة، يربط بينها المسجد الجامع الذي تقام فيه صلاة الجمعة ويحيط المدينة سور، تشترك المدن العربية الإسلامية في بعض الصفات التي تعكس الحياة الاجتماعية و السياسية والاقتصادية التي مرت بها المجتمعات.

وتتميز المدن الإسلامية بالمزايا التالية:

١- تحتل القلعة وقصر الحاكم مكاناً في قلب المدينة يمكن الدفاع عنه، وكان يقام القصر أحياناً على أراضي بكر، ويحتوي مجمع القصرـ على الخزنة ومركز لمكاتب الإدارة، ثم تأتي بعد ذلك مساكن متواضعة للحرس.

٢- وجود المسجد الجامع وسط المدينة، ويقدم المسجد وظيفة ثقافية واجتماعية وسياسية وحضارية بالإضافة إلى كونه مكانا للعبادة والصلاة، وكثيراً ما كانت تعقد المحاكم الشرعية في المسجد.

٣- يحيط بالمسجد الجامع السوق الرئيس، البازار الذي يلتقي الناس فيه للبيع والشراء، ثم تتفرع عن السوق أسواق فرعية متخصصة، سوق للوراقين وآخر للصاغة ثم للقصابين وباعة الأحذية والعطارين... الخ، وكان ينتظم أصحاب كل مهنة في نقابة خاصة لهم لتنظيم نشاطهم، وكانت تتجمع بالقرب من المسجد المباني العامة والفنادق.

٤- تحيط بالسوق مناطق سكنية ترتبط معه بشوارع رئيسية تكون أوسع من الأزقة المتعرجة الضيقة التي تنتشر حولها المساكن، ويمكن تفسير ضيق الشوارع وتعرجها وإغلاق نهاياتها بما يلي:

١- عدم وجود خطط بنيت حسبها المدن، وبالتالي فقد بنيت حسب النمط غير المنتظم.

٢- الروابط القوية التي تميز بها المجتمع العربي، وبخاصة سكان الحي الذين ينتمون لعشيرة واحدة أو مهنة واحدة.

٣- ضعف الإدارات المسؤولة عن المدن.

٤- المساعدة في الدفاع عن المدينة ضد الغارات التي تتعرض لها.

٥- كانت تستعمل مسالك للحيوانات.

٦- يعتقد أن الرسول صلى الله عليه وسلم، جعل عرض الشارع عشرة أقدام، وأخذ بهذا المبدأ في كثير من المدن العربية، إلا أن الخليفة عمر بن الخطاب أمر بتوسيعها فبلغت ٣٠ قدماً.

٧- توفر الشوارع الضيقة حماية من أشعة الشمس للناس، وأحياناً تلتقي شرفات بعض المساكن على طرفي الشارع فتغطيه، وتظهر هذه في النجف والكاظمية وكربلاء والبصرة، وكانت الطرق غير النافذة من أجل تسهيل الدفاع عن المدينة وأحيائها (عبد الرزاق عباس، ١٩٧٧، ص ٢٠-٢٣)

وهناك بعض المدن العربية الإسلامية التي بنيت حسب خطة معينة، إلا أنها قليلة، وتميزت المدينة العربية الإسلامية بالشكل الدائري الذي يسهل الدفاع عن المدينة أولاً، ويجعل المسجد الجامع والسوق على أبعاد متساوية بالنسبة لجميع مناطق المدينة وأبراج المراقبة على سور المدينة، إلا أن المدن العربية في شمال إفريقيا كانت تبنى على الشكل المربع أو المستطيل لتأثرها بشكل المدن الأوروبية، فكانت مدن القاهرة والمدن المغربية قد أقيمت حسب خطط تأثرت بالحضارة الإغريقية.

ويلاحظ أن عدد الأزقة والشوارع المغلقة يقل في بعض مدن الجزيرة العربية مثل مكة المكرمة وجدة، كما تتقاطع فيها الشوارع المتعامدة، وربما يعود ذلك لتأثر هذه المدن بأقطار المحيط الهندي، أو لأنها تستقطب أعداداً كبيرة من الحجاج، الأمر الذي يستدعي فتح الشارع لتسهيل حركتهم.

وتتميز المدن الإسلامية بعدم وجود قانون خاص بها يختلف عنه في المناطق الريفية، كما هو الحال في أوروبا، ولم ينظر للمدن الإسلامية وكأنها تنافس أقاليمها التابعة لها، بل كانت تحتل المدينة مكانة مهمة وتشكل مركزاً إدارياً وتجارياً، وكان الخليفة يعيش فيها، وليس في حصن ريفي.

وتتميز المدن الإسلامية بميزتين تختلف عنها في المدن الأوروبية، وهاتان الميزتان: كان يعيش بعض سكان الريف داخل سور المدينة التي تقدم لهم الحماية وتوفر لهم بعض المهارات التي يحتاجون إليها مثل حفر القنوات المائية وتخزين المياه والأمن والحماية، ويوفر سكان المدن ذلك كله لهؤلاء الريفيين، فيعيش في مدينة دمشق مزارعون، إلا أنهم يعملون في الحقول خارجها، وهذا بخلاف الحالة في المدن الأمريكية حيث يعيشون خارجها ويعملون داخلها، كما يتشكل سكان الضواحي من القادمين ذوي الأصول الريفية والبدوية، في حين يتشكل سكان الضواحي في المدن الأمريكية من سكان المدن أصلاً (Palen T. 1981, P.395) .

الفصل الثالث

مدن عصر النهضة الأوروبية والمدينة التجارية

مدن عصر النهضة

ظهر نوع جديد من المدن في أوروبا، من حيـث المظهـر والمحتـوى بـين القرنين الخامس عشر والثامن عشر، فقد أصبحت الوظائف التجاريـة والدينيـة والسياسية منفصلة عن بعضها في المدن، بعد أن كانت متداخلة مع بعضها في مدن العصور الوسطى، كما انتقلت القوة إلى أيـدي مـن يسيطر علـى الجيـش وعلى طرق التجارة وأصحاب رؤوس الأمـوال، وحـدث انتقـال مـن حيـاة مـدن العصور الوسطى إلى ظاهرة البـاروك، كـما حـدث انـدماج حكومـات إقطاعيـة متفرقة مع بعضها خلال عصر النهضة، واستحدثت إدارة سياسية مستمرة في المدن، سيطرت المدن الأقوى على جيرانها الأضعف.

وتميـزت مـدن عصـر النهضـة بظهـور تنظيـم اسـتبدادي وازدهـار للبيروقراطية التي صاحبها بناء للمكاتب، كما ظهر نوع جديد من المـدن بعـد القرن السادس عشر يعدّ أماكن للحكام ومراكـز للقـوة الاقتصادية، وتزايـدت حجوم المدن، فكان يسكن لندن مائتين وخمسين ألفاً ونابولي مائتين وأربعين ألفاً وميلان أكثر من مائتي ألف وروما مائة ألف واشبونة مائة ألـف وبـاريس مائة وثمانون ألفاً (Northam R. 1979, P54).

ونتيجة لتطور أسلحة هجومية جديدة، لم تعد الأسوار مناسبة للدفاع عن المدن، لذلك تم عمل ترتيبات معقـدة دفاعيـة (حصـوناً) أكـثر قـوة مـن الحصون القديمـة إلا أن هـذه الإجـراءات عملـت علـى إعاقـة توسـع المـدن، وبالتالي أخذت المدن تتوسع رأسياً نتيجـة لقـدوم أعـداد كبيرة مـن سـكان الريف إلى المدن وزيادة الضغط علـى مساحة المدينـة داخـل الحصـن، مـما أدى إلى ارتفاع الكثافة السكانية في المدن، ونتيجة لتوسع المباني رأسياً، فقد

ارتفعت من ثلاثة أدوار إلى ارتفاع يتراوح بين أربعة إلى خمسة أدوار، بل وصل إلى ثمانية في بعض المدن.

وظهر نوع جديد من المدن التي كان يتم التركيز فيها على المسحة الجمالية، وتطورت من خلال هذا النوع مدينة الباروك التي تميزت بوجود الطرق والممرات العريضة الواسعة التي تناسب حركة التجارة والجيش والمواكب التي استعملت العربات ذات العجلات التي لم تعد تناسبها شوارع مدن العصور الوسطى الضيقة، وتميزت مدن الباروك ببناء قصور النبلاء والنوافير المزخرفة والحدائق والميادين، وتطور مكون جديد من مكونات مدينة الباروك وهو بناء يشبه الفندق لاستقبال الزوار، بني بالقرب من القصر ـ وكانت المدن التي بنيت في أوروبا بين القرنين السادس عشر ـ والتاسع عشر ـ بشكل عام، أماكن سكن للملوك والأمراء أو حاميات عسكرية.

وقد ظهر تطور آخر في مدينة الباروك وهو المربع السكني، الذي يتكون من مساحة خالية من البناء محاطة بمبان سكنية وربما توجد فيها كنيسة، وقد بنيت هذه المربعات لتلبية حاجات السكان من الطبقة العليا بعد القرن السادس عشر، ثم أصبحت بعد ذلك لسد حاجة السكان العاديين.

ويكمن جوهر مدينة الباروك في تنظيمها الهندسي، فلو اعترض ذلك أي عائق طبيعي فإنه لا يزال مهما كان الثمن، كما تميزت هذه المدن بوجود الطرق الواسعة التي تنطلق من وسط المدينة باتجاه الأطراف وعلى شكل شعاعي، وأصبح شكل المدينة يشبه النجمة، ونتيجة لالتقاء هذه الطرق في نقطة مركزية واحدة، فقد واجهت هذه المدن في العصر ـ الحاضر مشكلات تتعلق بالازدحام والاكتظاظ، كما أنها غير قادرة على مواجهة الحياة الحضرية المعاصرة التي تستخدم السيارات بكثرة، وإعاقة الحركة لأن الطرق إما تنطلق من نقطة مركزية واحدة أو من أكثر من نقطة.

ومن مزايا الباروك، أيضاً، عـدم قدرتها عـلى الديناميكية، وعـدم قدرتها عـلى مواكبة عملية التطور والتغير، فتتميز بثباتها وبقائها في حالة غير قابلة للتغير، لأن تعديلها يعتبر أمراً صعباً.

عـلى الـرغم مـن المشكلات سابقة الـذكر، إلا أن نظـام البـاروك قـدم مخططات للعديد من المدن المعاصرة، فتعتبر مدينة واشنجتن العاصمة نموذجاً مثالياً لمدينة الباروك، بالإضافة إلى وجود هـذا الـنمط واضحاً في مـدن طوكيـو ونيودلهي وسان فرانسيسكو وشيكاغو، وكما ذكر سابقاً، كان أهـم شيء في مدينة الباروك المظهر الجمالي، وكثرة الميادين والمساحات الخضـراء والطرق الشعاعية الواسعة والمباني العامة، كما كانت مـدن البـاروك أهـم تركة لمـدن العصور الوسطى، وتحاول العديد مـن المـدن التغلـب عـلى مشـكلات مـدن الباروك التي تعيق المدينة التجارية.

المدينة التجارية:

عمل التجار وأصحاب رؤوس الأموال وملاكي الأراضي والعقارات عـلى تطوير المدينـة التجاريـة وتوسـيعها مسـاحياً واقتصاديـاً منـذ القـرن السـابع عشر۔ فأصبح الاستثمار والربح المادي هدفاً لسكان المدن، وظهرت بعض المدن مراكز مالية.

وحدث اتجاه مهم في هذه المـدن، فأصبحت الأرض في المـدن سـلعة تبـاع وتشترى بعد أن كان الإقطاع يحول دون ذلك، وأصبح الهـدف مـن بنـاء المسـاكن الحصول عـلى الأربـاح، ونتيجـة لـذلك خضعت حيـاة المدينة للمضاربات الماليـة والتفتت الاجتماعي، وفي الوقت ذاته تزايد عدد المـدن وكبرت حجومها في أوروبـا الغربية، وكان يصاحب هذه الاتجاهات مضاعفة الأرباح حتى استغلال المساكن في الضواحي القذرة Slums.

ومع تطور المدينة المعاصرة، أصبحت وحدات الأرض داخل المـدن تبـاع دون اعتبـار لتاريخهـا أو لخصائصهـا الطبيعيـة أو للحاجات الاجتماعيـة وقـد تطور هذا النمط في مدن الولايات المتحدة لأنها لم تكن نتيجـة لتطور أنمـاط حضرية سابقة.

وقد أهمل بناء الأسوار لأغراض دفاعية، بعد القرن السابع عشر، لأنه لم يعد له فائدة في حماية المدن، إلا أنها بقيت تمثل مظاهر لبعض المدن التي تطورت في أمريكا خلال فترات مبكرة، فقد أظهرت دراسة أنه قد تم بناء أسوار لمائتين وخمسين مدينة أمريكية، فقد بني لمدينة نيويورك سوران أحدهما عام ١٦٥٣ والثاني عام ١٧٤٥.

تطور في هذه المدن نمط يعتمد تقسيم الأرض وفق نظام شبكي Gridiron System يتميز بشوارع طولية مستقيمة متوازية، تتقاطع مع شوارع عرضية بزوايا قائمة، وتبنى المدينة على شكل مستطيل الذي أثر على نمط الشوارع والطرقات في المدينة وعلى هندسة قطع الأراضي المخصصة للبناء الفردي، كما أثرت على التصميم الأساسي لوحدات السكن، فشاع استخدام المستطيل على شكل الصندوق. وتتجمع المساكن على شكل مجموعات من المستطيلات فيما يسمى بالقسائم Blocks.

وتوسعت المدن مساحياً في هذه الفترة، كما تشكلت مدن جديدة نتيجة لزيادة تركز السكان في المدن، على الرغم من أن مجموع سكان المدن في نهاية القرن الثامن عشر كان أقل منه قبل ثلاثمائة سنة، كما كان توزيع المدن في أوروبا عام ١٨٣٠ مشابهاً لتوزيعها لخمسة قرون سبقت هذا التاريخ.

كان الدافع الرئيس لنمو المدن خلال هذه الفترة الثورة الصناعية، فقد تطور الإنتاج الصناعي خلال الثلاثينات من القرن التاسع عشر، وتطورت أساليب جديدة للمواصلات، عملت على سد حاجة العمال الذين يعملون في مراكز صناعية، وتسهيل هجرة السكان من الريف إلى المدن، وكان اختراع الآلة التجارية أحد الأسباب الرئيسية للتطور الصناعي وتطور المدينة الصناعية، وشكل المصنع نواة للنظام الحضري الجديد، وتكونت المدينة من العناصر التالية: المصنع وسكة الحديد والحي القذر Slum الذي يعتبر مهماً للمصنع الذي شكل نواة للتنظيم الحضري.

وقد احتل المصنع أفضل المواضع في المدينة، كما كان يمثل القوة المؤثرة في تشكيل أنماط عمل سكان المدن، والمصدر الرئيسي لتدهور البيئة الحضرية، كما ساعد في هذا

التدهور أيضاً، تطور السكك الحديدية، واستقر العمال في مناطق مـن المدينة تشبه المناطق التي سكنها ذوو الدخل المنخفض في مدن العصور الوسطى.

وكانت تبنى البيوت السكنية على شكل تكون فيه ظهورهـا ملاصقة لبعضها البعض، الأمر الذي أدى إلى وجود عدد من الحجرات مظلمة وقليلة التهوية، وتفتقر الأحياء السكنية إلى مساحات من الفراغ، باستثناء ممر يمتـد بين صفوف المساكن كان مكاناً لإلقاء الفضلات، وكانت تفتقر المدن البريطانية للخدمات الصحية، وكانت تنتشر فيها الأمراض المعدية السارية في مطلع القرن التاسع عشر، على الرغم مـن وجود أنابيب لتوصيل المياه وكانت معدلات وفيات الأطفال مرتفعة، فبلغت في عام ١٨١٠ بـين ١٢٠-١٤٥ حالة وفاة لكل ١٠٠٠ من المواليد الأحياء في مدينة نيويورك، وارتفعت إلى ٢٤٠ حالة وفاة لكل ١٠٠٠ من المواليد الأحياء عام ١٨٧٠.

وكانت الظروف الصحية في برلين وفينا وباريس مشابهة لتلك الموجودة في نيويورك خلال منتصف القرن التاسـع عشرـ (Northam R. 1979, P.59)، إلا أنه حدثت بعض التطورات في المجال الصحي بعد منتصف القرن التاسـع عشر، فأمكن تطوير أنواع من الأنابيب لإيصال مياه الشرب النظيفة للأعـداد المتزايدة من سكان المدن، وتطوير أنواع أخرى من الأنابيب التي اسـتخدمت للصرف الصحي، حدث في النصف الثاني مـن القرن ١٩ ظهور مساحات مـن الأرض الفراغ والمناطق المفتوحة في المدن والمتنزهات الصغيرة، كما بـدأ انتشار المستشفيات، وشاع تنظيـف الطـرق، كمـا اسـتخدمت الحمامـات الخاصـة في البيوت، بحيث كان التقدم الصحي أهم مظاهر مدن القرن التاسع عشر.

وتطورت ظاهرة مهمة، أثناء تطور المدينة التجارية، وهي ظاهرة الضـواحي مـن أجل تخلص السكان من الازدحام والاكتظاظ والتلوث الذي كانت تعاني منه المدن المركزية في المدن الكبرى، وبخاصة في أمريكا، وانتقالهم للإقامة في أماكن تبنى في المناطق الريفيـة، تبعد عـن المـدن مسافة تتراوح بين ٢٥-٣٠ ميلاً، وكان الهـدف الأول لهـذه المناطق السكنية هو السكن فقط، فكانت تشبه إلى حد ما مساكن الطلبة، وكانت تقتصر على فئة

الأغنياء الذين يستطيعون الذهاب صباحاً إلى المدن المركزية حيث مراكز علمهم، والعودة إلى الضواحي مساء للإقامة والمبيت، وقد ساعد في تطور هذه الظاهرة توافر مساحات من الأرض وتطور وسائل المواصلات وبخاصة السكك الحديدية والسيارات الكهربائية خلال الفترة بين ١٨٥٠-١٩٢٠، وكانت الضواحي صغيرة الحجم في بداية تطورها، بحيث كان مجموع السكان في الضاحية الواحدة أقل من خمسة آلاف شخص، وكانت تقام بمحاذاة السكك الحديدية المنطلقة من المدن، وأصبح شكلها بعد ذلك، متراصاً أو ملموساً Compact، بعد توقف السكك الحديدية واعتماد السير على الأقدام، وقد أدى تطور السيارة في مطلع القرن العشرين إلى نمو الضواحي وتسارع انتشارها بحيث استقطبت أعداداً أكبر من سكان المدن هروباً إلى مناطق سكن أفضل، وبعد ذلك أخذت الأنشطة التجارية والاقتصادية الانتقال إلى الضواحي، حيث يوجد السكان، فتحولت من مناطق مخصصة للسكن فقط إلى مناطق مدنية (حضرية) توجد في أقاليم ريفية، وكما كونت نوعاً من المدن الصغيرة التي عرفت بالمدن الطفيلية satellite على أطراف أقاليم المدن الكبرى (Northam R. 1979, P.60) وانتقلت إليها المشكلات التي كانت تعاني منها المدن مثل : الازدحام والاكتظاظ والتلوث ومشكلات التخلص من النفايات وارتفاع كثافة السكان.

يتضح مما تقدم، انه وخلال فترة تطور المدن، فقد تغيرت بعض وظائف المدن الرئيسية، كما تغيرت بعض مظاهر أشكالها وبنائها، حيث تميزت فترات معينة من تاريخ المدن ببعض المظاهر والمزايا، كما فقدت مدن بعضاً من مزاياها وخصائصها، في حين استمرت بعض الوظائف والخصائص في مدن أخرى، وبقيت تشكل بعض مظاهر المدن المعاصرة.

وتتميز المدن قبل الثورة الصناعية بأنها كانت مراكز حكومية أو دينية، واحتلت الوظيفة التجارية مكانة ثانوية ، كما كان التخصص في العمل محدوداً، واعتمد إنتاج السلع على القوة البشرية والحيوانية، وكان البيت هو المكان المناسب للمصنع، إلا أنه تم الفصل بينهما في عهد الثورة الصناعية، وكذلك عدم وجود نظام عام للمقاييس والأوزان، وكان يتم التأكيد فيها على الخصوصية أكثر من الشمولية، و كان نظام الـ

Guilds يعيق الاختراع، واستمرار القيم الريفية لسكان المدن القادمين من الريف، وكان تأثير العائلة قوياً والأسر ممتدة، ويعطي عدد الأبناء أهمية كبيرة للأسرة، ولم تظهر فيها الطبقة الوسطى التي تعتبر العمود الفقري للمدينة الصناعية، وتفتقر المدينة قبل الصناعية للتكامـل الاجتماعـي والاقتصـادي، وتميـزت بعـدم تكامـل مناطقهـا المختلفة. (Palen J.1981, PP.43-44)

الفصل الرابع

المدينة المعاصرة : المدينة الصناعية ومدينة الخدمات

المدينة الصناعية :

سوف يتم التركيز هنا على الثورة الصناعية التي حـدثت في أوروبـا ثم انتشرت إلى أقطار أخرى خارجهاك أو بشكل خاص إلى الولايات المتحدة وكنـدا في أمريكا الشمالية، وأثرها في نمـو المـدن وتطويـر مـدن أخـرى، أو في تشكيل النظم الحضرية في مدن الحضارة الغربية بخاصة. وسوف يقتصر الحديث عـلى أثر الصناعة التحويلية أو الثانوية فقط، وهي الصناعة التي تحولت فيها المواد الخام إلى سلع وبضائع مصنعة، علما أن هناك صناعات أخرى منزليـة وريفيـة وصناعات تعدينية وصناعات مركبة وغيرها.

هذا وستتم مناقشة بعض النظريات الاقتصادية وأثرها في عمليـة نمـو المـدن في مكان لاحق من الكتاب، ومن هذه النظريات: الأثر المضاعف The Multiplier Effect ونظريـة الآن بريـد Circular and Causation Effect ونظريـة تـوافر الأيـدي العاملـة Labour Supply Theory ونظريـة الاقتصـاد الأسـاس وغـير الأسـاس Base Non-Base Economy ونظرية نمو المراكز أو القطب rowth Pole Theory .

وتعتبر الصناعة عنصراً مهماً للقاعدة الاقتصادية للعديد من المدن، كـما لعبت الصناعة دوراً مهماً في عملية نمو المـدن بشكل خـاص وعمليـة التحضرـ بشكل عام، فلا تعتبر أية مناقشة للمدن مكتملة دون الأخذ بعين الاعتبـار دور هذه المدن مراكز للصناعة.

ففي عهد الثورة الصناعية، تركزت الصناعات في المدن، مما أدى إلى توافر فرص عمـل وإيجـاد طلب عـلى الأيـدي العاملـة، وفي الفـترة ذاتهاحـدثت تطورات تقنيـة في المناطق الريفية، مثل اعتمادالآلات في الزراعةمما أدى إلى وجودفائض في الأيدي العاملة،

وبالتالي انتقل العمال من الريف إلى المدن حيث الطلب على الأيدي العاملة، وقد عملت المدن أقطاب جذب مغناطيسي للأيدي العاملة، الأمر الذي أدى إلى زيادة تركز السكان في المدن وارتفاع مستوى التحضر، وقد عرف هذا الاتجاه في جغرافيـة المدن بـالتركز أو Concentration وتقاس أهميـة الصناعة بنسبة أقوى العاملة فيها إلى مجموع القوى العاملة بشكل عام، فإذا كانت نسبة القوى العاملة في الصناعة مرتفعة وصفت المدينـة بأنها صناعيـة، والصناعات توجد في جميع المدن تقريبا ولكن بنسب متفاوتة.

وتعتبر الصناعة التحويلية مدنية بالضرورة، إذ يستدعي قيامها بيئة مدنية ومدينة كبيرة، وقد تنشأ مدن جديدة إذا كان الإنتاج الصناعي ضخما، كما أن هناك بعض الصناعات لا يمكن قيامها خارج المـدن لضخامة تنظيمها مثل صهر المعادن.

وتميل الصناعات للتركز في المدن لأن المدن تـوفر فوائـد لا تتوافر في مناطق معزولة، فنتيجة لتجمع الصناعات في موقع محدد وفي المـدن بخاصة، يتوافر ما يسمى بفوائد الاقتصاد الخارجي External Economies التي تعمل على زيادة الأرباح وتقليل كلفة الإنتاج.

وتتحقق نتيجة لتجمع عدد من المؤسسات الصناعية في المدن، مـا يسمى باقتصاديات التحضر (التمدن) Urbanization Economices ، من هذه الفوائد: تـوافر البنيـة التحتيـة ورأس المـال المسـتثمر في الخـدمات والطرق والمواصـلات والأنشطة التجارية المختلفة والمؤسسات التعليمية ومؤسسات البحث العلمـي، وتعمل هذه الفوائد على تقليل الكلفة بالإضافة إلى وجود سـوق تسمح بعلاقات تتم بين مؤسسات مختلفة. وكذلك فإن توافر الأيدي العاملة الماهرة وغير الماهرة بأعداد كبيرة في المدن، يسهل من عمليـة تـدريب هـؤلاء العمـال وإمكانيـة تزويـد المؤسسات بحاجتها من العمال خلال فترة قصيرة وبكلفة منخفضة نسبيا.

وتستفيد لمؤسسات الصناعية نتيجة عملية تجميعها في المدن من رخص مدخلات الصناعة في المدن وتوافر مساحات من الأراضي الفراغ اللازمة للصناعة والتجارة،

ويسهل الإنتاج الضخم عملية الشحن والتسويق لاشتراك مجموعة من المؤسسات في تكاليف الشحن. وتستفيد المؤسسات الصغيرة من التجمع هذا في الحصول على خدمات مثل الصيانة والمحاسبة والإعلان والبحث عن الأسواق، وهذا يوفر في النهاية في كلفة الإنتاج (Yeates M. and other, 1976, PP. 118-119) .

ونتيجة لحدوث الثورة الصناعية، حدثت تطورات تكنولوجية وتطور في وسائل المواصلات، واختراع الآلة البخارية الذي أدى إلى ازدهار الصناعة، كما ساعدت الآلات أو المكائن على زيادة الطلب على الأيدي العاملة بدلا من الاستغناء عنها، وبالتالي بدأ ظهور نظام المصنع الذي يعتمد التخصص والميكنة، الذي أدى إلى تطور أشكال جديدة من المهن، وكان من المستحيل تطور تجمعات سكانية ضخمة كالمدن دون حدوث تطور في وسائل المواصلات.

هذا ولا يمكن تطور عملية نمو المدن الصناعية دون النمو السكاني، ونتيجة للظروف الصحية السيئة التي سادت المدن في عهد الثورة الصناعية فإن المدن قد نمت بفعل هجرة السكان من الريف، أي ان الهجرة من الريف أدت إلى تجدد السكان في المدن وزيادة أعدادهم، لأن الظروف الصحية السيئة التي كانت تعمل على رفع معدلات الوفاة بشكل عام ووفيات الأطفال بشكل خاص في المدن، فعملت الهجرة الريفية على تعويض النقص في أعداد السكان الناتج عن ارتفاع معدلات الوفاة. فلم يترجم النمو السكاني والاقتصادي في أوروبا إلى ظروف معيشية وصحية جيدة في المدن الأوروبية، فكانت لندن مثالا على القذارة وانتشار الأمراض والاكتظاظ السكاني في القرن الثامن عشر ولم تحسن المراحل المبكرة من الثورة الصناعية الأوضاع، وبقيت معدلات الوفاة مرتفعة في المدن نتيجة للنقص في الصرف الصحي، وعلى الرغم من ذلك بقيت هجرة السكان من الريف إلى المدن مستمرة خلال القرن التاسع عشر حتى قبل أن تصبح المدينة مقبرة للريفيين (palen J, 1981, P. 49)

ويمكن إقرار أن الصناعة التي ظهرت في الثورة الصناعية عملت عـلى خـلـق مدن جديدة وتوسيع مدن كانت قائمة فعلاً. إن المدن التي نمت نمواً كبيراً في العصر الحديث، هي المدن التي كانت فيها التنمية الصناعية أعـلى مـا تكون، كما أن المدن المتوقفة عـن النمو هـي تلك المـدن التي لم تدخلها الصناعة الحديثة (Yeates M, and Other, 1976, P.49) والـدور الحاسـم في حركة التمدن والمدينة الحديثة كان للوظيفة الصناعية قطعاً.

ويظهر دور الصناعة في التحضر بشكل مباشر وغير مباشر، فهي التي خلقت وسائل المواصلات الحديثة وعملت على تطور وسائل الإنتاج والزراعـة، وهـي التـي عملت على جذب السكان من الريف للعمل فيها في المدن.

هذا، وقد عملت الثورة الصناعية على نمو المـدن وتطورها أكثر مـن أي عامـل آخر، فأصبح عـدد سـكان المـدن الـذي يعتمـدون عـلى الصناعة أكـثر مـن عـددهم في أي وقت سابق وشملت عناصر أو مكونات المدينة الصناعية الجديدة المصنع والسكك الحديديـة والحـي القـذر Slum district، كـما احتل المصنع مكانـاً مركزياً في المدينـة (Northam R. 1979, P.59) ، واحتل أحسن المواضع في المدينة، واعتبرت الصناعة القوة الرئيسية التي عملت على تشكيل أنماط العمل لسكان المدينة، ويعـود السـبب في تـدهور البيئة الحضرية إلى الصناعة والسكك الحديديـة وقد سكن العمال القادمون للعمل في الصناعة، في أحياء خاصة متدنية المستوى، تشبه تلك الأحياء التـي كانت تسـود مـدن العصور الوسطى ويرتبط النمو الصناعي بالنمو الحضري، وبشكل خاص، خلال الثلث الأخير من القرن التاسع عشرـ وقد صاحب عمليـة التحضرـ تصنيع وتحديث، حتـى أن التحضر أصبح مرادفاً للتصنيع والتحديث في مدن الحضارة الغربية.

وقد تركزت أعمال العديد من الباحثين والدارسين خلال القرن التاسع عشرـ على التحضر والتطور الحضري، وقد ربط هؤلاء بين عمليـة التحضرـ مـن جهـة والتصنيع من جهة أخرى ومن هؤلاء:

Lamporal, 1968, Allan Pred, 1967, Thompson 1965, (Bourne. L,S. and Simmons, 1978, P.67)

ويشير هؤلاء الباحثون إلى تطور النظام الحضري في أمريكا الشمالية، فقد تطورت مدن الموانئ على الساحل الشرقي أولاً، ثم بعد ذلك تطورت المدن الصناعية الضخمة مثل: بتسبرغ وكليفلند وديترويت وشيكاغو وسانت لويس، كما نمت مدن صغيرة، وتضاعفت عدة مرات نتيجة وجود مصانع فيها، فقد كان دور الصناعة في تشكيل النظام الحضري الأمريكي مؤثراً .Bourne. L.S) and J.W.Simmon, 1978,PP.67-68)

وقد لخص لويس ريث Louis Writh بعض خصائص المدينة الصناعية بما يلي:

١- تقسيم مكثف للعمل

٢- التأكيد على الاختراع والإبداع

٣- ضعف العلاقات الرئيسية لصالح الأحياء المحلية.

٤- انهيار المجموعات السكانية الرئيسية، مما يؤدي إلى فوضى اجتماعية.

٥- اعتماد أشكال ثانوية للسيادة الاجتماعية، مثل الشرطة.

٦- التفاعل مع آخرين كفاعلين لأدوار محددة.

٧- انهيار العلاقة الأسرية، ونقل وظائفها إلى وكالات متخصصة خارج البيت.

٨- تنوع في القيم والمعتقدات الدينية.

٩- تشجيع الحركة الاجتماعية، وبخاصة الصعود إلى أعلى في الحالة الاجتماعية.

١٠- قواعد شاملة، تطبق على الجميع، ووجود أوزان ومقاييس وأسعار عامة والمدينة الصناعية، حسب ريث، موجهة للفائدة وللنظام الاقتصادي العقلاني، كما تسودها الطبقة الوسطى، وتكون موجهة نحو التغيير.

مدينة الخدمات: المدينة مركز للخدمات:

تميل الأنشطة الاقتصادية الأولية والثانوية إلى التركز في مناطق محددة من سطح الكرة الأرضية، إلا أن الأنشطة الثالثة (الخدمات) تنتشر بشكل أوسـع في النظام الحضري، أي في المـدن جميعـاً، كـما تتـوافر هـذه الخدمات في المـدن بدرجات متفاوتة، وأكثر الخدمات (الأنشطة الثالثة) شيوعاً وانتشاراً في المـدن هي تلك المرتبطة بتوزيع وتبادل السلع والخدمات، حيـث تعتبر المـدن، دون استثناء، مراكـز تسـويق أو مراكـز تجاريـة، تهتـم بتجميـع السـلع مـن النـاس وتوزيعهـا عليهـم، مـن خـلال عمليـات الشـراء والبيـع وتهـتم أيضـاً بتقـديم الخدمات لسكان المدن وللسكان القاطنين في الأقاليم التابعة لها.

وعلى الرغم من ذلك، نجد أنه في بعض المدن، لا تظهر الوظيفة التجارية بوضوح، حيث تخفيها، وظائف متخصصة أخرى تتميز بأدوار أكثر أهمية في التنظيم الاقتصادي للمجتمـع، وربمـا يكون هـذا هـو السـبب في إيجـاد العديـد مـن المراكـز الاستقرار البشري في الأقاليم الزراعية، وقد أطلق على هذه المراكز بالأماكن المركزية

(Yeates M. and Other, 1976, P. 124)

هذا وتنشأ المدن، بعامة، لأسباب اقتصادية، حيث تحتل نقاطاً تعمل عـلى تسـهيل تبـادل السـلع والخـدمات، ويتجمـع السـكان في المـدن لتبـادل السـلع والخدمات والأفكار، وتشكل المدن في الوقت الحاضر مراكز للقوة الاقتصادية والاجتماعية والسياسية، وتشهد حالياً تطوراً ونمـواً لم تشهده مـن قبـل، كـما يتطلب اقتصاد ما بعد الثورة الصناعية للتسعينات من القرن العشرين وصـولاً سريعاً للمعلومات، لأننا نعيش في عصر عرف بعض المعلومـات، وتعتبر مبـاني المكاتب في المدن الضخمة، بشكل خاص، معامل للمعلومـات، وتحتاج عمليـة صناعة المعلومات، إذا صح التعبير- إلى تجمع عـدد كبير مـن المتخصصين، وتمتلـك المـدن الأكبر تجمعـات اقتصاديـة ضـخمة للتعامـل مـع المعلومـات وتبادلها، إذ تتوافر في هذه المدن المباني الضخمة وشبكة الاتصالات والمواصلات والقوى البشرية المتخصصة للتعامل مع السيل المتدفق من المعلومات، وتعتبر وظيفة Ambiguous Information واحدة من أهم وظائف المدن المعاصرة.

وربما تمثل مدينة واشنجتن D.C العاصمة مثالاً نموذجياً لاقتصاد عصر المعلومات، حيث يتواجد فيها: تركز مستشاري القطاع الخاص والوكالات الحكومية وكما هائلاً آخر من أصحاب البنوك والمستشارين والمهندسين ومجموعات خدمات الأعمال التجارية، وقد تركزت إدارات المؤسسات المهنية التي سبق ذكرها في مدينة واشنجتون للاستفادة من إمكانية الوصول للسكان والمعلومات.

وتتميز المدن ببعض المزايا والخصائص الجاذبة للسكان كأماكن للفرص، إلا أنه يوجد تباين واضح في الفرص والظروف الاقتصادية والاجتماعية السائدة بين المدن وحتى داخل كل مدينة.

لم تستطع قطاعات المجتمع جميعها الاستفادة من التطور الذي حصل في المدن حديثاً بدرجة متساوية، وبخاصة الأقليات والعمال الأقل مهارة، وتظهر هذه المشكلة في الدول المتقدمة،وبخاصة، في المدن المركزية، وفي مدن الدول النامية.

وقد ارتبطت عملية انتقال المدن، في الدول المتقدمة، من مرحلة المدينة التي تعتمد أساساً على الصناعة الثانوية أو التحويلية، إلى مرحلة المدن التي تعتمد على عصر المعلومات والخدمات، ارتبطت بتدهور المدينة المركزية وتبديل الوظائف أو الأعمال للسكان، كما أن مدن الدول النامية، تتميز بمحدودية فرص التشغيل على الرغم من النمو السريع الذي تشهده هذه المدن.

فإذا كانت الصناعة التحويلية (الثانوية) مسؤولة عن عملية نمو المدن في عهد الثورة الصناعية، فإن صناعة الخدمات - الصناعة الثالثة- واعتبار المدن مراكز للتسويق والمعلومات، مسؤولة عن نمو المدن في العصر الحديث.

ومن أشهر أعمال الجغرافيين التي ارتبطت بالمدن مراكز للخدمات، نظرية المكان المركزي Central Place Theory التي طورها والتر كريستالر في الثلاثينات من القرن العشرين، وقد ركز على الأنشطة الثالثة التي يشغل أكبرنسبةمن حجم القوى العاملة في

المدن، والأعمال التي حاولت تطوير هذه النظرية مثل: أعمال لـوش و إزارد، وسـوف تناقش هذه النظريات في مكان لاحق من الكتاب (Hartshorn T. 1992, P.137)

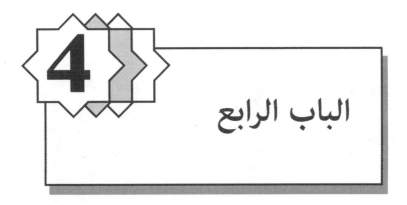

4

الباب الرابع

النظام الحضري
دراسة المدن نقاطاً

الفصل الأول
مواقع المدن ومفهوم النظام الحضري

مواقع المدن:

لعله من المفيد الإجابة عن سؤال يسأله الجغرافيون دوماً، لماذا نمت المدن وتطورت في مواقعها، وقد ميز الجغرافيون بين مفهومين للموقع الجغرافي وهما: الموضع Site والموقع النسبي Situation ، ويمثل الموضع الرقعة الجغرافية التي تحتلها المدينة، أو الخصائص الطبيعية للبقعة الجغرافية التي تحتلها المدينة، وتنتهي حدود موضع المدينة بانتهاء حدودها، في حين يشمل الموقع النسبي الظروف الطبيعية والخصائص البشرية للإقليم أو القطر الذي يشمل المدينة، وعادة يحدد الموقع النسبي من خلال تحديد موقع الظاهرة الجغرافية بالنسبة لظاهرة أخرى، فموقع المدينة النسبي هو موقعها بالنسبة لإقليمها أو ظهيرها التابع لها، ويشمل تحليل العلاقة المتبادلة بين المدينة والإقليم التابع لها.

يمثل الموضع، في بعض الأحيان، الموقع الفلكي للظاهرة، ويتأثر اختيار موضع المدينة بعوامل البيئة الطبيعية، إذ تحتل العوامل التالية أهمية خاصة في اختيار موضع المدينة: الحاجة للدفاع عن المدينة، ووجود مصدر لتزويد المدينة بالمياه ووجود مواقع دفاعية وتسهيل عملية الفيضان في حال وجود أنهار بالقرب من موضع المدينة (Yeates M. And Other, 1976, PP. 25-26)

وعلى الرغم من أهمية موضع المدن، إلا أن لمواقع المدن النسبية أهمية أكبر، لأنها تؤثر على وظائف المدن وعلى نموها، وتعتبر العوامل الطبيعية مهمة في اختيار مواقع المدن،وبخاصة فيما يتعلق بتسهيل الحركة للسكان والبضائع وغيرها، فهناك مدن كبرى، كانت قد تطورت على إنهاء ملاحية، وأخرى قد أنشئت موانئ جيدةوعلى مداخل

ممرات لمناطق متضرسة جبلية، وتشكل نقاط تقاطع طرق المواصلات مواقع لبناء المدن وتطورها، وكذلك نقاط القطع نهرية، وتسمى هذه نقاط القطع Break of Bulks.

ومع تطور التقنية والصناعة المبكرة، أصبحت مواقع معينة ذات أهمية خاصة لتطور المدن منها: مواقع لتوليد الطاقة المائية، كما أصبحت نقاط تقاطع السكك الحديدية ذات أهمية خاصة مع تطور السكك الحديدية، هذا وقد نمت مدن أخرى بالقرب من مناجم الفحم الحجري مثل مدن التعدين، وتطورت مدن في مواقع تتميز بظروف مناخية وتضاريسية تساعد في كون هذه المدن سياحية (Yeates M. 1976, P. 45).

خصائص حجوم المدن

سبقت الإشارة إلى مفهوم النظام الحضري وهو مجموعة المدن في القطر أو الإقليم، وتهتم جغرافية المدن بدراسة هذه المدن من خلال اتجاه دراسة النظام الحضري الذي يدرس المدن وكأنها نقاط ، أي لا ندخل إلى داخل المدينة، وندرس في هذا الاتجاه ما يلي:

١- علاقة حجوم المدن ورتبها.

٢- التفاعل المكاني بين المدن

٣- توزيع المدن وتباعدها

٤- نمو المدن النظريات الاقتصادية لتفسير عملية نمو المدن

وفيما يلي عرض لكل من هذه الموضوعات (الخصائص) من النظام الحضري:

١- علاقة الرتبة والحجم:

مع تطور النظم الحضرية، تحدث تغييرات مهمة في التوزيع المكاني للمدن وفي نمو بعض المدن وتراجع بعضها الآخر،وتؤدي عملية نمو المدن إلى تغييرات في حجومها، ويمكن قياس حجوم المدن بعدةوسائل،أهمهاعددالسكان وعددالوظائف في كل منها، ويرتبط حجم السكان بعدد لوظائف في المدينة بشكل قوي ، ويمثل حجم السكان وحجم

الوظائف مجـالين مهمـين في دراسـة تركيـب وبنـاء النظـام الحضـري، وهـذان المجالان هما: علاقات الرتبة والحجم الهرمية المدن (الأماكن الحضرية).

تقاس علاقات رتب المدن وحجومها في النظام الحضري، بحجم السكان في المدن وتظهر طبيعـة هـذه العلاقـة في الشـكل ١٠-أ حيـث يتم ترتيـب المـدن، حسـب حجومها، ترتيبا تنازلياً، وتوقع حجوم المدن على المحور الرأسي في الشـكل وترتـب المدن على المحور الأفقي، ويمكن حساب القيم اللوغاريتمية لحجوم السكان عـلى المحور الرأسي والقيم اللوغاريتمية لرتب المدن على المحور الأفقي، وتظهـر العلاقـة بين حجوم المدن ورتبتها بالأرقـام المطلقـة عـلى شـكل خـط المنحنـى، شكل ١٠-أ وباستخدام القيم اللوغاريتمية تظهر العلاقة على شكل خط مستقيم،شكل١٠-ب.

وقد طور قاعدة الرتبة والحجم زيبـف ZIPF عـام ١٩٤٩،عـلى الـرغم مـن ظهور كتابات في الموضوع ذاته في العشرينات والثلاثينات من القرن العشـرين[1] وتنص القاعدة على انه يمكن معرفة حجم مدينة ما إذا عرفنا رتبة تلك المدينة وحجم المدينة الأولى:

$$\text{حجم المدينة المعينة} = \frac{\text{حجم المدينة الأولى}}{\text{رتبة المدينة المعينة}}$$

أو رتبة المدينة × حجم السكان فيها = حجم المدينة الأولى

وتنص القاعدة على أن حجم المدينة الثانية يسـاوي نصف حجم المدينـة الأولى وحجم المدينة الثالثة يساوي حجم ثلث حجـم المدينـة الأولى، وحجـم المدينـة الرابعة يساوي ربع حجم المدينة الأولى وهكذا.

---

[1] وتحاول هذه القاعدة الكشف عن الترتيب أو الانتظام الذي تنتظم به المدن في قطر أو اقليم معين، وابراز العلاقة بين حجوم المدن ورتبها وإذا ظهر نوع من هذه العلاقة أو الارتباط، فما هذه العلاقة؟

وقد طور والتر كريستالر هذه العلاقة، فقال أن حجم المدينة الثانية يساوي ثلث حجم المدينة الأولى وحجم المدينة الثالثة يساوي $\frac{1}{9}$ من حجم المدينة الأولى وحجم المدينة الرابعة يساوي $\frac{1}{27}$ من حجم المدينة الأولى أي يضرب المقام في ثلاثة وهكذا.

طبقت هذه القاعدة على كثير من الأقطار منها الولايات المتحدة وكندا، فقد استخدمت بيانات تعداد ١٩٧٠ لتطبيق القاعدة على الولايات المتحدة الأمريكية، فكانت المدينة الأولى نيويورك التي بلغ حجم السكان فيها ٩.٠١٩.٥٠٠ نسمة وبالتالي فإن حجم المدينة الخامسة ١.٨٠١.٨٧٠، وكانت ديترويت تحتل المرتبة الخامسة فعلاً، إلا أن حجم السكان فيها كان ٤.٢٠٠.٠٠٠ ، وفي كندا ١٩٧١، كانت مدينة مونتريال تحتل المرتبة الأولى بحجم سكاني ٢.٧٤٣.٢٠٨، وكانت تحتل المرتبة الخامسة وينيبغ التي كان من المفترض أن يكون حجم السكان فيها، حسب القاعدة ، ٥٤٨.٦٤١ نسمة، إلا أن الحجم الحقيقي لها كان ٥٤٠.٢٦٢ وهو قريب جدا من الحجم السكاني المفترض.

هذا ، وقد حاول عدد من الجغرافيين البحث عن الظروف التي تنطبق فيها القاعدة أو يكون تطبيقها أكثر صدقاً، ومن هذه الدراسات، دراسة أجراها برايان بيري على ١٩٦١ على عدد كبير من دول العالم، فوجد أن القاعدة انطبقت على حوالي ثلث هذه المدن، وبحث عن الظروف التي تنطبق فيها القاعدة، وذكر أن القاعدة تكون أكثر صدقاً في الأقطار الصناعية و التي تميزت بتاريخ طويل لعملية التحضر، ووصلت إلى المراحل النهائية وفي الأقطار التي تتميز بارتفاع الكثافة السكانية بشكل عام، على أن تؤخذ بالاعتبار جميع المدن في القطر أو الإقليم وترتب ترتيبا تنازلياً* .

---

* ويقرر بعض الباحثين بأنه على الرغم من أن هذه القاعدة تظهر انتظاما أو ترتيباً معقولاً للعلاقة بين توزيع المدن الحقيقي حسب حجومها وبين مراتبها، إلا انه لا يوجد اساس منطقي لهذه القاعدة (Stewart Jr. C.T. 1958) (Charles T. Stewart Jr. 48 No. 2,1958)

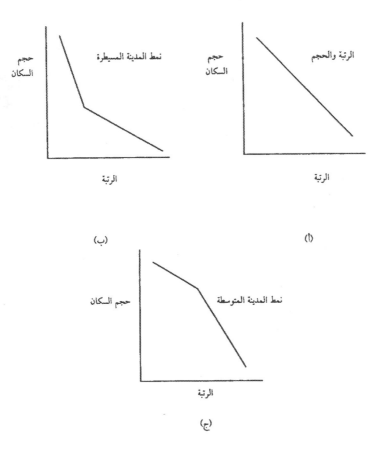

شكل (١٠-أ) قاعدة الرتبة والحجم بالأرقام اللوغاريتمية

(١٠-ب) قاعدة الرتبة والحجم بالأرقام المطلقة

(١٠-ج) قاعدة الرتبة والحجم بالأرقام المطلقة

وظهر من دراسة برايان بيري سيطرة المدينة الأولى أو المهيمنة على النظم الحضرية في بعض الأقطار، أي احتفاظ المدينة الأولى نسبة كبيرة من سكان القطر وتظهر هذه العلاقة في مدن باريس ومكسيكو سيتي وبانكوك.

ويبدو أن هذه القاعدة تكون أكثر صدقاً على الأقطار المتقدمة الصناعية وأقل صدقاً في الدول النامية، ولا يعني هذا أن القاعدة تصدق على جميع الأقطار أو لا تصدق على جميع أقطار العالم الثالث، فربما تنطبق على أقطار من الدول النامية ولا تنطبق على أقطار صناعية.

ويمكن تفسير صدق القاعدة على الدول الصناعية بشكل أكبر منه في الدول النامية إلى طبيعة عملية هجرة السكان الريفيين إلى المدن، فكانت تتم الهجرة في الدول الصناعية على مراحل، فكان ينتقل المهاجرون من القرية إلى المدينة الصغيرة ثم إلى مدينة متوسطة وبعد ذلك إلى مدينة أكبر، وقد مضى على هذه الهجرة وقت طويل، بحيث تقع المدن الغربية في المراحل النهائية من منحنى التحضر، في حين كانت وما زالت تتم عملية الهجرة في الدول النامية على مرحلة واحدة، فينتقل المهاجر من القرية إلى المدينة الأولى أو الرئيسية، مما أدى إلى تضخم المدن الرئيسية أو الأولى في الدول النامية، وبالتالي نجد أن عدم انتظام العلاقة بين حجوم المدن في الدول النامية، تحتل المرتبة الأولى مكانة متميزة في حين تحتل المرتبة الثانية والثالثة مكاناً بعيداً على المنحنى، شكل ١٠-ب.

يمكن استخلاص نتيجة مهمة من المفاهيم المتضمنة في قاعدة الرتبة والحجم وفي مفهوم الهيمنة الحضرية أو سيطرة المدينة الأولى، وتتلخص هذه النتيجة في أن قاعدة الرتبة والحجم، توضح انتظام العلاقة بين حجوم المدن ورتبها وتظهر هذه العلاقة في توزع السكان في المدن جميعها بشكل أقرب إلى الانتظام أي تركز السكان في المدن دون وجود تطرف، فيتجه السكان إلى جميع المدن بحيث يتوزع السكان في هذه المدن لتظهر علاقة معنية أشار إليها زيبف بأن حجم المدينة الثانية يساوي نصف حجم المدينة الأولى، وحجم المدينة الثالثة يساوي ثلث حجم المدينة الأولى.... الخ وأضاف كريستالر تعديلا على هذه

العلاقة، يجعلها أقرب إلى الواقعية هو أن حجم المدينة الثانية يساوي ثلث حجم المدينة الأولى وحجم الثالثة يساوي $\frac{1}{9}$ من حجم المدينة الأولى وهكذا، ويبدو أن هذا الانتظام يظهر بشكل أكثر وضوحاً في الدول المتقدمة الصناعية، للأسباب التي ذكرت سابقاً وتتعلق بنمط هجرة السكان من الريف إلى المدن، إلا أن هذا لا يعني انطباق هذه القاعدة على الأقطار المتقدمة جميعها.

وبالمقابل يوجد انتظام آخر، ربما تتميز به الدول النامية، وهو سيطرة المدينة الرئيسية أو الأولى أو المسيطرة The Primate City ، أي تضخم حجم المدينة الأولى من حيث عدد السكان وعدد الوظائف والخدمات والمرافق المختلفة، ويظهر مدى تضخم المدينة الأولى من خلال مقياس عرف بمعيار أو دليل الهيمنة الحضرية، ويقاس هذا المعيار بقسمة حجم المدينة الأولى على مجموع حجوم المدن الثلاث التي تليها أي:

حجم المدينة الأولى

حجم المدينة الثانية + حجم المدينة الثالثة + حجم المدينة الرابعة

فإذا كان ناتج القسمة يساوي واحد صحيح، فيعني هذا أن حجم المدينة الأولى مساو لمجموع حجوم المدن الثلاث التي تليها، وإذا عرفنا ومن خلال تطبيق هذه المعادلة على العديد من الأقطار النامية، أن هذا المعيار قد يصل إلى اثنين أو أكثر ، وهذا يشير إلى مدى هيمنة وقوة سيطرة المدينة الأولى، وتظهر هذه الهيمنة ويبدو أن هذا الانتظام أكثر حدوثاً في الدول النامية، وربما يعود السبب، كما ذكر سابقاً، إلى نمط هجرة السكان من الريف إلى المدن في الدول النامية، وهي الهجرة ذات المرحلة الواحدة، باتجاه المدينة الأولى.

أهمية قاعدة الرتبة والحجم

تكمن الأهميـة التطبيقيـة للنظريـات في العلـوم الإنسـانية بشـكل عـام، في إبراز النمط أو النموذج الذي تظهره النظرية المعنية في ضوء افتراضات مثاليـة تعتمدها هذه النظريات، ثـم مقارنـة هـذا النمـوذج المثـالي (النظـري) الـذي يتوصل إليه من خلال الافتراضـات النظريـة، مـع النمـوذج الـواقعي- في العـالم الحقيقي، وبالتالي إبراز الفـرق أو الاخـتلاف بـين النمـوذج النظـري والنمـوذج الواقعي، وإلى أي مدى يبتعد النموذج الواقعي عن النموذج النظري، وتفسـير ذلك من خلال خصائص ومزايا الواقع، وعليه فتشترك هذه القاعدة مـع غيرهـا من النظريات في هذه الأهمية العامة أولاً.

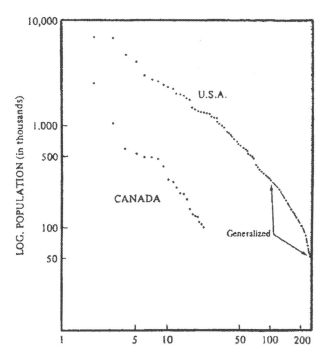

شكل (١٠-ب) قاعدة الرتبة والحجم في كندا والولايات المتحدة

أما عن سبب اهتمام الناس بعامة والجغرافيون بخاصة بهذه القاعدة، وبانتظام توزيع المدن حسب حجومها وربط ذلك بالرتب التي تحتلها حسب هذه الحجوم، لأن الناس دوماً يحاولون البحث عن ترتيبات أو انتظامات لتوزيع عدة عناصر من عالمنا الطبيعي والثقافي.

ويحاول الجغرافيون اكتشاف العلاقات والارتباطات بين توزيعات معينة للوصول إلى قوانين أو نظريات، كالعلاقة بين توزيع الأمطار في منطقة ما وإنتاج المحاصيل الزراعية والعلاقة النسبية بين توزيع المصانع ومستوى التلوث.

ويهتم الجغرافيون بأنماط توزيع الظواهر الجغرافية، بشكل عام، وبتوزيع المدن ويحاولون الإجابة عن العديد من التساؤلات مثل: هل تتوزع المدن في قطر ما أو إقليم ما بشكل عشوائي، أم تتوزع حسب نمط معين، تنتظم فيه المدن ذات الفئات الحجمية المختلفة بنمط معين: هل يوجد انتظام أو ترتيب معين لتوزيع المدن في أجزاء مختلفة من أنماط التوزيع هذه ، وإذا نضج إقليم ما اقتصاديا، وأدى ذلك إلى تغييرات في التركيب الاقتصادي لهذا الإقليم فهل تحدث تغييرات في النظام الحضري، نتيجة للتغيرات الاقتصادية هذه؟ وما طبيعة هذه التغيرات؟ ثم ما التغيرات المتوقعة في انتظام النظام الحضري المعين ماذا يحدث في الهرمية الحضرية- انتظام المدن في مجموعات أو مستويات من البنية الهرمية للمدن (سيرد تفصيل لها في مكان لاحق) عندما يتسارع النمو في القطاعات الاقتصادية المختلفة؟ وإذا حدثت تغييرات في الهرم الحضري أو في انتظام علاقات حجوم المدن ورتبها، فما هو الحجم المتوقع للطلب على الأرض في المستقبل؟ ثم ما المناطق التي ستشهد تناقصاً في الطلب على الأرض أو ثباتاً فيه؟ ومع تغير في الهرم الحضري المعين، أي زيادة حجوم بعض المدن وتناقص البعض الآخر، على سبيل المثال، نتيجة لتغيرات اقتصادية في التركيب الاقتصادي، ما القطاعات أو الأجزاءمن الهرم الحضري التي ستتوسع وتنمو،وماالتغيرات المتوقعةفي أشكال وأنماط الحركة في الإقليم أو لقطر؟ونتيجةلذلك مانمط هجرةالسكان في النظام الحضري؟ فهل سيتحرك السكان من مدن صغيرة إلى حواضر كبيرة ، أم من الحواضر الكبيرة إلى مدن متوسطة

الحجم أو إلى مدن صغيرة، أم من مدن متوسطة الحجم إلى حواضر كبرى؟ هل يمكن تطبيق القاعدة على الإقليم بغض النظر عن مساحتها؟ وهل تتأثر القاعدة بحجم الإقليم؟

يمكن الإجابة عن التساؤلات السابقة من خلال تطبيق قاعدة الرتبة والحجم، أي تتضمن مفاهيم تطبيق القاعدة على إجابات عملية للتساؤلات السابقة (Northam , R, 1979, P.132, Hartshorn T, 1992, PP. 59-61)

قيمة ك K.Value

إذا افترضنا وجود نظام حضري معين، ويحتوي هذا النظام مدنا من مختلف الحجوم والرتب، ونريد البحث عن العلاقات المحتملة بين عدد المدن في مستويات مختلفة من النظام الحضري وتظهر هذه العلاقة من حساب عدد المدن في مستوى معين (فئة معينة) من الهرم الحضري إلى عدد المدن في المستوى الذي يليه، فإذا كان هناك مائتي مدينة في مستوى معين من مستويات الهرم الحضري، وثمانمائة مدينة في المستوى الذي يليه فتكون العلاقة بنسبة ٢٠٠/٨٠٠= ٤:١ فإذا ظهرت هذه النسبة في توزيع آخر، وبين أعداد المدن في المستويات ذاتها، عندها يشار إلى هذه النسبة، بعلاقة ثابتة ك أو قيمة ك K.Value، وهي في مثالنا تساوي ٤ أربعة،حتى لو اختلفت العلاقات الأخرى، بين حجوم المدن، في مستويات أخرى.

وإذا بقيت العلاقة كما هي فيعني ذلك أن قيمة ك لا تتغير، وقد أظهرت دراسات في جنوب ألمانيا وانجلترا وويلز أن قيمة K تتأثر بعدد المستويات أو الفئات التي يقسم النظام الحضري حسبها، وبما أن تصنيف المدن إلى مستويات أو فئات يكون أحياناً بشكل اعتباطي ولا يحكم هذا التقسيم منطق معين، فإن قيمة K تتغير، لأنها تعتمد على حجم الفئة أو عدد المدن التي تقع في الفئة المحددة، لذلك فإنه يجب الاعتماد عليها بشيء من الحذر وإذا كانت هرمية النظام الحضري تعتمد على وظيفة محددة فإن قيمة K حسب هذه الطريقة تختلف عنها في وظيفة أخرى، ويمكن اعتماد وظيفة أخرى لتقسيم الهرم الحضري مثل الوظيفة الاقتصادية والإدارية ووظيفة المواصلات (Northam R. 1979, P. 132) .

٢- الهرمية الحضرية : Urban Heirarchy

تظهر قاعدة الرتبة والحجم التوزيع المستمر للمدن على أساس حجومها، في حين تظهر الهرمية الحضرية ترتيب المدن إلى فئات حسب أهميتها الوظيفية، وتقاس هذه الأهمية عادة بعدد الخدمات وأنواعها التي تقدمها المدن ويمكن التفكير في الهرم الحضري أو الهيراركية للمدن من خلال كونها تمثل بعداً رأسياً يكمل البعد المكاني للنظام الحضري المعين، فلا تحتل المدن مواضع الحيز فقط، وإنما تحتل موقعاً معيناً عند مستوى محدد في الهرمية الحضرية، التي يمكن تمثيلها في شكل هرم حضري، يتميز بقاعدة عريضة وقمة ضيقة، حيث تحتل القمة عدداً أقل من المدن كبيرة الحجم في حين تحتل القاعدة أعداداً أكبر من المدن صغيرة الحجم، وبالتالي فإن عدد المدن في مستوى من مستويات الهرمية الحضرية يتناقص كلما اتجهنا إلى أعلى في الهرم الحضري، وعلى العكس من ذلك فإن تركيبها الوظيفي يصبح أكثر تنوعاً وأكثر تعقيداً، فالمدن الأكبر تقدم وظائف أكثر تخصصاً وتقوم بأدوار متخصصة في النظام الحضري، وعليه يمكن ترتيب المدن في النظام الحضري على شكل هرم حسب وظائف لها معنى.

وإذا أضيف البعد المكاني للبنية الهرمية للنظام الحضري المعين فتصبح فكرة الهرمية الحضرية مظهراً مهما في تنظيم وترتيب النظام الاقتصادي الحضري، فتنظم المدن مراكز الأقاليم على شكل بنية هرمية، كما تنتظم الأقاليم التابعة لهذه المدن على شكل بنية هرمية أيضاً، تحتل الحواضر الكبرى المستويات العليا من الهرم الحضري، تليها المدن الكبرى فالمتوسطة الحجم فالصغيرة الحجم.

وتنتشر السلع والمواد والخدمات والناس والأموال والقرارات والاختراعات من الداخل إلى الخارج، أي من المدن أولاً ثم إلى أقاليمها ثانياً أو من القلب إلى الظهر، وكذلك من أعلى الهرم إلى أسفله.

وتمثل كل مدينة نواة إقليمها الوظيفي، وتتسع مساحة الإقليم حسب مستوى المدينة في الهرم الحضري، وتقدم المدن القليلة العدد التي تحتل مستويات أعلى في البنية الهرمية

وظائف متخصصة جداً لأقاليم واسعة كما تقدم المدن الأصغر حجماً و الأكثر عدداً والتي تحتل مستويات أدنى في الهرم الحضري ووظائف أقل عدداً للأقاليم التابعة لها صغيرة المساحة.

إن المدن التي تحتل مستويات مختلفة من الهرم الحضري ليست مستقلة عن بعضها وإنما ترتبط معاً بعلاقات متبادلة، فالمدن في مستوى معين تكون مستقلة عن المدن في المستويات الأدنى منها في البنية الهرمية ولكنها تسيطر عليها، كما أن المدن في المستويات الأعلى من البنية الهرمية تقدم الوظائف التي تقدمها المدن في المستويات الأدنى، أي أن المدن في مستوى معين تقدم الوظائف التي تقدم في مدن من مستويات أعلى.

هذا، وتعتبر عملية تحديد عدد المستويات في البنية الهرمية الحضرية مشكلة تصنيفية، هدفها تقسيم توزيع متصل من حجوم المدن إلى فئات وظيفية ذات معنى، وبالتالي فإن عدد المستويات يعتمد على عدة عوامل منها: الهدف الذي تصمم من أجله الهرمية الحضرية، وبالتالي لا يوجد تصنيف وحيد للبنية الهرمية وسيرد تفصيل لهرمية الأماكن المركزية وخصائصها في نظرية المكان المركزي لاحقاً

(Yeates M. and Other, 1976, PP. 49-50)

ويؤكد بعض الباحثين على عملية إعادة بناء التركيب الاقتصادي وظهور مدن المعلومات (Information City) منذ عام ١٩٨٣ وحتى الوقت الحاضر
(Knox P. 1994, PP. 56-64)

نتيجة للتطور التقني في مجالات عمليات الإنتاج والحركة والاتصالات والاستخدام الواسع للحاسب الآلي في الصناعة والإنتاج بشكل عام وإنتاج الخدمات وتوزيعها، بشكل خاص، تطورت وظائف اقتصادية في النظام الحضري العالمي، فقد أنتجت التطورات الاقتصادية والحضرية، خلال العصر الحديث، هرمية حضرية عالمية مختلفة عما سبقها، ففي حين كان النظام الحضري منذ مطلع القرن العشرين وحتى الخمسينات منه، يتميز بسيطرة الوظيفة الصناعية (الثانوية) على المدن، إلا أن المدن بعد ذلك أصبحت تتميز بسيطرة "المعلوماتية" ووظيفة الخدمات أو الصناعات الثالثة بشكل رئيسي، فإذا كانت

الصناعة التحويلية مسؤولة عن تطور المدن ونموها إبان عهد الثورة الصناعية، فإن صناعة الخدمات هي المسؤولة عن تطور المدن ونموها في العصر الحاضر.

وأظهرت دراسات حديثة وجود هرمية حضرية عالمية حسب الوظيفة الاقتصادية تتكون من أربعة مستويات، وتتوزع المدن في هذه المستويات على النحو التالي:

١- مدن عالمية	1- World Cities
٢- مراكز إقليمية	2- Regional Command And Control Centers
٣- مراكز أو مدن متخصصة بإنتاج الخدمات	3- Specialized Producer Service Centers
٤- مدن صغيرة (تابعة)	4- Dependent Centers

(Knox P. 1994.P.60)

وتشمل المدن العالمية لندن ونيويورك وطوكيو، وتحتل قمة الهرم الحضري نظراً لأهميتها كأسواق مالية وما يرتبط بها من أنشطة تجارية وخدمية، وتقع في المستوى الذي يلي هذه المدن: شيكاغو ولوس أنجلوس في الولايات المتحدة وبرلين وبروكسل وباريس وفرانكفورت وزيورخ في أوروبا وساوباولو في أمريكا الجنوبية وسنغافورة في جنوب آسيا وتحتل المستوى الثالث حوالي عشرين مدينة، تكمل المجال العالمي للحركة (Flows) بين الحكومات والشركات الكبرى، وتبادل الأسهم المالية، والأسواق التجارية، والبنوك الرئيسية والمنظمات العالمية ومن المدن الأمريكية في هذا المستوى هيوستن وميامي وسان فرانسيسكو وواشنجتن العاصمة، وربما يصعب تحديد مدن من مناطق العالم الأخرى في هذا المستوى بسبب عدم توافر البيانات اللازمة وضعف مستوى الثقة فيها ويمكن وضع المدن التالية في هذه المجموعة: بيونيس إيروس وريودي جانيرو وكاراكاس في أمريكا الجنوبية، وميلان ومدريد وفينا في أوروبا وبمباي وهونغ كونغ وبانكوك وتامبي ومانيلا واوزاكا وسيول في آسيا، وجوهانزبرغ في إفريقيا (Knox P.1994, P, 61).

ويشمل المستوى الرابع مجموعة كبيرة مـن المـدن الصـغيرة التـي يصـعب تحديدها، ويمكن تقسيمها إلى أربع مجموعات هي:

أ- مدن سياحية وسكنية ومدن المتقاعدين.

ب- مراكز صناعية

ج- مراكز عسكرية و صناعة عسكرية

د- مراكز تعدينية وصناعية.

الفصل الثاني
التفاعل المكاني
Spatial Interaction

مفهوم التفاعل المكاني:

لا تعيش المدن ولا تستطيع العيش بمعزل عـن بعضـها، فيرتبط السكان والأنشطة في مدينة ما مع السكان والأنشطة في مدينة أخرى، بواسطة مـزيج معقد من تيارات الحركة والتحويلات المالية والاتصالات التي يشار إليها جميعاً بالتفاعل المكاني، ويمكن التفكير بأن المدن تنتظم في نظام حضري معين، ينتظم على شكل بنية هرمية بسبب التفاعل والاتصالات التي تتم بين المدن.

ويمكن النظر إلى التفاعل المكاني من حيث أشكاله وحجمه والأسس اللازمة له والطرق التي يساعد بواسطتها التفاعل والاتصال بين المدن في تشكيل أنماط النظام الحضري المكاني.

وقد اقترح هاغيت Hagett طريقة لتصنيف أنواع الاتصال المكاني اعتمدت عـلى طـرق انتقـال الحـرارة في الأجسـام وهـي: الحمـل والاتصـال والإشعـاع .Convection, Conduction and Radiation

ويشمل الحمل أشكال التفاعل والاتصال التي تتطلب حركة ونقل العناصر نقلاً مادياً، مثل حركة البضائع والمواد للمصانع والأسواق، وشحن البضائع وتوزيع البريد وغيرها، كما يشمل أيضاً حركة السكان.

ويشمل التوصيل التحويلات المالية التي تـتم بـين المـدن بواسطةنظام محاسبي، وليست حركةمادية،وتحتاج هناإلى سجلات وحفظ دفاتر،ويمثل الإشعاع انتقال الأفكار

والمخترعات، وبالتالي تتم العلاقات والاتصالات بين المـدن بواسطة ثـلاث طـرق رئيسة هي: من خلال حركة البضائع والسكان ومـن خـلال مـدى واسـع مـن التحويلات المالية وتيار المعلومات (Yeates M. and Others, 1976, P.52) .

وهناك تمييز وتفريـق آخـر ممكـن، بـين أنـواع التفاعـل والاتصـال المكـاني يعتمد على الشبكات التي يتم بواسطتها، فيحدث النقل المادي بواسطة شبكة المواصلات من سكك حديدية إلى طرق الملاحة، كـما تـتم عمليـة التحويلات الماليـة وانتقـال المعلومـات بواسطة شبكـة الاتصـالات، بواسطة التليفـون والتيليبرنتر والموجات الهوائيـة للراديو والتلفزيـون، كـما تـتم عمليـة الانتشـار بواسطة شبكة الاتصالات الشخصية، ويمكن النظر إلى المـدن نوبـات مختلفة الأهميـة في أنـواع مختلفـة مـن الشـبكات، وتسـاعد الطريقـة التـي تنـتظم بواسطتها الشبكات مكانيا وتتداخل فيما بينها، في تشكيل أنماط التفاعـل بـين المدن، وبشكل عام، تتميز المدينة الأكثر اتصالا مـع غيرهـا بمستوى أعـلى مـن سهولة الاتصال، ويتوقع أن تكون أكثر أهمية، بحيث تشكل هـذه المدينـة، نقطة مركزية لنوع محدد من التفاعل المكاني والاتصال.

وهناك تقسيم آخر لأشكال الاتصال والتفاعل، بالاعتماد على كـل مـن نـوع الحركة وطبيعتها والهـدف مـن هـذه الحركة وعـلى حجـم الحركة والمسافة والوسائل المستخدمة، وقد أضاف موريل (Morrill, 1979) تصنيفا آخر لحركة السكان، قسمها إلى: حركة مؤقتة وانتقالية ودائمة.

وتقع في الحركة الدائمة هجرة السكان التي لعبت دوراً مهـما، عـبر الـزمن، في تشكيل النظام الحضري، وفي انتشار الأفكار والخصائص الثقافيـة والعـادات وأشكال أخرى للسلوك الاجتماعي، وبالتالي تعتبر طبيعـة التفاعـل المكـاني بـين المدن وأنماطه ومداها عملية معقدة بشكل كبير.

حجم التفاعل المكاني والاتصال:

توجد علاقة واضحة بين حجم التفاعل وكثافته من جهة وبين مستوى التحضر للأقطار، كما يتأثر حجم التفاعل أيضاً، بمستوى التطور التقني، وأكثر من ذلك فقد تزايد حجم التفاعل بين المدن، حديثاً بشكل كبير جداً، ويعود السبب في ذلك إلى استمرار تركز السكان والأنشطة البشرية في المدن الأكبر، وزيادة تعقد النظام الاقتصادي والاجتماعي، وارتفاع مستوى الحركة والاهتمام بالمكان الناتج عن تحسن مستوى المعيشة والتطور التقني في وسائل المواصلات والاتصالات. وفي حقيقة الأمر فإنه من الصعب رؤية أي تغير تقني أو اقتصادي أو سياسي أو اجتماعي، لا يكون له تأثير مباشر على حجم التفاعل ونمطه بين المدن (Yeates M, and Others, 1979, P.53)

أهمية التفاعل المكاني:

يقوم التفاعل المكاني بأدوار مهمة في تشكيل النظام الحضري وبنائه، ويقوم بالوظائف التالية:

١- وظيفة تكميلية Integrating Function

تظهر الحاجة للتفاعل المكاني والاتصال بين المدن المختلفة، نظراً لأن الناس وأنشطتهم يتواجدون في مدن تتباعد عن بعضها، وترتبط المدن والأقاليم المختلفة عن بعضها بواسطة تيارات من الحركة والتحويلات المالية، ويعتبر تكامل النظام الحضري واحداً من المتطلبات السابقة لوجود انتظام وترتيب للمدن يتفق ومفهوم قاعدة الرتبة والحجم.

فإذا كان هناك عرض في مدينة ما وطلب على هذا العرض في مدينة ما، فينقل العرض من المدينة الأولى إلى المدينة الثانية بواسطة التفاعل المكاني بين هاتين المدينتين، وهنا قدم التفاعل المكاني وظيفة تكميلية، فقد ملت المدينةالأولى على تكميل ما تحتاج إليه المدينة الثانية، فلو كان في المدينة لأولى فائض من الأيدي العاملة، وكان في المدينة

الثانية طلب على هذه الأيدي العاملة، فتنقل الأيدي العاملة بواسطة التفاعـل المكاني للمدينة الثانية.

٢- يسمح التفاعل المكاني بوجود تباين واختلاف بين المدن المختلفـة، ويسـمح بتقسيم العمـل مكانيـاً، بـأن تتخصص المدينـة الأولى بإنتاج الصناعات الغذائية، وتتخصص الثانية بإنتاج سلع وبضائع أخرى، فبواسطة التفاعـل المكاني يمكـن نقل الإنتـاج الغذائي مـن المدينة الأولى إلى المدينـة الثانيـة، وتنقل السلع الصناعية الأخرى من المدينة الثانية إلى المدينة الأولى ولو لم يكن هناك إمكانية للتفاعـل المكاني لاضطر السكان في كلتا المـدينتين إلى إنتاج ما يحتاجون إليه والاعتماد على الاكتفاء الذاتي.

يساعد التخصص والتباين بين المدن المختلفة في رفع درجـة حريـة اختيار الموقع للأنشطة المختلفة، كما يجعل من التخصص الـوظيفي للمـدن والأقاليم أمراً ممكنـاً فبـدون التفاعـل المكاني لا يمكن أن يتخصص القلـب في وظائف معينة غير الوظائف التي يتخصص بها الإقليم أو الظهير.

٣- اعتبار التفاعل المكاني وسيلة للتنظيم المكاني، فتعتبر الأنـواع المختلفـة للحركـة والتيارات والتحويلات المالية بين المدن، مظاهـر للعلاقات والاتصالات واعتماد المدن على بعضها في تأمين ما تحتاج إليه ضمن النظام الحضري، ونتيجـة لـذلك فإن ما يحدث في مدينة ما أو إقليم ما مـن تغيـرات، يـؤثر عـلى مـدن وأقاليم أخرى في النظام الحضري، ويتشكل النظام الحضري، وينـتظم عـلى شكل بنيـة هرمية من خلال التفاعل المكاني والعلاقات التي تتم بين المـدن، بحيـث تلعب الحواضر الكبرى، والتي تقع على قمـة الهرم الحضري، دوراً مسيطراً ومـنظماً لهذه المدن.

(Yeates M. and Others, 1976, P.55)

ويعتبر التفاعل المكاني مهما في إحداث التغير في النظام الحضري وفي إعـادة ترتيب هذا النظام الحضري، فيعتبر انتشار الأفكار والاختراعـات واحداً مـن الطرق الرئيسـة للتغييرات التي تحدث في النظام الحضري، فلأنماط تيار المعلومات أهمية خاصة، وكذلك

للهجرة، التي تعتبر تقليدياً الوسيلة الرئيسة لانتشار التقنية والثقافة والعادات الاجتماعية، كما تلعب الهجرة دوراً مهماً في عملية التغيير، بحيث تجعل المدن أكثر تنوعاً وتؤدي إلى وجود بعض المشكلات الاجتماعية، وتعمل على تباين في معدلات نمو المدن، على الرغم من أن المدن تنمو في الوقت الحاضر ذاتياً، إلا أن الهجرة تبقى تلعب دوراً مهماً في تغيير المدن ونموها.

هذا، ويمكن التفكير في أن أنماط التفاعل بين المدن، هي استجابة لقرارات موقعية بشأن السكان وأنشطتهم، لأن التفاعل يحدث نتيجة لأنشطة تمارس في مدن معينة دون غيرها، وبالتالي فإن أي تغيير في هذه الأنشطة وفي مواقعها يؤدي إلى تغييرات في مستوى التفاعل بين المدن، وكذلك يعمل التفاعل على زيادة مستواه، فعند حدوث مستوى مرتفع من التفاعل المكاني بين المدن الكبيرة خاصة، فيستدعي ذلك وجود حاجة لتحسين شبكة المواصلات والاتصالات، وإذا تحقق ذلك، فيؤدي بدوره إلى رفع مستوى التفاعل المكاني، فتستمر الحركة بشكل دائري.

ونتيجة للتغيرات التي تطرأ على شبكة المواصلات والاتصالات، فإنه تحدث تغييرات على المواقع النسبية للمدن، وعلى أهميتها كنوبات أو عقد في شبكات المواصلات والاتصالات، وبالتالي تصبح بعض المدن أكثر سهولة من حيث الوصول إليها، والبعض الآخر أقل سهولة في الوصول إليها، وبالتالي يتناقص الزمن اللازم للحركة كما يقل أثر الحواجز على الحركة ونتيجة لذلك يحدث انكماش في الحيز أو المجال (المسافة) ويسمى هذا Space Time Convergence (Janelle, 1969)، وتستفيد مدن من ذلك ولا يستفيد البعض الآخر، ولا تكون الفائدة بالدرجة ذاتها لجميع المدن، والمدن التي تستفيد بشكل أكثر هي الأكبر حجماً والأبعد مسافة، بحيث تصبح هذه المدن أقرب نسبياً وتتكامل مع النظام الحضري، بشكل أقوى وتكتسب المدن هنا أهمية أو قيمة موقعية Locational Value، تفضل المؤسسات والشركات والأنشطة أن تتوضع في هذه المدن، وبالتالي يرتفع مستوى التفاعل المكاني مع هذه المدن، فنتيجة لتحسن وسائل المواصلات والاتصالات أمكن حدوث الانتشار (السكان والأنشطة البشرية) من مراكز المدن إلى

ضواحيها أو إلى المناطق الريفية التي كانت طاردة للسكان، وقد **عرفت هـذه الحركة**
Turn around movement.

العوامل المؤثرة في الحركة والتفاعل المكاني:

يتأثر مستوى التفاعل المكاني وطبيعته بين مدن معينة بعدة عوامل منها:

١- موقع المدن في شبكة المواصلات والاتصالات، الذي يعمل على إيجاد عامل
مؤثر في توليد الحركة والاتصال بين المدن.

٢- التكامل بين المدن، فينتج عن تكامل المـدن بعضها بعضا حجـم أكـبر مـن
التفاعل والحركة، وبخاصة حركة البضائع والمواد.

٣- إدراك الفرد بمستوى الجاذبيـة الاجتماعيـة والاقتصادية والبيئيـة للمـدن
المختلفة، فإذا تميزت مدن بجاذبية اجتماعية واقتصادية أو بيئيـة، فإنها
تعمل على زيادة حجم الاتصال والتفاعل مع هـذه المـدن، ويـؤثر هـذا
العامل في تفسير أنماط الهجرة السكانية بين المدن.

٤- تـوافر مواقع فـرص العمـل، فتعمـل هـذه عـلى إيجـاد تيـار للمعلومـات
وتحويلات مالية بين مدن معينة.

٥- بالإضافة لما تقدم ذكره، يتأثر حجم التفاعل المكاني بثلاثة عوامل هي:

أ- حجم السكان والوظائف في المدن، فكلما زاد عدد السكان الذين يعيشون في
المدينة زادت درجة احتمالية أن يتحرك عدد كبير منهم إلى مدن أخرى، كما
يعتبر حجم المدينة مؤشراً لأهميتها في البنية الهرمية الحضريـة، فتنشأ حركة
وتفاعل مع مدينة القاهرة أكثر منه مع مدينـة الإسكندرية أو بورسعيد أو
بنها أو دمنهور.

ب-التنوع الاجتماعي والاقتصادي في المدن: يعمل التنوع الاجتماعي والاقتصادي
على زيادة مستوى التفاعل وحجمه مع هذه المدينة والعكس صحيح، كما يتأثر
حجم التفاعل المكاني بين المـدن أحياناً بالتخصص الوظيفي للمدينة، فيرتفع

مستوى التفاعل والحركة مع المدن السياحية والترفيهية، بشكل أكبر منه في المدن ذات الوظائف الأخرى.

ج- المسافة الفاصلة بين المدن: وبناء على قانون الجاذبية لنيوتن، فإن المدن الأقرب تتفاعل وتتصل مع بعضها بمستوى أكبر من المدن الأبعد، فيتأثر حجم التفاعل المكاني والاتصال بين المدن عكسيا مع المسافة، كلما كانت المدينة أقرب، كان حجم التفاعل أكبر والعكس صحيح.

على الرغم من التطور الكبير الذي حصل في شبكة المواصلات والاتصالات الذي عمل على تقليل أثر المسافة وعلى : التقاء الزمان بالمكان"، إلا أن كلفة التغلب على المسافة لم تلغ تماماً بل بقيت عاملاً مهماً في تشكيل أنماط الحركة والتفاعل بين المدن، وتؤخذ في الاعتبار عند اختيار مواقع الأنشطة المختلفة في المدن وإذا عرفنا العلاقة العكسية بين المسافة وحجم التفاعل المكاني، إلا انه لا تتأثر الأجسام جميعها بالدرجة ذاتها من البعد أو المسافة، فبعضها يكون أكثر حساسية للنقل لمسافات طويلة أكثر من البعض الآخر وسوف يناقش هذا المفهوم لاحقاً.

وقد بين بعض الدارسين تأثر حجم التفاعل المكاني بين المدن بثلاثة مبادئ رئيسية هي: التكامل Complementary ودرجة حساسية المادة المنقولة للمسافة Transferability والفرص المعترضة Intervening Opportunities، وسنناقش كل واحد من هذه المبادئ تالياً.

١- التكامل Complementary

يعتبر التفاعل المكاني ضرورياً من أجل ربط المدن بعضها بعضاً، وربط السكان والأنشطة الموجودة في مدينة معينة بالسكان والأنشطة في مدينة أخرى، وبما أن المدن تتباعد عن بعضها بمسافات مختلفة، فإن المسافة تساعد في تشكيل أنماط التفاعل بين المدن، وتقدم المدن وظائف مختلفة، حيث تختلف فيما بينها في الوظائف التي تقدمها هذه المدن، وتختلف في فرص العمل المتوافرة فيها وفي التراكيب السكانية لكل منها ، فتوجد صناعات

محددة في مدن معينة، كما تمثل مدن أخرى مراكز لتجارة الجملة وتمثل مدن مراكز للبنوك، في حين تتميز مدن بأهمية ثقافية وإمكانات ترفيهية وتشكل مدن أخرى مراكز للإدارة والحكومات، ويحتفظ سكان مدينة معينة بعلاقات مع سكان يتواجدون في مدن أخرى، وعليه فإن الاختلاف والتباين في الأنماط الموقعية للسكان والأنشطة والمنظمات المختلفة يعتبر عاملاً رئيسياً لتفسير التفاعل المكاني المتوقع بين المدن المختلفة.

وعلى أية حال، فلا المسافة ولا التباين المكاني في التوزيعات المختلفة للأنشطة كافية لتفسير التفاعل المكاني بين المدن، لذا اقترح أولمن Ullman 1956 شيئاً آخر يساعد على عملية التفاعل هذه، وقد أطلق عليه مفهوم التكاملية، ويعني وجود عرض في مكان معين أو مدينة ما ووجود طلب على ذلك العرض في مكان آخر أو مدينة أخرى، فينتقل العرض من المدينة الأولى إلى المدينة الثانية، فإذا كان في مدينة أ فائض في الأيدي العاملة، وكان في مدينة ب طلب على هذه الأيدي العاملة، فينتقل العمال من مدينة (أ) إلى مدينة (ب) وبالتالي يوجد تكامل بين المدينتين في الأيدي العاملة، وقد عمل ذلك على زيادة حجم التفاعل المكاني بين هاتين المدينتين، ويمكن توسيع هذا المفهوم ليشمل حركة السكان والبضائع والمواد الخام والبريد والاتصالات الأخرى الكثيرة جدا، وعليه فإن أسس التفاعل المكاني تمثل أشكال عدة للتكاملية التي تنشأ بين أنشطة السكان والمنظمات التي تبتعد عن بعضها مكانيا.

حساسية المادة المنقولة للمسافة: Transferability

تختلف المواد المنقولة وبخاصة التي تتطلب حركة مادية في درجة حساسيتها للمسافة التي تنقل بها، فبالنسبة لحركة السكان، مثلا، تعتمد درجة حساسيتهم للمسافة التي يقطعونها على مدة تكرار الرحلة والهدف منها، كما تعتمد حساسية البضائع للمسافة على نوع السلعة أو البضاعة، وقد أشير إلى التباين في حساسية المادة المنقولة بمبدأ الـ Transferability، وتعتمد درجة حساسية المادة المنقولة للمسافة على ثمن وحدة الوزن من تلك المادة، فكلما كانت قيمة وحدة الوزن من المادة أقل فإنها تنقل مسافات أقصر، وإذا كان ثمن وحدة الوزن من المادة المنقولة مرتفعاً، فإن هذه المادة تنقل إلى مسافات

طويلة، ويمكن تطبيق هذا المثال على نقل أشياء أخرى، فعلى سبيل المثال: لمعرفة درجة حساسية الفحم الحجري للنقل ودرجة حساسية الـذهب للنقل، فيمكن حساب ثمن الكيلو غرام الواحد مـن الـذهب أو مـن الفحم الحجري، فبالتأكيد يكون ثمن الفحم الحجري أقل بكثير مـن ثمـن الـذهب، لذلك ينقل الفحم الحجري مسافات قصيرة والـذهب مسافات طويلـة، وهـذا يعنـي أن المواد ذات الوزن الكبير والحجم الضخم تنقل مسافات قصيرة، في حـين تنقل المواد غالية الثمن خفيفة الوزن مسافات طويلة.

ويفضل المستهلكون تجميع السلع والحاجات التي يرغبـون في شرائهـا مـن مسافات بعيدة، بحيث يمكن الحصول عليها في رحلة واحدة، أي يفضلون عدم تكرار الرحلات الطويلة، ويقطعون مسافات قصيرة للحصـول علـى البضائع تتميز بقيمة منخفضة لوحدة الوزن.

٢- الفرص المتدخلة Intervening Opportunities

يـرتبط هـذا المفهـوم بالحـد الأدنى للمسافة، فتصبح الأمـاكن القريبـة بديلـة للأماكن البعيدة، فإذا كانت مدينة (ب) سوقاً لبضاعة من مدينة (أ)، وتبعد مدينة (ب) عن مدينة (أ) حوالي ١٠٠ كم، ثم وجدت مدن أخرى نفرض (ج) و (د) أقرب إلى مدينة (أ)، ويمكن أن تحصل على البضائع ذاتها من مدينـة (أ)، وبالتالي تشكل مدن (ج) و (د) أسواق بديلة لمدينة (ب)، وبالتالي يضعف حجم التفاعل والاتصال بين مدينتي (أ)و (ب) ويتناسب حجم التفاعل المكاني مع عدد الفرص المعترضـة أو الأسواق البديلة، فكلما زاد عددها ضعف حجم الاتصال والتفاعل المكاني، والعكس صحيح.

وينطبق هذا علـى هجـرة السـكان أيضـاً، فقد فضـل المهـاجرون الانجليـز إلى استراليا، فضلوا التوجه إلى جنوب أفريقيا، علـى الاسـتمرار في الرحلـة الطويلـة إلى استراليا، وتجشم الصعاب والأخطار في تلك الرحلة، فأصبحت جنوب أفريقيا فرصـة متدخلة وهدفاً للمهاجرين الانجليز بدلا من استراليا، وبالتالي ضعف تيار الهجرة إلى اسـتراليا، وكلـما زاد عـدد الأهـداف البديلـة للمهـاجرين ضعف تيـار الهجرة، والعكس صحيح.

قوانين الجاذبية:

لقد أدت أهمية أشكال التفاعل المكاني والحركة في التنظيم المكاني للبنية الهرمية للنظام الحضري المعين، إلى انتظام أنماط تيارات الاتصال والتفاعل، عملت على تطوير مجموعة من القوانين منها:

قانون الجاذبية The Gravity Model

يعتبر هذا القانون أقدم قوانين الجاذبية وأسهلها تطبيقاً وأكثرها استعمالاً، فعلى الرغم أنه استخدم للمرة الأولى في النصف الأول من القرن التاسع عشر، إلا أنه لم يعط الأهمية العملية إلا بعد عام ١٩٤٠، ويعتمد هذا القانون على قانون الجاذبية في الفيزياء لنيوتن، والذي ينص على أن حجم التفاعل بين مدينتين يتناسب طردياً مع حجم هاتين المدينتين وعكسياً مع المسافة، وقد أطلق عليه قانون الجاذبية لتجارة المفرق (التجزئة)، ويقاس رياضياً بواسطة المعادلة التالية:

حجم التفاعل بين مدينتي أ،ب= (حجم مدينة أ × حجم مدينة ب) / (المسافة بينهما (مربع المسافة ببينهم))

وتكمن أهمية هذا القانون من خلال الطرق التي يمكن قياس الحجوم والمسافة بها، ومن خلال القيمة التي تعطى لأس المسافة، وقد اقترحت دراسات أن تتراوح قيمة أس المسافة بين ١ و ٣ ، ووجد أن رقم ٢ هو الأنسب، وبالتالي استخدم الأس ٢، أي مربع المسافة.

وبالنسبة لحجم المدينة، فقد تستخدم عدة طرق لقياسه، منها: عدد السكان في المدينة، أو عدد الوظائف أو حجم فرص العمل ومستوى الدخل للمدينة، ويعتمد اختيار الطريقة المناسبة على الهدف من الدراسة، فعلى سبيل المثال: يمكن استخدام حجم المبيعات في المدينة مؤشراً لقياس حجمها في دراسة التسويق.

كما يمكن استخدام مؤشرات أخرى لقياس الحجم مثل: القيمة المضافة أو عدد الأسر أو حجم الفرص الاقتصادية أو عدد منافذ تجارة المفرق (التجزئة).

كما يمكن استخدام عدة مؤشرات أخرى لقياس المسافة منها: وحدة المسافة المطلقة كالميل والكيلومتر مثلا، أو الزمن اللازم لقطع المسافة، أو كلفة الحركة أو الجهد أو الطاقة، أو عدد الإشارات الضوئية، وهذه جميعاً تسمى المسافة النسبية، ما عدا المؤشر الأول الذي يسمى بالمسافة المطلقة (وحدة المسافة) ويجب مراعاة اختيار الوسيلة المناسبة للدراسة.

القرب النسبي (السكان الكامن) Population Potential

يستخدم قانون الجاذبية لقياس قوة التفاعل أو الجذب بين مدينتين ، في حين تستخدم نموذج السكان الكامن أو القرب النسبي، لحساب قوة الجذب بين مجموعة من المدن، لإبراز المدينة التي تتميز بإمكانية الوصول إليها بسهولة أكثر من غيرها، أي المدينة الأقرب نسبياً، فإذا كان لدينا مجموعة من المدن تتكون من أ، ب، ج، ونريد حساب السكان الكامن أو القرب النسبي، أي إيجاد المدينة الأكثر سهولة للوصول إليها أو تعتبر نسبيا أقرب من غيرها، حيث يعتبر الحجم الكامل للسكان في مدينة أو مكان معين دليلاً أو معياراً لحدوث التفاعل أو الاتصال مع هذا المكان أو هذه المدينة، كما يشير إلى سهولة الوصول إلى المدينة المعينة من قبل المدن الأخرى، ويقاس الحجم الكامن للسكان في أية مدينة بتطبيق قانون الجاذبية السابق الذكر على النحو التالي:

تحسب قوة الجذب بين مدينة أ و ب، ثم بين مدينة أ و ج، ثم في مدينة أ

الحجم الكامل للسكان في مدينة أ=

$$\frac{\text{حجم مدينة أ} \times \text{حجم مدينة ب}}{\text{مربع المسافة بين أ و ب}} + \frac{\text{حجم مدينة أ} \times \text{ج}}{\text{مربع المسافة بين أ و ج}} + \frac{\text{حجم مدينة أ} \times \text{أ}}{\text{مربع المسافة لمدينة أ}}$$

وتحسب المسافة لمدينة أ بواحدة من الطريقتين التاليتين:

أ- تؤخذ عدة نقاط على محيط (أطراف) مدينة أ، ثم تحسب المسافة بين نقطة مركزية في مدينة أ، وكل من النقاط المختارة على أطراف المدينة، ثم بعد ذلك يؤخذ متوسط هذه الأبعاد ، ويعتبر المسافة بمدينة أ.

ب- تؤخذ المسافة بين مدينة أ وأقرب مدينة لها، فتعتبر المسافة بين مدينة أ.

وبحسب الحجم الكامن للسكان في مدينة ب بالطريقة السابقة ذاتها، وكذلك بالنسبة للمدينة ج ويمكن أن تختصر المعادلة إلى:

الحجم الكامن للسكان في مدينة أ أو القرب النسبي لمدينة أ=

$$\frac{\text{حجم مدينة أ}}{\text{مربع المسافة لمدينة أ}} + \frac{\text{حجم مدينة ب}}{\text{مربع المسافة بين أ و ب}} + \frac{\text{حجم مدينة ج}}{\text{مربع المسافة لمدينة بين أ، ج}}$$

الحجم الكامن ل مدينة ب=

$$\frac{\text{حجم مدينة ب}}{\text{مربع المسافة لمدينة ب}} + \frac{\text{حجم مدينة أ}}{\text{مربع المسافة بين ب و أ}} + \frac{\text{حجم مدينة ج}}{\text{مربع المسافة لمدينة بين ب، ج}}$$

الحجم الكامل لمدينة ج=

$$\frac{\text{حجم مدينة ج}}{\text{مربع المسافة لمدينة ج}} + \frac{\text{حجم مدينة أ}}{\text{مربع المسافة بين ج، أ}} + \frac{\text{حجم مدينة ب}}{\text{مربع المسافة لمدينة بين ج و ب}}$$

وبما أن الحجم الكامن يحسب لعدة نقاط في الحيز أو المجال، فإنه يمكن وضعها على خريطة، ويمثل بواسطة خطوط كنتور شكل ١١.

قانون رالي: Law of Retail Gravitation

قدم رالي قانوناً لتحديد نقطة القطع التي تفصل بين المنطقتين التجاريتين التابعتين لمدينتين، وسمي هذا القانون بقانون جاذبية المفرق أو التجزئة، قدمه رالي في الثلاثينـات مـن القرن العشرـين، فـإذا كـان لـدينا مدينتين هـما أ،ب، وتختلف هاتان المدينتين في حجمهـما، والمسـافة بيـنهما معروفـة لـدينا، فكـل مدينة منطقة نفوذ أو منطقة تجارية تابعـة لهـا تتناسب وحجـم السـكان في هذه المدينة، فإذا كان هناك منطقة تجارية تابعة لها تتناسب وحجم السكان في هذه المدينة، فـإذا كان هناك منطقـة بيـن منطقتـي نفـوذ هاتين المـدينتين، تنازعها كل من هاتين المدينتين.

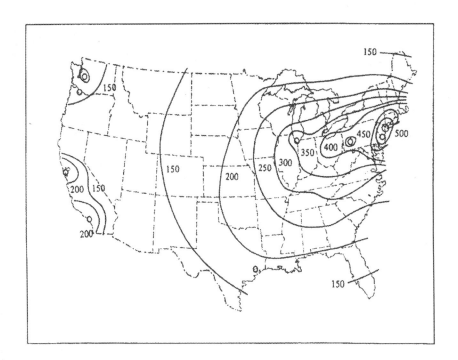

(شكل (١١): يبين خطوط حجم السكان الكامن في الولايات المتحدة

فيستخدم قانون رالي من أجل تحديد نقطة القطع بين إقليمي المدينتين، دون ترك منطقة ما تتنازعها هاتان المدينتان، فإذا تساوى حجم المدينتين، تقع نقطة القطع لإقليمهما في منتصف المسافة، والمثال التالي يوضح ذلك: لدينا مدينتان هما أ ،ب، ويبدو أن حجم مدينة ب أكبر من حجم مدينة أ وكذلك إقليم مدينة ب أكبر من إقليم مدينة أ، وتوجد منطقة خارج إقليمي المدينتين، متنازع عليها من هاتين المدينتين:

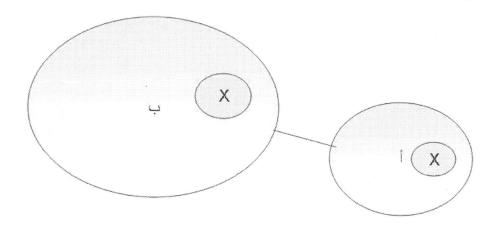

نفرض أن حجم مدينةأ= ٦٠.٠٠٠ نسمة، وحجم مدينة ب= ١٧٥.٠٠٠ نسمة والمسافة بينهما تساوي ١٥٠ كم .

نطبق قانون رالي تحديد نقطة القطع التي تحدد إقليمي المدينتين، من خلال المعادلة التالية:

$$\text{بعد نقطة القطع من مدينة ب} = \frac{\text{المسافة بين مدينتي أ ، ب}}{1+\sqrt{\frac{\text{حجم مدينة أ}}{\text{حجم مدينة ب}}}}$$

وبالتعويض، ينتج لدينا:

بعد نقطة القطع من مدينة ب = $\frac{150}{1+\sqrt{\frac{60.000}{175.000}}} = \frac{150}{1+\sqrt{0.349}}$

$= \frac{150}{1+0.586} =$ ٩٤.٦كم

وبالتالي تبعد نقطة القطع عن مدينة أ ١٥٠-٩٤.٦= ٥٥.٤ كم

هذا ويمكن رسم أو تحديد الإقليم التابع للمدينة بحساب وتحديد نقطة القطع بين مدينة ما والمدن المحيطة بها، حيث يمكن إيصال نقاط القطع لتشكل جميعاً الإقليم التابع للمدينة المعينة (Hartshorn T, 1980, PP. 94-101).

الفصل الثالث

نظرية المكان المركزي

Central Place Theory

عملت أهمية التجارة والتسويق في اقتصاد مطلع القرن التاسع عشر ومنتصفه، على إيجاد انتظام وترتيب معين في تباعد المدن والبلدان وفي نمطها المكاني ضمن النظام الحضري، ويعود هذا الانتظام، جزئياً، نتيجة لتقنية المواصلات التي أثرت في تطور مراكز خدمة محلية، أي أماكن مركزية، الأمر الذي يساعد في تشكيل تباعد المدن وانتظامها حسب حجومها المختلفة، حيث تقدم الأماكن الأصغر وظائف مركزية محدودة لسكانها سكان الأقاليم التابعة لها، في حين تقدم البلدان والمدن الأكبر تنوعاً أكبر من الخدمات والسلع، وتقع بينهما مراكز متوسطة الحجم تخدم أسواقاً متوسطة الحجم أيضاً (Knox P, 1999, P.53)

لذلك تقدم نظرية المكان المركزي آلية لفهم دور المدينة مركز لتقديم الخدمات والسلع، للسكان القاطنين فيها وللسكان القاطنين في الأماكن المحيطة بها، وتعمل المدينة هنا على تكاملها لإقليمها التابع لها، فهي تقدم السلع والخدمات لسكان الإقليم، وتحصل على الأموال من سكان الإقليم مقابل ما يحصلون عليه من سلع وخدمات، وبالتالي يعمل الإقليم على تدعيم تكامل المدينة وإقليمها، وعليه فيشكل المدينة وإقليمها نظاماً يرتبط بعلاقات متبادلة.

المدن مراكز خدمات:

اعترف والتر كريستالر الجغرافي الألماني بالعلاقات الاقتصادية بين المدن وأقاليمها ، وقد طور نظرية اقتصادية لتفسير حجوم المدن وتباعدها ومواقعها ومحتوى الوظائف التي تقدمها، وطبق نظريته هذه في جنوب ألمانيا جزءاً من رسالة الدكتوراه التي أعدها ، لأنه لم

يكن مقتنعاً بالتفسيرات السابقة لمواقع المدن من خلال التطور التاريخي، واعتبار موقع المدينة نتيجة لخصائص الموقع الطبيعية، فقد كان كريستالر يبحث عن إجابات مقنعة لتفسير مواقع المدن.

وعلى الرغم من أن كريستالر لم ينكر أهمية الخصائص الطبيعية لمواقع المدن، إلا أنه رأى أن هذا التفسير يفتقد إلى الحيوية (Hartshorn T. 1992, P. 138)

ويتجمع السكان في المدن لتبادل السلع والأفكار فيما بينهم، كما توجد المدن لأسباب اقتصادية، حيث تحتل نقاط ربط تسهل عملية تبادل السلع والخدمات، هذا وقد اعتبر كريستالر أن نظريته مكملة لنظريتي مواقع الأرض الزراعية التي طورها فان نيوتن، وموقع المصنع التي طورها ألفريد ويبر.

وتناقش نظرية كريستالر الأنشطة الثالثة، قطاع الخدمات الذي يحظى بأكبر نسبة من القوى العاملة في الدول المتقدمة في العصر الحاضر، ولفهم هذه النظرية لا بد من شرح بعض المفاهيم التي تساعد على فهمها.

١- المكان المركزي The Central Place

أوضح كريستالر بأنه لا تعتبر جميع مراكز الاستقرار البشري أماكن مركزية، فالمكان المركزي عبارة عن تجمع لمؤسسات تقدم خدمات وتقوم بتجارة المفرق وتقع في نقطة متوسطة ملائمة للمستهلكين الذين يأتون إليها للحصول على ما يحتاجونه من سلع وخدمات، وتسمى السلع والخدمات التي تقدم من المكان المركزي بالوظائف المركزية Central Functions وتقدم من قبل مؤسسات (مخازن ومكاتب)، وإذا قدمت أكثر من وظيفة مركزية من قبل مؤسسة واحدة، فتسمى الوظيفة المركزية الواحدة بالوحدة الوظيفية Functional Unit (Yeates M. and Other, 1976, P.125).

٢- المركزية:

ويرغب المستهلكون في الحصول على السلع والخدمات بأقل جهد ممكن، لذلك يجب أن يتميز المكان المركزي بسهولة الوصول إليه، ويقع في نقطة مركزية للمناطق التابعة له، ويشار إلى صفة المكان المركزي هـذه بالمركزية Centrality، وتقاس مركزية المكان بحجمه الذي يقاس بعدد الوظائف المركزية التي يقدمها هذا المكان، وعليه كلما كان عدد الوظائف التي تقدم في المكان المركزي أكبر، كـان المكان المركزي يتمتع بمستوى أعلى من المركزية، ويمكن قياس المركزية بمقاييس أخرى، فقد اعتمد كريستالر في دراسته لجنوب ألمانيا عدد المكالمات الهاتفية في المكان مؤشراً لمركزية هـذا المكان، لأن التليفونات الخاصة كانت قليلة في تلك الأثناء، وكانت التليفونات في معظمها للأعمال التجارية والاقتصادية، وربما تكون هذه أكثر دقة من حجم المكان المركزي، وربما تستخدم مقاييس أخرى للمركزية مثل: عدد مخازن الجملة والمفرق أو حجم التوظيف في المكان المركزي أو ضرائب المبيعات (Hartshorn T. 1980, P. 106)

إن العلاقات المتبادلة بـين مستويات الحجـم الوظيفي ومـا يقابلها مـن مستويات للمركزية تؤدي إلى ترتيب الأماكن المركزية في بنية هرمية، تتميز بما يلي:

١- الأماكن من مستويات أعلى مـن الهرمية تقدم عـدداً أكبر مـن الوظائف المركزية ويوجد بها عدد أكبر من المؤسسات والوحدات الوظيفية، وتكون عادة أكبر في حجم سكانها، مقارنة مع الأماكن في المستويات الأولى.

٢- تقدم الأماكن المركزية من مستوى معين، جميع الوظائف المركزية التي تقدم من أماكن مركزية مـن مستويات أدنى، بالإضافة إلى مجموعـة مـن الوظائف التي تقدمها الأماكن المركزية من المستوى المعين.

٣- يرتبط توزيع الأماكن المركزية بمستوياتها في البنية الهرمية، فتوجد الأماكن المركزية في المستويات الأعلى بعدد أقل، وتتباعدعن بعضهابمسافات أطول،مقارنةمع الأماكن المركزية في المستويات الأدنى ، وتمثل الهرمية للأماكن المركزية ميزة أساسية للتنظيم

المكاني للتسويق- العرض والطلب، فمن جهة الطلب، تطلب السلع والخدمات بكميات مختلفة، كما يختلف المستهلكون في مقادير الدخل الذي ينفقونه من أجل الحصول على السلع والخدمات المختلفة، وعلى صعيد العرض، فإن عدداً من الوظائف المركزية، يمكن دعمها بعدد أكبر من المستهلكين اللازم لها حتى تستمر في البقاء Yeates, 1976, P, 125 .

٣- العتبة Threshold

هو مفهوم اقتصادي يشير إلى حجم القوة الشرائية المطلوبة في إقليم ما لدعم شخص حتى يستمر في العمل في قطاع الخدمات، وقد أمكن تعريف مفهوم العتبة بالحد الأدنى من الدعم المالي اللازم لتاجر حتى يؤسس وظيفة مركزية معينة، أو هو حجم المبيعات اللازم لتاجر حتى يؤسس وظيفة مركزية معينة، أو هو حجم المبيعات اللازم لوظيفة معينة حتى تستمر هذه الوظيفة في البقاء، أو هو عدد السكان اللازم لتوفير الطلب لوظيفة مركزية معينة حتى تستمر في الوجود، وعرف هذا المفهوم أيضاً بالقوة الشرائية اللازمة لوظيفة مركزية حتى تستمر في البقاء، أو النقود التي تصرف من قبل المستهلكين لشراء بضاعة معينة أو الحصول على خدمة معينة لتعويض من يقدم هذه الخدمة، وإلا فإنها ستفشل وتختفي، وهناك بعض السلع يمكن الحصول عليها من مخازن صغيرة قليلة العدد، وتطلب بشكل أكبر، وتتميز هذه السلع بأنها ذات مستوى منخفض Low- order goods، ويتطلب حداً أدنى من المستهلكين اللازم حتى يستمر في البقاء (Threshold)، إلا أن بعض السلع المتخصصة مثل السيارات والأثاث والآلات الكهربائية لا تتوافر في الأماكن الصغيرة، وتتطلب عدداً من المستهلكين أكبر لدعمها، وتسمى هذه بالوظائف المركزية ذات المستوى الأعلى high order goods and services التي تشتري بكمية أقل وتتطلب إنفاقا أكبر، وبالتالي تقدم هذه الوظائف في المدن الأكبر وتحتاج إلى عدد من المستهلكين أكبر أي الحد الأدنى من المستهلكين المطلوب لاستمرارها أكبر.

يعتبر مفهوم الحد الأدنى من عدد المستهلكين اللازم للوظيفة المركزية حتى تستمر في البقاء، أو ما يسمى بالعتبة، مفهوماً سهلاً، إلا أنه توجد صعوبة في قياسه من خلال الأساليب التي سبق ذكرها، لذلك فقد أمكن الاستعاضة عنها باستخدام الحد الأدنى من عدد المستهلكين اللازم لدعم الوظيفة المركزية، كأن يحتاج إيجاد محطة للوقود مائتي مستهلك كحد أدنى حتى تستمر في البقاء، في حين يتطلب وجود طبيب إلى ألف وخمسمائة مريض.

٤- مجال البضاعة أو السلعة Range of Good

يشير مجال البضاعة أو الخدمة إلى المنطقة التجارية التي تغطيها تلك البضاعة أو الخدمة، وتعرف بأنها المسافة القصوى التي يقطعها المستهلك مـن أجل الحصول على الوظيفة المركزية المعينة، وتتأثر هذه المسافة بثمن البضاعة وكلفـة النقـل ومـدة ضرورة هـذه البضاعة للمسـتهلك، وأذواق المسـتهلكين ودرجات تفضيلهم، وتظهر ثلاثة أنواع لمجال الوظيفة المركزية:

أ- المجال الداخلي The Inner Range of the good

يمثل المجال الداخلي الامتداد المكاني الـذي يغطـي العتبـة، أو الـذي يـوفر الحد الأدنى من المستهلكين اللازم لهذه الوظيفة حتى تستمر في البقاء، أو هـو الظهير أو المنطقـة التجاريـة التـي تتـوفر فيهـا القـوة الشـرائية اللازمـة لتلـك الوظيفة.

ب- المجال الخارجي المثالي The Ideal Outer Range of the Good

يمثل المسافة القصوى التي يقطعها المستهلك للحصول عـلى السـلعة، لأنه قـد يوجد مستهلكون يسكنون خارج المجـال الـداخلي للسـلعة، فقـد يعتمـد السكان هناك على الاكتفاء الذاتي لتأمين ما يحتاجون إليه، أو قـد يتجهـون إلى مكان مركزي آخر للحصول على هذه السلعة، وبالتالي توجـد حـدود جغرافيـة واقتصادية يجـد المسـتهلكون أنفسـهم وراءهـا لا يسـتطيعون تحمـل كلفـة المواصلات للحصول على هذه السلعة.

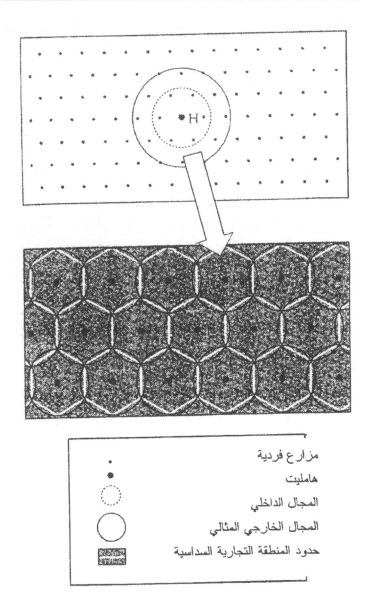

مزارع فردية	
هامليت	
المجال الداخلي	
المجال الخارجي المثالي	
حدود المنطقة التجارية السداسية	

شكل (١٢): شكل المنطقة التجارية التابعة للهامليت
أصغر مكان مركزي

ويختلف امتداد المجال الداخلي والخارجي المثالي للسلعة، بناءً على مدى الحاجة لهذه السلعة وعلى ثمنها وعلى خصائص أخرى تؤثر على مدى تكرار شرائها.

ج- المجال الخارجي الحقيقي للسلعة The Real Outer Range of the Good

يمثل الامتداد المكاني الحقيقي للإقليم المكمل للمكان المركزي، حيث توجد منافسة بين عدد من الأماكن المركزية لتقديم الوظائف المركزية، فإذا لم يكن في الإقليم أماكن منافسة ينطبق المجال الخارجي المثالي مع المجال الخارجي الحقيقي، وإذا كانت هناك أماكن منافسة في الإقليم، يكون المجال الخارجي الحقيقي أصغر من الامتداد المكاني للمجال الخارجي المثالي (Hartshorn T. 1992, P. 138).

٥- مفهوم الهرمية للأماكن المركزية:

اقترح كريستالر في نظريته إمكانية ظهور هرمية لمراكز الاستقرار البشري في الحيز أو المجال الجغرافي، وظهور هرمية للمناطق التجارية لهذه الأماكن، وحتى لمجال الوظائف المركزية المختلفة، وللحد الأدنى من المستهلكين اللازم لكل وظيفة مركزية، حيث تطلب بعض الوظائف من قبل عدد قليل من المستهلكين، في حين يطلب البعض الآخر من قبل أعداد أكبر من المستهلكين، كما يقطع المستهلكون مسافات متفاوتة للحصول على هذه الوظائف.

وتظهر المناطق التجارية التابعة للأماكن المركزية على شكل هرمي بحيث تحتوي المناطق التجارية التابعة للأماكن المركزية الأعلى في الهرمية، مناطق تجارية تابعة لأماكن مركزية في مستويات منخفضة، فتحتوي المنطقة التجارية التابعة للمدينة المنطقة التجارية التابعة للبلدة (Town) وتحتوي المنطقة التجارية الأخيرة المنطقة التجارية التابعة للقرية، وهكذا: (شكل ١٣) وعرف هذا المفهوم بالاحتواء أو Nesting.

ولفهم الترتيب الهرمي للأماكن المركزية، لا بد من معرفة المحتوى الوظيفي للأماكن المركزية المختلفة، أي الوظائف التي تقدم من هذه الأماكن، بالإضافة إلى معرفة التنظيم المكاني لهذه الأماكن في الحيز الجغرافي.

وتنتظم الوظائف التي تقدم في الأماكن المركزية في المستويات المختلفة من البنية الهرمية، على شكل بنية هرمية أيضاً، حسب المجال وحسب العتبة لكل وظيفة مركزية.

وعرض كريستالر أن الأماكن المركزية في كل مستوى من مستويات البنية الهرمية تقدم مجموعة من الوظائف المشابهة، كما تقدم الأماكن المركزية في مستوى معين جميع الوظائف التي تقدم في الأماكن المركزية من المستويات الأدنى، بالإضافة إلى وظائف خاصة بالأماكن المركزية من هذا المستوى المعين، فتقدم المدينة City الوظائف التي تقدمها البلدة Town والتي تقدمها القرية والتي تقدمها المزرعة Hamlet، بالإضافة إلى وظائف خاصة بها (المدينة)... وهكذا.

٦- السلعة الهرمية الهامشية Hierarchical Marginal Good

تستخدم الوظائف المركزية التي تفرق بين مستوى وآخر من مستويات البنية الهرمية للأماكن المركزية مؤشرات لأهمية المكان المركزي، وقد حاولت دراسات عديدة تحديد الوظائف- السلع والخدمات- التي يمكن اعتمادها للتفريق بين مستويات الهرم الحضري، وتبين أن هذه الوظائف تعتمد على مستوى التكنولوجيا لدى المجتمع المعين، فعلى سبيل المثال كانت تعتبر محطات غسيل السيارات الآلية وظيفة تقدم من المدينة فقط، خلال فترة زمنية معينة، إلا أنه وبعد التقدم التقني وتطور مفهوم الخدمة الذاتية فأصبحت هذه الوظائف حيوية في المستوى الأدنى وهو البلدات (Town).

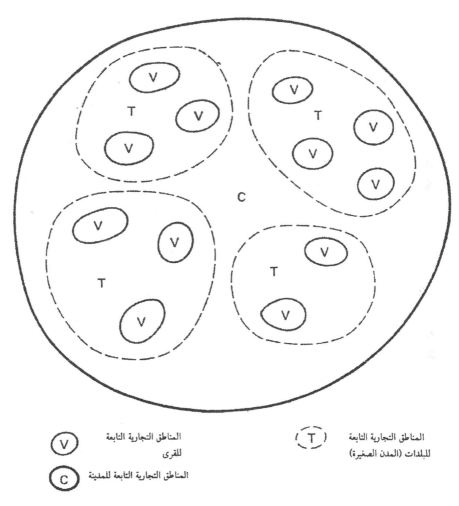

المناطق التجارية التابعة
للقرى

V

المناطق التجارية التابعة
للبلدات (المدن الصغيرة)

T

المناطق التجارية التابعة للمدينة

C

(شكل (١٣) هرمية المناطق التجارية المختلفة

افتراضات كريستالر:

قدم كريستالر عـدة افتراضـات مـن أجـل تحييـد أثـر العوامـل الأخـرى في تحديـد مواقـع الأمـاكن المركزيـة، باسـتثناء العوامـل الاقتصـادية،فقد افـترض :(Hartshorn T, 1992, P.138)

١- تتكون المنطقة (الإقليم) من سهل منبسط متجانس لا تعترضه أيـة عوائـق أو عوارض طبيعية مثل الجبال و الأنهار والأودية.

٢- الحركة ممكنة في كـل منطقـة مـن الإقليم وفي الاتجاهـات جميعهـا، كـما تخدم جميع المناطق بالمواصلات بدرجة متساوية.

٣- يتوزع السكان في الإقليم بالتساوي، كما تتساوى قوتهم الشرائية.

٤- يتصرف المستهلكون بعقلانية، فيتسوقون مـن أقـرب الأمـاكن المركزيـة، أي يعمدون إلى تقليل المسافة من أجل الحصول على السلعة أو الخدمة التـي يحتاجون إليها، فإذا تحقق الحد الأدنى من عدد المستهلكين اللازم للوظيفة المركزية (Threshold)، فتتقدم هذه الوظيفة من المكان المركـزي، وإذا قـل عدد المستهلكين عن الحد الأدنى فإنها تختفي من المكان المركزي.

وافترض أن يكون لـدى المسـتهلكين معلومـات كاملـة عـن مراكـز التسـوق البديلة في الإقليم.

(Yeates M. and Other, 1976, P. 146 and Hartshorn T. 1992, P. 138)

الحجم والتباعد:

تظهر خمسة مستويات من التجمعات السكانية في نظام الأماكن المركزيـة، وأصغر هذه التجمعـات في أدنى المسـتويات " المزرعـة" Hamlet التـي تتكـرر بشكل كبير جداً وأكبر مـن تكـرار أيـة تجمعـات أخـرى، وإذا انتقلنـا إلى أعـلى الهـرم، تظهـر القريـة في المسـتوى التـالي ثـم البلـدة (Town)، فالمدينـة ثـم العاصمة الإقليمية ، وفي دراسة أجريت في الغرب الأوسط مـن الولايـات المتحدة الأمريكية ، حيث تعتبر هذه المنطقة معملاً كلاسيكياً لتطبيق مبادئ

نظرية المكان المركزي، فتظهر مراكز الاستقرار البشري متقاربة من بعضها، فكانت المسافة التي تتباعد بها المزارع Hamlets عن بعضها تتراوح بين ٥-٧ ميل، بحيث يستطيع الريفيون القيام برحلاتهم ذهاباً وإياباً لهذه المراكز بواسطة الخيول وبشكل منتظم.

وتقدم هذه الأماكن المركزية سلعاً من مستوى منخفض مثل "محلات البقالة" أي محلات بيع المواد الغذائية، وتظهر المناطق التجارية التابعة لهذه المراكز على شكل دوائر وأشكال سداسية(شكل ١٤).

لأنه في ضوء الافتراضات المثالية التي قدمها كريستالر، سيكون شكل المنطقة التجارية دائرياً، إلا أن هذا الشكل إما أن يترك مناطق تقع بين الدوائر دون خدمة أو إذا اقتربت الدوائر من بعضها بحيث تداخلت مع بعضها، فسوف تظهر مناطق يمكن خدمها من مكانين مركزيين، وهذا لا يتفق مع مبادئ النظرية، لذلك فقد نصفت المناطق التي تتقاطع فيها الدوائر، لتشكل في النهاية أشكالاً سداسية، لاتترك مناطق دون خدمة، ولا يوجد تداخل بين أية مناطق في الإقليم، شكل ١٤.

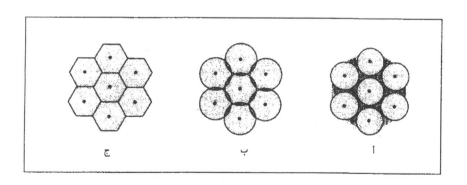

شكل (١٤): أشكال المنطقة التجارية الدائرية والسداسية

وتظهر في أ المناطق المظللة التي تترك دون خدمة، كما تظهر في ب المناطق المظللة حيث تتقاطع الدوائر، وتوجد هنا إمكانية خدمتها من مكانين مركزين متجاورين، وتظهر الأشكال السداسية للمناطق التجارية التابعة لأصغر الأماكن المركزية (المزرعة أو ال Hamlet) (Hartshorn T. 1992, P. 141, Yeates M.and Other, 1979, P. and Northam R. 1976, P)

مبدأ التسوق لنظرية المكان المركزي:

لفهم التنظيم الهرمي للأماكن المركزية، وتباعدها، حسب نظرية كريستالر، يمكن تطوير نظام للأماكن المركزية يتكون من ثلاث مستويات، وتقدم هذه الأماكن وظائف مركزية سلعاً وخدمات، تتميز بحجوم مختلفة من الحد الأدنى من المستهلكين Threshold اللازم لكل وظيفة مركزية، وتمثل هذه المستويات المزرعة والقرية ثم البلدة Hamlet, Village and Town.

نفرض أن لدينا ثلاث وظائف مركزية هي: محلات البقالة ومدرسة ثانوية ومحلات لبيع الأثاث، تحتاج محلات البقالة إلى أقل عدد من المستهلكين وبالتالي تقع في المزرعة أو الـ Hamlet، كما تحتاج المدرسة الثانوية إلى عدد أكبر من الطلبة فتقع في القرية، في حين تحتاج محلات الأثاث إلى أكبر عدد من المستهلكين، لذلك تقع في البلدة Town ، إلا أننا نجد أن البلدة تقدم أيضاً وظيفة المدرسة الثانوية ومحلات البقالة، كما تقدم القرية وظيفة محلات البقالة التي تقدمها (المزرعة) بالإضافة إلى المدرسة الثانوية، أي أن المكان المركزي من مستوى معين بقدم جميع الوظائف التي تقدمها الأماكن المركزية من مستويات أقل بالإضافة إلى وظائف مركزية خاصة بهذا المكان المركزي في المستوى المعين.

ونجد أن تكرار (المزارع) hamlet أكبر من تكرار القرى، وتكرار القرى أكبر من تكرار البلدات، وهكذا، كما نجد أن المسافات التي تفصل بين المزارع هي الأقصر، ثم المسافات التي تفصل بين القرى فالمسافات التي تفصل بين البلدات Towns.

Heirarchy Of Central Places I Geographical Review H3 1953 PP. 308-402

وأظهر جون براش John Brush في دراسة لجنوب غـرب ويسكونسـن في الولايـات المتحدة أن متوسط المسافة بين (المزارع) Hamlets كان ٥.٥ ميلاً وبين القـرى كـان ٩.٩ مـيلاً وبـين البلـدان ٢١.٢ مـيلاً (Brush J. 1953, PP. 308-402) واحتلـت المستوى الخامس في هذه الدراسة العواصـم الإقليميـة، يتبعهـا في المسـتوى الرابـع المدن Cities ، شكل ١٥. ويظهر الشكل حركة السـكان مـن المنـاطق الريفيـة مـن أجل التسوق، وتظهر الخطوط التي تمثل هذه الحركة من البيت إلى مركز التسوق، وتسمى هذه الخطوط (بخطوط الرغبة desire lines)، ومن خلال مقارنة درجات تفضـيل المسـتهلكين للحصـول عـلى وظـائف متنوعـة تشـمل المحـلات الغذائيـة والمحـامين والمستشـفيات، فتظهـر مـدن سـيطرة الأمـاكن المركزيـة عـلى الوظـائف المتخصصة التي تحتاج إلى عدد أكـبر مـن المسـتهلكين مثـل الحصـول عـلى خدمـة المستشفيات، تليها الأماكن التي تقدم خدمة المحاماة ثم أصـغرها خدمـة المحـلات الغذائية، تقدم في أصغر الأماكن المركزية.

مبادئ تنظيم نظرية المكان المركزي:

أظهر كريستالر الترتيب الهرمي للأماكن المركزية والمناطق التجارية التابعـة لها شكل (١٦) حسب مبـدأ التسـوق Marketing Principles بحيـث تكـون المنطقة التجارية التابعة للأماكن المركزية في أي مستوى مـن مسـتويات البنيـة الهرمية أصغر ما تكون، كما تكون المسـافة التـي يقطعهـا المسـتهلك للحصـول على الوظيفة المركزية في حدها الأدنى، لأن عدد الأماكن المركزية في كل مستوى من مستويات الهرم يكون في حده الأقصى.

يسمى، مبدأ التسوق أيضاً نظام K=3 ، حيث تشير K إلى رقم ثابـت، وحسـب هذا المبدأ، فإن المنطقة التجارية التابعة لمكان مركزي في مستوى معين تساوي ثلاثة أضعاف مسـاحة المنطقـة التجاريـة التابعـة للمكـان المركـزي الأدنى منـه مباشرة، كما أن المسافة بين مكانين مركزيين في مسـتوى معـين تسـاوي المسـافة بين المكانيين المركزيين من المستوى الأدنى مباشرة مضروبـاً في الجـذر التربيعـي للقيمـة ٣ (ثلاثـة)، كـما أن عـدد الأمـاكن المركزيـة في أي مسـتوى مـن مستويات البنية الهرمية يسير حسب التضاعف بثلاثة، فإذا ظهرت في إقليم ما

مـدينتان، فيشـمل هـذا الإقليم ٦ بلـدات Towns و ١٨ قريـة و ٥٤ مزرعـة
(Hartshorn T. 1992, P. 142) .

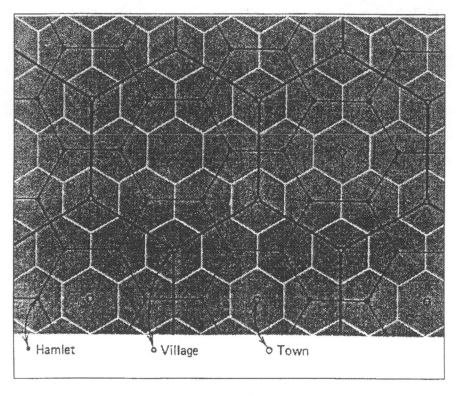

شكل (١٥): الهرمية لأماكن مركزية من ثلاثة مستويات

المصدر: *Hartshorn T. 1980, P.113*

ويمكن تلخيص التعميمات التي توصل إليها كريستالر بما يلي:

١- يتبع تكرار حدوث عدد الأماكن المركزية في المستويات المختلفة من البنية الهرمية للأماكن المركزية، التتابع التالي من الأكبر للأصغر : ٥٤،١٨،٦،٢،١، وهكذا.

٢- يقع كل مكان مركزي من المستوى الأقل (الأدنى) في نقطة تتوسط ثلاثة أماكن مركزية من مستوى أعلى.

٣- تساوي المسافة بين المكانين مركزيين في مستوى معين، المسافة بين المكانين المركزيين في المستوى الأدنى مباشرة مضروباً في جذر ٣.

٤- كل مكان مركزي في مستوى معين من البنية الهرمية، مخاط بحلقة من ستة أماكن مركزية من المستوى الأدنى مباشرة وتقع هذه الأماكن الستة في زوايا المنطقة التجارية السداسية التابعة للمكان المركزي من المستوى الأعلى مباشرة.

٥- تبلغ مساحة المنطقة التجارية التابعة لمكان مركزي من مستوى معين ثلاثة أضعاف مساحة المنطقة التجارية التابعة للمكان المركزي في المستوي الأدنى الذي يليه مباشرة (حسب مبدأ التسوق k=3)

٦- وبالتالي، يسير تتابع مساحات المناطق التجارية من الأسفل إلى الأعلى حسب ما يلي: ١، ٣، ٩، ٢٧، ٨١ وهكذا (Yeates M. and Others, 1976, PP 147, 148).

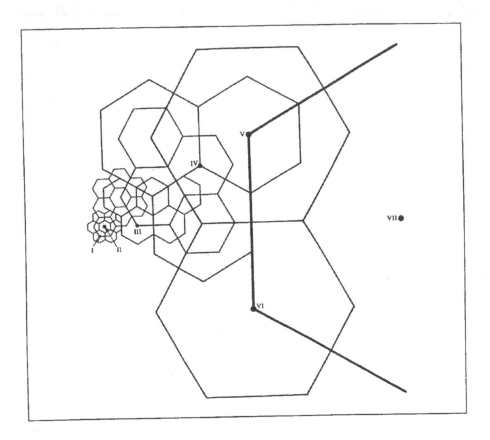

شكل (١٦): هرمية الأماكن المركزية وأقاليمها حسب نظام كريستالر

المصدر: *Northam R. 1979, P. 167*

هـذا وأن تفسـير K=3 يظهـر مـن خـلال شـكل A-17 حيـث أن الشـكل السداسي للمنطقة التجارية التابعـة للقريـة أو مـن مسـتوى (أ) مثلاً، يحتـوي شكلاً سداسياً كاملاً للمنطقة التجارية التابعة من مستوى (ب) الأدنى بالإضافة إلى ثلث مساحة كل من الأشكال السداسـية مـن المسـتوى (ب) الواقعـة عـلى زوايا المنطقة التجارية التابعـة للمكـان أ مـن المسـتوى الأعـلى، وبالتـالي، فـإن المنطقة التجارية التابعة للمكان المركزي مـن المسـتوى الأعـلى ولنفـرض قريـة تحوي:

أولاً: شكلاً سداسياً كاملاً للمنطقة التجارية التابعة " المزرعة أو العزبة".

ثانياً: $\frac{1}{3}$×٦= ٢ شكلان سداسيان للمنطقـة التجاريـة التابعـة للمكـان المركـزي "المزرعة أو العزبة"

١ + ٢ = ٣

وتوجد حالات أخرى لا يكـون فيهـا مبـدأ التسـويق الأنسـب في تفسـير تباعـد مراكز الاستقرار البشري، وبالتـالي قـدم كريسـتالر مبـدأين آخـرين عرفـا بمبـدأ الإدارة administrative principle حيث k=7.

وحسب مبدأ المواصلات ، قال كريستالر أن الأماكن المركزية من المسـتوى الأدنى تقـع في منتصف ضلع الشكل السداسي الذي يمثل المنطقة التجارية التابعة للمكان المركـزي مـن المستوى الأعلى مباشرة ، وليس في زوايا الشكل السداسي كما هو الحال في مبدأ التسوق، ويظهر من شكل B-١٧ إن المنطقة التجارية التابعة لمستوى أ تحوي أولا شـكلاً سداسـياً كاملاً يمثل المنطقة التجارية التابعة للمكان المركزي الأدنى من مسـتوى ب، بالإضـافة إلى سـتة أصـناف الأشـكال السداسـية للمنـاطق التجاريـة التابعـة للامـاكن المركزية من المستوى الأدنى والتي تقع في منتصف ضلع كل من أضلاع الشـكل السـداسي الذي يمثل المنطقة التجارية التابعة للمكان المركزي من مستوى أ .

وبالتالي : يصبح لدينا ٦ × $\frac{1}{2}$=٣ بالإضافة إلى شكل سداسي كامل، يكون المجموع ٤ أشكال سداسية وهكذا جاء k = 4 ، أي أن مساحة المنطقة التجارية التابعة لمكان مركزي من مستوى معين تساوي أربعة أضعاف مساحة المنطقة التجارية التابعة للمكان المركزي الأدنى مباشرة.

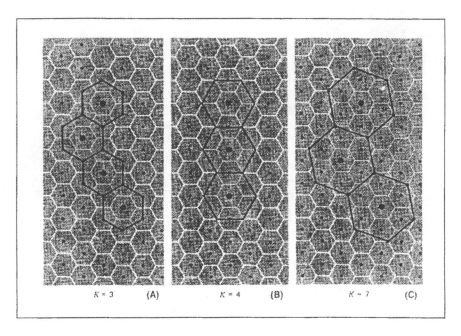

شكل (١٧): هرمية الأماكن المركزية حسب مبادئ
A التسوق ، B المواصلات ، C الإدارة
المصدر : ***Hartshorn T. 1980***

وبالطريقة ذاتها ، يتضح مـن شـكل (١٧-٢) حسـب مبـدأ الإدارة نظـام k=7 ، فيحتوي الشكل السداسي الذي يمثل المنطقة التجارية التابعة لمكان مركزي من مستوى أ شكلاً سداسياً كاملاً يمثل المنطقة التجارية التابعة لمكـان مركـزي مـن مستوى ب، كما يحتوي أيضاً ٦/٥ من كل مساحات الأشكال السداسـية السـتة التي تمثل الأماكن المركزية من مستوى (ب) التي تحـيط بالمكـان المركـزي مـن مستوى أ، ويظهر من الشـكل أيضـاً، أن الشـكل السـداسي للمنطقـة التجاريـة التابعة للمكان المركزي من مستوى (أ) يحتوي على ستة أسداس مـن الأشـكال السداسية التابعة للمكان المركزي من مستوى (ب) ، وبالتـالي تصبح النتيجـة كما يلي :

$$\frac{5}{6} \times ٦ = ٥$$

$$\frac{1}{6} \times ٦ = ١$$

+ ١ الشكل السداسي الكامل ، والمجموع يساوي سبعة.

وظهرت البراهين التي تثبت النظم الثلاثة السابقة في دراسة كريستالر لجنـوب ألمانيا عام ١٩٣٣م.

نظرية لوش:

طور الاقتصادي الألماني أوغست لوش (١٩٥٤) نظرية لتفسير حجم وتباعـد مراكز الاستقرار البشري ،تختلف عن نظريـة كريسـتالر في عـدة جوانـب. فقـد طور نظريته من نقطة بداية تختلف عن تلك التي بدأ بها كريسـتالر نظريتـه، فقد بدا لوش نظريته بأصغر الأماكن المركزية في المستوى الأعلى البنية الهرمية. كـما اقـترح لـوش وجـود منطقـة سـهلية منبسـطة متجانسـة في الخصـائص الطبيعية والظروف المناخية، وتنتشر في هذه المنطقة السـهلية مراكـز عمرانيـة صغيرة hamlets (مزارع أو عزب) بـدلاً مـن التوزيـع المستمر للسكان. وبـدأ بتفسير النمط على عكس كريستالر حيث بدأ، كما أسـلفنا،بالمراكز في المسـتوى الأدنى من البنية الهرمية للأماكن المركزية، وافترض أن السـلعة الأساسـية تقـدم

من عدد من القرى (شكل ١٨). واقترح بأن إذا تم اعتبار (العتبات المختلفة) different thresholds بأنها تشكل أضعاف حجم الأشكال السداسية الأساسية، وبالتالي فإن السلع التي تحتاج إلى مناطق تجارية تتراوح بين ١-٣ أضعاف حجم السلعة الأساسي تقع ضمن k=3 والسلع التي تطلب أربعة أضعاف حجم المنطقة التجارية للسلعة الأساسية تقع ضمن k=4، والتي تتطلب من خمسة إلى سبعة أضعاف المنطقة التجارية تقع في نظام k=7 وبهذه الطريقة ، فإن الإقليم سيكون مغطى بشبكات من الأشكال السداسية المختلفة الحجوم. وتظهر الأشكال السداسية التي تمثل أصغر المناطق التجارية لأصغر ثلاثة أماكن مركزية مختلفة في مستوياتها في البنية الهرمية في شكل ١٨ ، وبما أنه يمكن الحصول على هذه المناطق التجارية السابقة الذكر بواسطة تغيير توجيهها (تدويرها)، فإنه من الواضح أن السلع المختلفة المستوى يمكن تقديمها من مجموعات مختلفة من الأماكن المركزية.

بالاعتماد على الطريقة التي توضع فيها شبكة الإشكال السداسية لحجم معين، وللتغلب على المشكلة السابقة، اقترح لوش متطلباً آخر يتمثل في حجم الأنشطة التي تقدم من مكان مركزي معين يجب أن تكون في حدها الأعلى، ولتحقيق هذا الشرط، فقد تم اختيار قرية مركزية واحدة من شبكة الأشكال السداسية الأساسية بشكل اعتباطي، كنقطة للبداية. ولتعتبر هذه من مستوى A ، بعد ذلك توضع شبكات الأشكال السداسية الأكبر على النمط الأساسي ، إلى أن تنطبق نقطة واحدة من شبكة الأشكال السداسية الأكبر على النقطة A، بعد ذلك تدور الشباك السداسية المختلفة مع بقاء مركزها منطبقاً على نقطة A، حتى يمكن الحصول على أكبر عدد من النقاط المتطابقة.

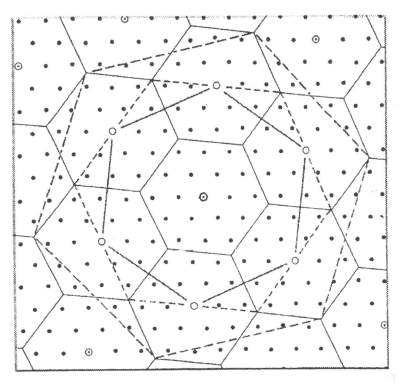

شكل (١٨): التداخل بين أصغر ثلاث من المناطق التجارية

حسب نظام لوش

المصدر: *Yeates M. and B. Garner, 1976, P. 149*

يؤدي تدوير شبكات الأشكال السداسية للمناطق التجارية إلى ظهور نظام للمكان المركزي، يتميز بمزايا مثيرة. وإذا قدمت جميع الأنشطة من مكان مركزي A فيعتبر هذا المكان ميتروبوليتان (أو حاضرة كبيرة)، ينطلق من المركز A ستة قطاعات بـ٦٠°، كما يظهر في شكل ١٩، وتتشابه أنماط الأماكن المركزية قي جميع القطاعات الستة، أي أن نمط الأماكن المركزية في قطاع معين هو نفسه في القطاعات الستة ١٩ يظهر تفاصيل نمط الأماكن المركزية لأحد القطاعات الستة، وتشير الأرقام على الشكل إلى المستويات

المختلفة للسلعة التي تقدم من المكان، أعطي أدنى مستوى للسلع رقم ١، كما يدل الشكل السداسي للمنطقة التجارية لهذه السلعة نقطة بداية لبناء النمط. كما أعطي رقم ٢ إلى السلعة من المستوى الثاني، وترتبط بنظام، (K=3) وهكذا يظهر الجدول التالي ترتيب السلع وحجم المنطقة التجارية حسب نظرية لوش.

ترتيب السلعة = ١ ٢ ٣ ٤ ٥ ٦ ٧ ٨ ٩ ١٠

حجم المنطقة التجارية K = أساسية ٣ ٤ ٧ ٩ ١٢ ١٣ ١٦ ١٩ ٢١

ومن ملاحظة الجدول السابق والشكل ١٩ يمكن الحصول على المعلومات التالية:

١- مجموع السلع التي تقدم في الإقليم

٢- نوع السلع المقدمة

٣- عدد المناطق التجارية وحجم كل منها.

ويظهر أن كل مكان مركزي يقدم السلعة رقم ١ والتي تتميز بمنطقة تجارية سداسية الشكل وتعتبر أساسية، إلا أنه يوجد تباين واختلاف بين الأماكن المركزية في المستويات الأعلى، في عدد السلع التي يقدمها كل من هذه الأماكن، وفي أنواعها أيضاً، فعلى سبيل المثال، يقدم أقرب مكان مركزي من A سلعة رقم ١ فقط وتخدم منطقة تجارية أساسية، ويقدم المكان الذي يليه سلعة رقم ١ وسلعة رقم ٣، وبالتالي فإنه يتوسط منطقة تجارية أساسية ومنطقة تجارية أخرى لنظام K=4، كما يقدم المكان التالي السلع رقم ١ ورقم ٢ ورقم ٥، ويقع في منتصف الشكل السداسي للمنطقة التجارية الأساسية وفي منتصف منطقة تجارية لنظام K=3، ثم في منتصف منطقة تجارية لنظام K=9، وهكذا.

وتظهر من خلال الشكل ١٩ ميزة أخرى لنظام لوش، بناءً على عدد السلع التي تقدم من كل مكان مركزي، فيقسم كل قطاع إلى قطاعين رأس كل منهما ٣٠°، وتظهر في أحد القطاعين الفرعيين أماكن مركزية تقدم وظائف متخصصة بحيث توجد في القطاع الفرعي الأول مدن غنية City rich sectors، وفي القطاع الفرعي الثاني مدن فقيرة City Poor Sectors (Yeates M. and Others, 1976, PP. 148-152)

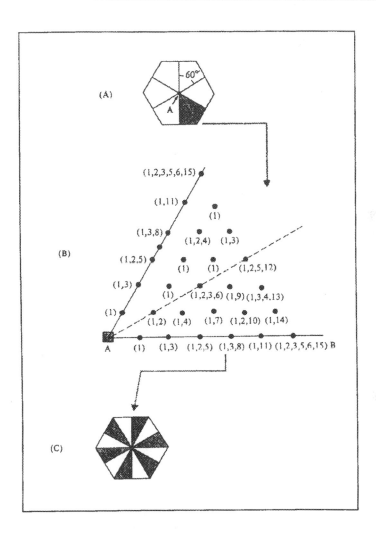

شكل (١٩) : يبين تفاصيل نمط الأماكن المركزية لأحد القطاعات الستة

حسب نظام لوش

هنا وقد قدم لوش مساهمة مهمة لنظرية المكان المركزي، تتميز بميزتين رئيسيتين هما: ١- قدم مفهوماً اقتصادياً دقيقاً وواضحاً لمناطق تجارية سداسية الشكل، وقد اعتمد التحليل الدقيق للعرض والطلب على النظرية الاقتصادية للمؤسسة. وقد أثبت لوش رياضياً أن الشكل السداسي للمنطقة هو الأكثر فائدة، ٢- اعتماداً على الأفكار الأولية التي طورها كريستالر، بين لوش أن تطور نظام يتميز بنظام K=3 هو حالة خاصة جداً (Yeates M. and Others, 1976, P, 148-149) .

وكان الاهتمام الأول للوش تطوير نمط يحصل فيه المستهلكون على أعلى مستوى من الرفاه (maximized consumer welfare)، كما أن أرباح التجار تقف عند الحد العادي، فقد أدى الترتيب الهرمي الجامد للأماكن المركزية حسب نظرية كريستالر إلى إيجاد ظروف يمكن الحصول فيها على أرباح زائدة، إلا أن لوش افترض أن الأرباح الزائدة لا تتفق وهدف تعظيم الرفاه الاجتماعي للمستهلكين، ولم يحاول لوش وصف النمط الحقيقي للأماكن المركزية في الحيز أو المجال الاقتصادي، إلا أنه قام بتطوير نظرية تصف المظهر المثالي للآند سكيب، حيث يتحرك المستهلكون للحصول على ما يحتاجون إليه من وظائف مركزية- سلع وخدمات- تكون في حدها الأدنى، في الوقت ذاته تقف أرباح التجار عند الحدود العادية.

مقارنة بين نظريتي كريستالر ولوش:

بدأ كل منهما بافتراضات متشابهة، إلا أنهما قدما نظريتين مختلفتين، فقد بدأ كريستالر نظرية من المكان المركزي للأعلى في البنية الهرمية ثم اتجه إلى أسفل الهرم، في حين بدأ لوش من المكان المركزي في المستوى الأدنى من البنية الهرمية ثم اتجه إلى أعلى في الهرم.

واقترح كريسـتالر أن الأمـاكن المركزيـة في مسـتوى معـين تقدم الوظائف المركزية نفسها، في حين قال لوش بأن ذلك ليس ضرورياً، فقد سمح لأي نشـاط بأن يقدم من أي مكان مركزي وفي أي مستوى مـن مسـتويات البنيـة الهرميـة، وبالتالي فقد كسر الصلابة في هرمية كريستالر، وعليه، وحسـب لـوش، لا يمكن التنبؤ بالوظائف التـي تقدم في مكان مركزي معـين، إذا عرفنا الوظائف التـي تقدم من مكان مركزي في المستوى نفسه من الهرمية، فحسب نظرية لوش، قد تجد في الإقليم مركزاً صغيراً يقدم وظيفة تحتاج إلى عدد كبير مـن المسـتهلكين، في حين قد لا يوجد محل بقالة في مدينة كبيرة.

على الرغم من اختلاف نظريتـي كريسـتالر ولـوش في نتائجهمـا، إلا أن كـل نظرية تحتوي عناصر من العالم الحقيقي الواقعي، فربما يعتبر نموذج كريستالر مناسباً لنشاط الخدمات، في حين يعتبر نموذج لوش مناسباً للنشـاط الصناعي (Yeates M. and Others, 1976, P.152).

تعديلات للنظرية:

أظهرت دراسة لوسط أيوا وجنوب مينيسوتا في الولايات المتحدة أن بعـض الأنشطة وبخاصة الخدمات الزراعيـة تتفـق مـع مبـدأ لـوش، والبعـض الآخـر، وبخاصة السلع ذات المستوى المنخفض يمكن الحصول عليها بانتظام.

(Bell T, Lieber S. and Rushton, 1974, 214-225)

وفي دراسـة أخـرى قـام بهـا برايـان بيري ووليـام غاريسـون (١٩٥٨) أعيد تشكيل نظرية المكان المركزي، من خلال مبـدأ التسـويق لتجارة المفـرق، وقـد وجدا أن المحتوى الوظيفي لأماكن مركزية في مناطق محليـة يتفـق مـع البنيـة الهرمية للمحتوى الوظيفي للأماكن المركزية، تتحقق على الـرغم مـن الظروف الحقيقية للواقع التي تبتعد كثيراً عن الظروف المثاليـة التي افترضتها نظريتـا كريسـتالر لـوش، وقـد اسـتطاع الباحثـان تحديـد وظـائف مركزية تقدم من قرى وبلدان ومدن معينة في جميع مستويات البنية الهرميـة الحضرية (Berry and Garrison, 1958, PP. 107-120)

وقام مارشال جون (١٩٦٩) بدراسة لمواقع مراكز الخدمة، حاول فيها توسيع مجال الأماكن المركزية، لتشمل العلاقات المتبادلة بين الكثافات السكانية والمناطق التجارية ومجموع السكان الذين تخدمهم الأماكن المركزية، وقام برسم تنظيم الأماكن المركزية والمناطق التجارية التابعة لها على صحيفة من المطاط، يستطيع بواسطة شدها وطيها أن يجعلها قريبة من الظروف الواقعية، وقد تبين له أنه هناك مناطق تتميز بكثافات سكانية عالية وهي المناطق الحضرية، تكون المناطق التجارية التابعة لها صغيرة جداً، في حين تكون المناطق التجارية في مناطق منخفضة الكثافة السكانية، واسعة جداً، وفي كلتا الحالتين، وجد انتظام الأماكن المركزية في ترتيب هرمي، كما وجد أنه في أقاليم تتميز بكثافات سكانية قليلة، إن سلعاً عادة تقدم من بلدان في أقاليم مرتفعة الكثافة، تقدم من مدن تسيطر على أقاليم (مناطق تجارية ريفية واسعة) أو ظهير واسع. (Hartshorn T, 1980, PP, 120-121)، عدد الدراسة:

John U. Marshall, The Location of services Centers, Research Publications, No.3, University of Toronto, Dept. of Geography, Toronto, 1969.

تقييم نظرية المكان المركزي:

تستخدم مفاهيم نظرية المكان المركزي موجهات لعملية التخطيط، كما تعتبر المبادئ الرئيسية لهرمية الاحتواء Nested hierarchy ملائمة لتفسير وفهم انتظام مراكز التسوق لتجارة المفرق (التجزئة) على شكل بنية هرمية، حيث تتباين هرمية مراكز التسوق في المدن من محلات بقالة- المقابلة للعزبة أو المزرعة Hamlet، إلى مركز الحي داخل المدينة، المقابل للقرية، إلى المركز الإقليمي للتسوق، المقابل للبلدة Town والمدينة City، وبمعنى آخر فإن مفهوم الهرمية الذي جاءت به نظرية المكان المركزي ممكن في الواقع.

وقد أظهرت معظم الدراسات الجدوى الاقتصادية لمراكز التسوق درجة عالية من الحساسية لموقع المستهلكين والمراكز المنافسة الأخرى،عند تقديرالمبيعات الممكنة، كما

تشكل التعميمات المستخلصة من نظرية المكان المركزي إطاراً لتقييم كل من الأسواق الأولية والثانوية لمراكز التسوق.

وتساعد النظرية في أن تكون قاعدة لتخطيط مراكز عمرانية جديدة في المناطق النامية وبخاصة اعتماد مفهوم الهرمية، وقد أمكن تطبيق هذا المفهوم في تخطيط وبناء مراكز عمرانية في هولندا ومناطق أخرى (Hartshorn T, 1980, P. 128).

ويوجد للنظرية تطبيقات انثروبولوجية، وبخاصة الاعتماد عليها وسيلة بحث مفيدة للكشف عن أنماط المستوطنات البشرية في حضارات سابقة، وقد أيد صدق النظرية في هذا الجانب، دراسات أثرية لسهول ديالى في العراق وشبه جزيرة يوكاتان في المكسيك، وقد أبدت النظرية وصف نمط مراكز الاستقرار البشرية في حضارة المايا في أمريكا الوسطى خلال الفترة الكلاسيكية بين ٦٠٠-٩٠٠م، حيث ظهر تطور مراكز ثانوية تحيط بالعواصم الإقليمية الأربع: Calakmul, Tikal, Copan, Palenque، كما تطورت حول المراكز الثانية قرى ثم hamlets، وبين فليري Flennery في دراسته الأشكال السداسية للمناطق التجارية التابعة لهذه الأماكن، إلا أنها كانت مشوهة بسبب العوامل الطبيعية مثل الجبال والأودية والمستنقعات (Flennery, K, 1972, PP. 339-426)

وعلى الرغم من التطبيق الواسع لنظرية المكان المركزي، إلا أن ترجمتها إلى اللغة الانجليزية تأخرت إلى الستينات من القرن العشرين، فقد تعرضت إلى انتقادات كبيرة منها: لم تظهر دراسات أو خرائط أنماط التنمية الحقيقية تلك الأنماط التي تنتج عن مبادئ التسوق والمواصلات والإدارة التي أشارت إليها النظرية،كما أن افتراض الواقع الهندسي، يعتبر افتراضاً غير كامل، وكما تختلف الكثافات السكانية من منطقة لأخرى، وتشوه الأنهار والجبال استواء السطح وتوجد أماكن مركزية أخرى تقوم بوظائف تعدينية وصناعية.

إلا أنه، في حقيقة الأمر، وعلى الرغم من الافتراضات المثالية المجردة لهذه النظرية إلا أنها مفيدة، وبخاصة تلك التي تعتمد مثل هذه الافتراضات ، حيث يمكن التوصل إلى

النمط النموذجي أو المثالي في ضوء الافتراضات المثالية، ثم يقارن هـذا النـمط مع النمط الواقعي أو الحقيقي، ويقـاس مـدى ابتعـاد النـمط الحقيقي عـن المثالي بواسطة الخصائص أو المزايا الواقعية.

وعلى الرغم من نقاط الضعف السابقة، إلا أن مساهمة النظرية تظهر مـن وصفها للامتـداد المكاني لسـلوك المستهلكين، الـذي يقـترح أسباباً للوظائف المختلفة للأماكن المركزية وحجومها وأعدادها وتباعدها.

وتستطيع النظرية تقديم إجابات للأسئلة التالية:

١- هل تبحث مجموعات التجار عن خدمة القوة الشرائية الممكنة لمنطقة ما، وتحـاول هـذه المجموعـات إيجـاد منـاطق احتكاريـة للخدمـات التـي يقدمونها؟

٢- هل تميل أماكن مركزية متشابهة في بنياتها الطبيعيـة والثقافيـة وتقدم أنشطة متشابهة، تميل للتوزيع بشكل منتظم مكانياً؟

٣- هل يميل الأفراد إلى تقليل المسافة التي يقطعونها للحصول عـلى رغبـاتهم، إلى حدها الأدنى؟

٤- هل يذهب المستهلك إلى أماكن مختلفة للحصول على أنواع مختلفـة مـن الخدمات والبضائع؟

وتظهر هرمية الأماكن المركزية في الواقع، إلا أننـا لا نتوقـع حـدوث تنظيم هرمي لثلاثة أسباب هي:

١- تدعم المدن، عادة، من أنشطة تمارس خارج حدودها.

٢- تختلف وتتباين كثافة السكان الـذين يسكنون مناطق مجـاورة للأمـاكن المركزية، كما تختلف وتتباين قوتهم الشرائية أيضاً.

٣- كثيراً ما يعمل التجار والمستهلكون أخطاءً لأنهم بشر.

وتساعد نظرية المكان المركزي في تقديم إطار يعمل على زيادة التفاعل أي تبادل السلع والخدمات بأقل تكلفة أو جهد، وتؤدي إلى انتظام هرمي في حجوم وتباعد الأماكن، ويؤكد فانس Vance على أنه على الرغم من أن النظرية تساعد في تفسير نشاط البيع بالتجزئة، إلا أنها لا تفسر ـ نشاط البيع بالجملة، ويصفها فانس بأنها حالة خاصة لا يمكن تقييمها (Vance J, 1970).

الفصل الرابع
نمو المدن - النظرية الاقتصادية لتفسير عملية نمو المدن

يشكل الاقتصاد أساساً مهماً للمدن، كقاعدة عامة، كما يعتبر الحجم السكاني للمدينة انعكاساً للتركيب الوظيفي وعدد الوظائف التي تقدمها هذه المدينة، وبالتالي فإن أي تغيير يحدث في حجوم السكان في المدن يكون نتيجة للتغيرات التي تحدث في الوظائف التي تقدمها هذه المدن، أو حتى يكون محكوماً بالتغيرات التي تحدث في وظائف المدن، وعليه، فإن العلاقة المتبادلة بين حجم السكان في المدينة من ناحية والتركيب الوظيفي لها، تشكل اهتماماً أساسياً في جغرافية المدن، بعامة، وفي تركيب النظام الحضري بخاصة.

وتتضمن هذه العلاقة، مناقشة العوامل العامة المؤثرة في نمو المدن وتدهورها وتغيرها، ولا بد من الأخذ بعين الاعتبار، أن التغير في التركيب الوظيفي للمدن، يؤثر في حجومها، ويؤدي إلى تغير هذه الحجوم، وبالتالي فإنه لا بد من الاهتمام باقتصاديات المدن وبالنماذج والنظريات الاقتصادية، التي تساعد في تفسير عملية نمو المدن وتطورها، وفي هذا المجال تجدر مناقشة المفاهيم الاقتصادية التالية وبيان أثرها في عملية نمو المدن: الاقتصاد الأساس وغير الأساس، أو الأثر المضاعف، ونظرية توافر الأيدي العاملة، ونظرية نمو القطب أو المركز.

مفهوم الاقتصاد الأساس وغير الأساس:

The Basic – Non basic Concept

لوحظ أن من الأسباب الرئيسة للتفاعل المكاني والاتصال والعلاقات التي تحدث بين المدن، والحركة بجميع أشكالها، التي أشير إليها في مكان سابق، هو تخصص المدن في أنشطة ووظائف مختلفة، الأمر الـذي يولد أنمـاط الحركـة والاتصال والتفاعل بين المدن المختلفة، كما يـؤدي هـذا التبـاين بـين المـدن إلى تقسيم العمل مكانياً، بحيث يعمل أناس في وظائف محددة ويعمل آخرون في وظائف أخرى.

ويجـب عـلى المـدن أن تسـتورد سلعاً وخدمات وتصـدر سلعـاً وخدمات أخرى، كما تفعل الأقطار، لأن المدن تعتبر مراكز تبادل للسلع والخـدمات فيما بينها، وحتى تعيش المدينة، يجب أن تصدر جزءاً من إنتاجها إلى الخـارج، مـن أجل الحصول على الغذاء لسد حاجة سكانها، ومن أجل الحصـول عـلى المـواد الخام اللازمة لإنتاج السلع والبضائع، إلا أن المدينة لا تصدر جميع مـا تنتجـه داخلهـا، وإنمـا يسـتهلك جـزءاً ممـا تنتجـه داخلها، وبالتـالي فـإن هـذا الجـزء المستهلك محلياً لا يدخل دخلاً للمدينة مـن الخارج،وإنمـا يـدخل الجـزء الـذي يصدر خارج المدينة، دخلاً إضافياً من خارجها.

إن هذا التمييز بين ما ينتج داخل المدينة من سلع وخدمات ويصدر خارج حدودها، وبين ما ينتج في المدينة ويستهلك داخلها، يشكل أساساً للتمييـز بـين مفهومي الاقتصاد الأساس وغير الأساس (Yeates M. and Others, 1976, P. 68).

معنى الاقتصاد الأساس وغير الأساس:

يجب أن تنمو المدن، وليس فقط أن تعيش، وبالتالي لا بد أن تبيع المدينـة جزءاً مما تنتجه من سلع وخدمات خارج حدودها، وكلما زاد حجم السـلع والخدمات التي تصدر خارج حدود المدينة، كان حجـم الـدخل الـذي تحصـل عليه أكبر، وبالتالي تصبح المدينة أكثر حيوية، ويكون معدل نموها أكبر.

ويمكن تقسيم اقتصاد المدينة إلى قسمين: اقتصاد أساس Basic Economy أو ما يسمى City Forming، أي الاقتصاد الذي يساهم في تشكيل المدينة، واقتصاد غير أساس Non Basic Economy أو ما يسمى City - Serving، يشير إلى السلع والخدمات التي تسهم في خدمة المدينة، والتي تنتج داخل المدينة وتستهلك محلياً، وبالتالي فالاقتصاد الأساس هو المسؤول عن نمو المدن، وعليه، يقسم النشاط الاقتصادي في المدينة إلى قسمين: النشاط الكلي في المدينة = أنشطة أساسية + أنشطة غير أساسية.

مجموع دخل المدينة =الدخل الناتج عن الأنشطة الأساس+ الدخل الناتج عن الأنشطة غير الأساس.

وتظهر العلاقة بينهما على شكل نسبة، فإذا كان نصف دخل المدينة، يأتي من أنشطة أساس، فإن نسبة الاقتصاد الأساس لغير الأساس، تكتب على الشكل التالي ١:١ (Basic- Nonbasic Rotio)، ولو كان ربع دخل المدينة، ينتج عن الاقتصاد الأساسي، تكتب نسبة الاقتصاد الأساس لغير الأساس على النحو التالي ٣:١، يشير المكون الأول للاقتصاد الأساس والمكون الثاني للاقتصاد غير الأساس.

تقدير الاقتصاد الأساس وغير الأساس:

نظراً لأن الاعتماد على الدخل يعتبر أمراً صعباً، كما أن عملية قياس الدخل الناتج عن القطاع الأساس وغير الأساس ليس أمراً سهلاً، فإن تقدير الاقتصاد الأساس وغير الأساس، يمكن أن يعتمد على حجم التشغيل أو التوظيف Employment وعليه، فإن حجم التشغيل الكلي في المدينة= حجم التشغيل في الاقتصاد الأساسي + حجم التشغيل في الاقتصاد غير الأساس، أي انه يمكن حساب حجم التشغيل في كلا القطاعين، كما يمكن الاعتماد أيضاً على حجم التغير في التشغيل لفترتين زمنيتين، ثم حساب نسبة حجم التشغيل في قطاع الاقتصاد الأساس إلى حجم التشغيل في قطاع الاقتصاد غير الأساس، أو حساب نسبة التغير في حجم التشغيل في قطاع الاقتصاد الأساس إلى حجم التغير في التشغيل في قطاع الاقتصاد غير الأساس.

هذا ويفترض وجود نوع من الانتظام في العلاقة بين الاقتصاد الأساس وغير الأساس في المدينة، فكلما كبر حجم المدينة، زاد حجم استهلاك المكان من السلع والخدمات المنتجة داخل المدينة، وقل حجم السلع والخدمات التي تصدر خارج المدينة، والعكس صحيح، وبالتالي تعمل نسبة أكبر من حجم التشغيل في قطاع الاقتصاد غير الأساس، وتصغر نسبة العاملين في قطاع الاقتصاد الأساس، وعليه تصبح نسبة الاقتصاد الأساس لغير الأساس أصغر مع زيادة حجم السكان في المدينة.

أهـمية نسبة الاقتصاد الأساس لغير الأساس:

لقد كانت الفائدة العملية لنسبة الاقتصاد الأساس لغير الأساس موضع تساؤل من قبل الكثير من الباحثين والدارسين، إلا انه أمكن قبول هذا المفهوم وسيلة مفيدة لأغراض وصفية، يمكن تلخيصها بما يلي: (Alexander, 1954).

١- يؤكد هذا المفهوم على العلاقات والروابط الاقتصادية بين المدن والأقاليم، وقد يختلف التركيب الاقتصادي للمدينة عنه في الإقليم، بشكل عام، وقد يختلف القطاع الاقتصادي الأساسي للمدينة أو للإقليم عن النشاط الاقتصادي الأساسي للقطر بشكل عام، وبما أن النشاط الأساس هو المهم لعملية النمو، فإن تحديد هذا النشاط يعتبر مهماً للتمييز بين أنواع المدن والأقاليم.

٢- يجعل المفهوم موضوع تصنيف المدن مرضياً بشكل كبير، حيث تعبر الأنشطة الأساس عن الروابط بين المدن والأقاليم المحيطة بها، وبالتالي، فإن تحديد هذه الأنشطة، يقدم أساساً أكثر واقعية لتصنيف المدن حسب تخصصها الوظيفي.

٣- يقدم المفهوم أساساً لتصنيف المؤسسات الفردية، فعلى سبيل المثال، قد تعمل مؤسسات في صناعة معينة، إلا انه وبسبب موقع أسواقهما، فقد تعتبر الصناعة التي تقع أسواقها خارج حدود المدينة ضمن الاقتصاد الأساس، وتعتبر الصناعة الثانية ضمن الاقتصاد غير الأساس.

نقاط الضعف في المفهوم:

يعاني مفهوم الاقتصاد الأساس وغير الأساس من صعوبة رئيسية تتعلق بوحدة القياس المستخدمة في حساب مكونات النسبة، فعلى الرغم من الاعتماد على حجم التشغيل في كلا القطاعين لحساب نسبة الاقتصاد الأساس لغير الأساس، إلا أن ذلك يعتبر مؤشراً ضعيفاً لمستوى الدخل، نظراً لاختلاف أجور العمال، وبالتالي لا يمكن الاعتماد على حجم التشغيل لقياس دخل المدينة، كما أن المدينة تحصل على دخل آخر غير منظور، وقد يكون هذا الدخل كبيراً وبخاصة في مدن المتقاعدين والمدن السياحية، التي يعتمد دخلها بشكل رئيسي على أموال تأتي من الخارج، أي لم تأت نتيجة تصدير سلع وخدمات تنتج داخل المدينة وتصدر خارج حدودها.

ويعاني المفهوم، أيضاً من مجموعة مشكلات ترتبط بكيفية تحديد المكونات الأساسية وغير الأساسية، أو مكونات الاقتصاد الأساس وغير الأساس، لأنه يصعب تصنيف المؤسسات إلى أساسية وغير أساسية، حيث توجد مؤسسات يستهلك جزء من إنتاجها محلياً، ويصدر جزء آخر خارج حدود المدينة، فلا بد من تحديد حجم التشغيل الذي ينتج الجزء الذي يستهلك محلياً، وحجم التشغيل الذي ينتج الجزء الذي يصدر خارج حدود المدينة.

كما تظهر مشكلة أخرى، تتعلق بالعلاقة بين الأنشطة المختلفة داخل المدينة، حيث تقوم مؤسسات بتزويد مؤسسات أخرى، فيستهلك ما تنتجه المؤسسة الأولى محلياً في المؤسسة الثانية، وخير مثال على ذلك، الفحم الحجري الذي يستخرج محلياً، ثم يدخل في صناعة الحديد والصلب الذي يصدر جزء منه خارج حدود المدينة، فيثار سؤال: هل يعتبر الفحم الحجري جزءاً من النشاط الأساس أم جزءاً من النشاط غير الأساس، لكن بما أنه يستهلك محلياً، فتعتبره معظم الدراسات جزءاً من النشاط غير الأساس.

وتوجد مشكلـة أخرى، عمليـة، تظهر من خلال الطريقة التي يعتمـد عليهـا في تحديد حدود المدينة، لأن خط الحدود هو الذي يحدد المنطقة التجارية، أو الأسواق، لأن ما يباع ويستهلك خارج خط الحـدود يعتـبر نشاطاً أساسياً، ومـا يستهلك داخل خط حدود المدينة، يعتبر نشاطاً غـير أسـاس، وبالتالي تعتـبر مساحة المنطقة الأساس عاملاً مهماً في تحديد القيمة الرقمية لنسبة الاقتصاد الأساس لغير الأساس، فإذا اعتبرت مساحة العالم أساسيـة، فإن جميـع الإنتاج يعتبر غير أساس.(Yeates M. and Other, 1976, PP. 81-82).

إذا كانت أماكن سكن وإقامة العمال خارج حدود المدينة، فإن دخلهم يقع ضمن الاقتصاد الأساس، ولا يحسبون جزءاً من حجم التشغيل داخل المدينة، لذا تكمن المشكلة هنا، في تحديد منطقة الاقتصاد الأساس وغير الأسـاس، لأنـه يتبع ذلك تحديد حجم التشغيل وحجم الدخل وتحديد الأنشطة أساساً وغير أساس، لذلك فإن أحسن طريقة لتحديد حدود المدينة، يجب أن تعتمـد عـلى أساليب معيرة، لتحديد حدود المناطق الحضرية، وبالتالي يمكن عمـل مقارنة ذات معنى يمكن أن تتم بين مدن مختلفة.

وهناك نقطة ضعف أخرى، تكمن في قصور المفهـوم النظري والعمـلي، حيـث ترتبط أهمية المفهوم بعملية نمو المدن، ويجب أن نتذكر أن نسبة الاقتصاد الأساس لغير الأساسي هي عبارة عن متوسط أو معدل للنشاط الاقتصادي الكلي في المدينة، ونجد أن نمو بعض الأنشطة، يـؤدي إلى نمـو أكـبر مـن النمـو الـذي يحـدث نتيجـة لأنشطة مشابهة، وبالتالي تفشل النسبة في التمييز بين نمو أكبر ونمـو أصـغر، كـما لا يأخذ هذا المفهوم في الاعتبار، الآثار الراجعة لعمليـة نمـو المـدن، لأن زيـادة حجـم المدينة يؤدي إلى إيجاد نمو آخر.

هذا، وقد استخدمت نسبة الاقتصاد الأساس لغير الأساس، مع طرق أخرى، لتقييم الاقتصاد الأساس في المدينة، إلا أنها لا تهتم بحركة أو تـدفق الأمـوال في المدينة التي تؤدي إلى إيجاد نشاط اقتصادي، ونمو فيها، وكـذلك فإن الاعتماد على حجم التشغيل، يعتبر وسيلة ضعيفة لقياس حركـة الأمـوال في الاقتصاد الحضري.

مفهوم الأثر المضاعف The Multipliers Effects

يشكل المضاعف جزءاً أساسيا لآلية عملية النمو الحضري، ويعتمد مفهوم المضاعف على حركة الأموال الدورانية بين المدن في النظام الحضري أي مجموعة المدن في القطر أو الإقليم، وتكمن الفكرة الأساس لمفهوم الاقتصاد الأساس وغير الأساس في أن تدفقات وحركات الأموال داخل المدينة تكون نتيجة لتصدير السلع والخدمات من هذه المدينة، ولا يتضمن هذا المفهوم الأموال التي تحصل عليها المدينة بواسطة أساليب أخرى مثل ما يسمى Unearned Income من خلال عمليات الاستثمار إنفاق الحكومة داخل المدينة.

ويمكن توضيح مفهوم المضاعف، إذا افترضنا وجود نقطة توازن أو تعادل بين الدخل الذي يدخل إلى المدينة وبين النفقات التي تدفعها المدينة، تفترض أنه بعد ذلك، أي بعد الوصول إلى نقطة التوازن هذه، أنه قد تم تأسيس مصنع جديد في المدينة، وقد أنفق في إنشاء هذا المصنع مبلغ ثلاثة ملايين دولار، يُدفع جزء من هذا المبلغ رواتب للموظفين والعمال، فيتبع ذلك زيادة في النفقات المحلية في المدينة، لأن جزءاً من دخول العمال والموظفين سوف ينفق للحصول على سلع وخدمات من المدينة، وعليه سيعود جزء من دخولهم إلى اقتصاد المدينة نتيجة لاستهلاكهم، فنتيجة لتأسيس المصنع في المدينة سوف تحدث دورات متعاقبة لزيادة مضاعفة نفسه في الاقتصاد المحلي، وفي الوقت ذاته، تسحب مبالغ من الأموال من اقتصاد المدينة، إما بواسطة التوفير أو بواسطة دفع الضرائب وشراء المستوردات من خارج المدينة، وسوف تصل المدينة في نهاية المطاف إلى نقطة يحدث فيها تعادل بين ما يدخل المدينة من دخل وما ينفق فيها، فعندما يصل حجم الأموال الخارجة من المدينة إلى ثلاثة ملايين دولار، يتوقف أثر المضاعف.

وخلال هذه العملية، فإن نمو دخل المدينة من خلال تأسيس المصنع الجديد، يتزايد بكميات غير محدودة، فإذا افترضنا أن النمو في الدخل وصل إلى ٤.٢ مليون دولار، فإن قيمة المضاعف تساوي ١.٢ مليون دولار، نتيجة لدوران الأموال عدة دورات في اقتصاد المدينة.

الاقتصاد الأساس للمضاعف The Economic Base Multiplier

إن عمليـة حسـاب المضـاعف اعـتماداً عـلى الـدخل والنفقـات في النظـام الحضري معقدة جداً، ويزيد من صعوبة هذه العملية، عـدم تـوفر المعلومـات اللازمـة عـن حركـات الأمـوال، ونتيجـة لـذلك فقـد تمـت محـاولات لحسـاب مضاعفات بسيطة باستخدام أرقام تتعلق بحجم التشغيل، وكانت أسهل هـذه المحاولات تلك التي تعتمد على نسبة الاقتصاد الأساس لغير الأسـاس في المـدن، فإذا افترضنا أن العلاقة بين الاقتصاد الأساس وغير الأساس ثابتـة، فـإن زيـادة في النشاط الأساس بمقدار معين، تؤدي إلى زيادة في حجم التشغيل الكـلي تسـاوي مجموع مكوني النسبة مضروباً في الزيادة، فإذا كانـت نسـبة الاقتصـاد الأسـاس لغير الأساس تساوي ٣:١، فإن زيادة عشر وحـدات في الاقتصـاد الأسـاس تـؤدي إلى زيادة تساوي ٤٠ وحدة في حجم التشغيل الكلي في المدينة أو ١٠×(١+٣)= ٤٠، وقد عرفت هذه بمضاعف أسـاس التصـدير Export - Base Multiplier أو باسم مضاعف الاقتصاد الحضري Urban Economic Multiplier.

يعتمد صدق هذا الشكل من المضاعف على افتراض أن حجـم التشـغيل في الاقتصاد غير الأساس يتأثر بحجم التشغيل الكلي في المدينة.

حجم التشغيل في القطاع غير الأساس= حجم التشغيل الكلي × (a) NBE= V(TE)

a- NBE= V(TE)

حيث أن NBE= حجم التشغيل في القطاع غير الأساس

TE = حجم التشغيل الكلي

V = مؤشر للعلاقة بين الاقتصاد غير الأساس ومجموع التشغيل الكلي

في حالة نسبة الاقتصاد لغير الأساس = ٣:١

تكون قيمة V=٣ / ٤ = ٠.٧٥

تعاد كتابة معادلة (a) إلى

$$TE= \frac{1}{V} \quad (NBE)$$

$$TE= \frac{1}{1-V} \quad (BE) = m \ (BE)$$

حيث أن m = ٤(١+٣) في المثال السابق، وهي تمثل المضاعف، وبالتالي فإن المضاعف m= ٣+١=٤، ويربط مكون الاقتصاد الأساس مع مكون النشاط الكلي، كما أن V تربط المكون غير الأساس بمجموع التشغيل، وما يتضمنه المضاعف أن التغير في حجم التشغيل الأساس يؤدي إلى تغيير في حجم التشغيل الكلي.

وقد استخدم بعض الباحثين مضاعف الاقتصاد الأساس من أجل التوقع المستقبلي لنمو الأنشطة في مدينة ما، وتطبيق المضاعف المشتق من نسبة الاقتصاد الأساس لغير الأساس المحسوبة من خلال التركيب الصناعي، فإنه يمكن التنبؤ بأثر النمو في قطاع الاقتصاد الأساس على النشاط الكلي في المدينة (Yeates M. And Other, 1976, P.90)

كما يمكن الاستفادة من مضاعف الأساس أيضاً في حساب حجم السكان في المدينة في المستقبل، فإذا أقيمت مؤسسة جديدة في مدينة ما، وبلغ مجموع العاملين في قطاع الأساس ٢٠٠٠ عامل، وكانت نسبة الاقتصاد الأساس لغير الأساس تساوي ٢.٥:١، فهذا يعني أنه يعمل في قطاع الاقتصاد الأساس ٢٠٠٠ عامل، وفي قطاع دخول ٧٠٠٠ عامل إلى المدينة، فلو فرضنا أن نصف هؤلاء العمال متزوجين، وبافتراض أن معدل حجم الأسرة في الإقليم ٣.٢ فرداً أي ٢.٢ معالاً، فهذا يعني أنه سيضاف أيضاً سكان المدينة ٣٥٠٠ × ٢.٢ = ٧٧٠٠ معال.

إذن ٧٧٠٠+ ٣٥٠٠ =١١٢٠٠ بالإضافة إلى النصف الآخر وهو ٣٥٠٠ عامل، سيكون قد دخل المدينة ١٤٧٠٠ شخص، وبالإضافة إلى حجم السكان فيها، وستؤثر هذه الزيادة في حساب الحاجة إلى مساكن وخدمات صرف صحي ومدارس وخطوط كهرباء ومياه وتليفونات... الخ.

ويعتبر أمراً مرغوباً في عملية التخطيط للمدن، معرفة حجم التشغيل في المؤسسات الجديدة، من أجل الأخذ بعين الاعتبار ما يحتاجه هؤلاء وأسرهم مـن خـدمات ومرافق إضافية في المدينة، ويمكـن أن يقـدم تطبيق مفهوم الاقتصاد الأساس مساعدة مهمة في هذا المجال (Northam R. 1979, P.207).

نظرية توافر الأيدي العاملة Labour Supply Theory

تمثل هذه النظرية اتجاهاً يربط عملية نمو المدن بالتطور الاقتصادي الـذي يحدث نتيجة التصنيع في مناطق ريفية بالاعتماد على الأيدي العاملة المتوافرة وتقدم نظرية الاقتصاد الأساس وسيلة بسيطة نسبياً، مـن أجل توقع النمـو الكامن للمدن في المستقبل، كما تقدم تفسيراً لتقييم آثار أنشطة محـددة عـلى الاقتصاد المحلي، وقد أثارت نقاط الضعف المتعلقـة بمحدودية هـذه النظريـة وعدم ثباتها، تساؤلات تتعلق بأهميتها وسيلة لعملية التخطيط Hartshorn) .T, 1980, P. 46)

لذلك طرحت فلسفة بديلة لنظرية الاقتصاد الأساس، من أجل تفسير النمو الحضري والتطور الإقليمي، عرفت بنظرية توافر الأيدي العاملة، تعتمد أساسـاً نظرياً، وأمكن اشتقاقها من نموذج تجارة دولية، حيث يمثـل تجمـع العـمال في هذا النموذج قطب جذب يؤدي إلى النمو والتطور.

وتعتمد هذه النظريـة عـلى فرضيـة تقـول إن التشغيل في الصناعة ينمو بسرعة كبيرة في مناطق تتميز بمعدلات أجور منخفضة، ويعمل جزء صغير مـن الأيدي العاملة في الصناعة، وإذا أقيمت صناعة جديدة في هذه المنطقة، فإنها تدفع أجوراً للعمال أعلى من الأجور التي كانت تدفع لهم سابقاً، الأمر الـذي يؤدي إلى رفع معدل الدخل للأفراد في هذه المنطقة، ممـا يشجع عـلى قـدوم عمال (وهجرتهم) إلى هـذه المنطقـة للاستفادة مـن الأجور المرتفعـة بسبب الصناعة الجديدة، مما يضيف بعداً جديداً لعملية النمو في هذه المنطقة.

وتتميز نظرية توافر الأيدي العاملة بتوفير جانب آخر يتعلق بأن أصحاب المؤسسات وأصحاب رؤوس الأموال يرغبون في استثمار رؤوس أموالهم في مناطق تتميز بأجور منخفضة بسبب إمكانية حصولهم على أرباح عالية.

ويقدم تطور الصناعة في ولايات الجنوب من الولايات المتحدة مثالاً يوضح العملية تماماً، فهجرة صناعات النسيج من نيوانجلند إلى الجنوب، استفادت من الأجور المنخفضة للعمال السائدة في تلك المناطق، والتي كانت أعلى منها في المناطق المجاورة، ولذلك عملت الصناعة في هذه المناطق على زيادة أعداد السكان فيما ونموها، بالإضافة إلى الأرباح التي حصل عليها أصحاب هذه الصناعات (Hartshorn T. 1980, P, 47) .

ويصدق هذا الاتجاه أيضاً، على تأسيس فرع جديد لصناعة ما في منطقة نامية ويظهر هذا الاتجاه من خلال تطور الصناعة التي تحتاج إلى أعداد كبيرة من الأيدي العاملة غير الماهرة، إن تطور مصانع التجميع لسيارات الترفيه والمساكن المتحركة Mobi Homes في المناطق الريفية، يؤكد هذا الاتجاه.

إن نظرية توافر الأيدي العاملة للتطور الاقتصادي لا تبين أهمية الاقتصاديات المختلفة التي تقدمها الحواضر الكبرى، فقد وجه نقد لهذه النظرية، يتعلق بهذه النقطة، حيث الصناعات التي تتجه للمناطق الريفية، هي الصناعات التي لا تدفع أجوراً عالية، في العادة، كما أن الأنشطة التي تفضل المواقع النامية (المتخلفة)، غالباً ما تكون صغيرة وأرباحها صغيرة (Hartshorn T. 1980, P. 47).

ويظهر أن الصناعات التي تعمل على التطور والتنمية، تقوم بإنتاج سلع ومنتوجات يزداد الطلب عليها مع زيادة الدخل، الأمر الذي يؤدي إلى استمرار العملية، أي عملية النمو مع التطور الصناعي، وعادة فإن المناطق المتخلفة التي تتوافر فيها أعداد كبيرة من الأيدي العاملة تجذب صناعات لا تستجيب لزيادة الدخل Income- Inelastic ، وبالتالي فإنها لا تتطور مع مرور الزمن، وتعمل هذه الأنشطة على خنق الصناعة، الأمر الذي يؤدي إلى المساهمة في الركود المستقبلي، بسبب عدم إيجاد نمو إضافي (Hartshorn T, 1980, P. 47)

نظرية نمو القطب أو المركز (Growth Pole Theory)

تعتبـر نظريـة نمو القطب فلسفة بديلة تلقي الضوء عـلى أهميـة المدينة في عملية التنمية والتطور الاقتصادي، وتشكل نظرية نمو القطب أو المركـز مظلـة تنضوي تحتها مجموعة مفاهيم ترتبط بالتنمية والتطور الاقتصادي أكثر مـن كونها تشكل نظرية متكاملة.

وبمقارنة هذه النظرية مع نظريتي الاقتصاد الأساس وتوافر الأيدي العاملة، تعتبر أكثر أهمية نظرياً وعملياً، فالتطبيقات التخطيطية لهذه النظرية في عـدة مناطق، عملت عـلى إيجاد تغييرات مهمـة في السياسات الحكومية للتنمية والتطور الاقتصادي في هذه الدول، وتعتبر النظريـة بأنها دينـاميكيـة وممكنـة التطبيق خلال مراحل عملية التطور والتنمية.

وقد ناقش بيرو Perroux فلسفة نمو القطب، مشيراً إلى دور المدن في التنمية الاقتصادية منتصف الخمسينات، ولم يكن المخططون الفرنسيون مقتنعين آنذاك بأفكار النظريات الاقتصادية التقليدية في تفسير نمو المدن، لعدم ملاءمة تلك النظريات للتجربة الفرنسية.

وتعتبر نظرية نمو القطب أو المركز أكثر واقعية وتتضمن بعض التطبيقات السلوكية من خلال الأولوية لتحديد المواقع، وقـد اعترف بيرو أن النمو غير متوازن ويتركز بشكل غير مناسب في نقاط محددة، ويشكل هذا المفهوم أساساً لأفكاره.

ويمكن ملاحظة أثر المؤثرات لتنمية وتطور المركز أو القطب، على مستوى المؤسسات الفردية، ويسمى هذا الشكل بالصناعة المسيرة Propulsive Industry التي تولد النمو مـن خلال مشترياتها ومبيعاتها الخاصـة، فكلما كان النمو أكبر وأسرع كان تأثيرها أكبر، كما أن مستوى مرتفعاً من البيع والشراء مع مؤسسـات أخرى يعمـل عـلى زيادة النمو.

وقد أطلق على هذه العملية السبب الدوراني التراكمي Circular and Commutative Causation وعلى مستوى آخر، قد يكون المركز حاضرة كبيرة مثل باريس الكبرى، حيث أن توافر الخدمات والبنية التحتية تعتبر عوامل مهمة في تشجيع تجمع الأنشطة وتركزها (Hartshorn T. 1980, PP. 46-47).

نموذج نمو المدينة:

تعتبر عملية نمو المدن معقدة جداً، تتباين وتختلف تفاصيلها مكانياً وزمانياً، أي من فترة زمنية لأخرى، ومن مكان لآخر، كما وتتضمن عوامل وآليات غير معروفة، بشكل تام، في الوقت الحاضر Yeates M. and Other, 1976, P. 98 إلا أنه ومن خلال تطبيق بعض المفاهيم التي سبق ذكرها: مثل مفهوم الأثر المضاعف، فإنه يمكن تفسير عملية نمو المدن، بشكل عام.

ويوجد عنصر مهم في عملية النمو، أطلق عليه ميدرال Mydral, 1957 مبدأ السبب الدوراني التراكمي، ويتضمن هذا المبدأ أن أي تغيير في التركيب الوظيفي للمدينة، يؤدي إلى حدوث تغييرات تدعم التغيير الوظيفي ولا تتناقض معه، فعند بداية عملية النمو في المدينة، تتدخل قوى تعمل على تشجيع النمو من خلال جذبها لأنشطة إضافية أخرى، وفي النهاية تكون عملية النمو التراكمية وغالباً ما تعمل على التسارع، وباختصار فإن النمو يولد النمو Growth Breeds Growth (Yeates M. and Other, 1976, P. 98)

لوحظ أنه من أهم الوظائف التي تؤدي إلى تطور المدن ونموها تطور الصناعة، فإن معظم الحواضر الكبرى في العالم مدينة في نموها إلى التطور الصناعي المبكر الذي حصل خلال فترة التصنيع السريعة، وقد استخدم الآن بريد Pred 1965 فكرة النمو يولد النمو لتفسير نمو المدن على الشكل التالي:

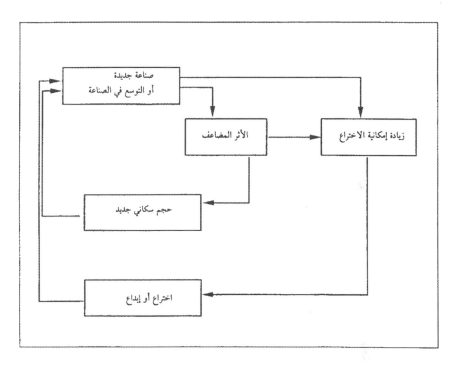

شكل (٢٠): نموذج الان بريد لتفسير عملية نمو المدن حسب مبدأ النمو التراكمي

تصور بريد وجود مدينة منعزلة، يعتمد اقتصادها على التجارة، وتقوم باستيراد السلع التي تحتاج إليها من أماكن أخرى، ثم تصور بعد ذلك بناء مصنع كبير في هذه المدينة، سيعمل هذا المصنع عاجلاً أو آجلاً على إيجاد سلسلة من ردود الفعل، شكل ٢٠.

ويظهر أول ردود الفعل هذه من خلال الأثر المضاعف، فيؤدي تأسيس المصنع الجديد أو التوسع في صناعة قائمة إلى زيادة القوة الشرائية للعمال، الأمر الذي يؤدي إلى زيادة في الطلب المحلي، التي ستؤدي إلى تطوير أعمال تجارية وخدمات وبناء ومواصلات ومهن وأعمال مختلفة، بحيث تكون المحصلة النهائية والنتيجة الصافية زيادة حجم سكان المدينة، بحيث يصبح حجم المدينة كبيراً، يكفي لدعم نشاط صناعي جديد متخصص آخر أو التوسع في صناعة قائمة، وحين حدوث ذلك، سوف تبدأ دورة ثانية جديدة، وتستمر العملية على شكل تراكمي دوراني، حتى تتدخل قوى تعيقها اوتوقفها.

ويتمثل رد الفعل الثاني، الذي يحدث بشكل موازٍ لرد الفعل الأول ويعمل على تعزيزه، يتمثل في زيادة التفاعل و الاتصال الشخصي بين السكان، نتيجة لزيادة حجم السكان وقدوم أعداد جديدة من المهندسين والفنيين للعمل في الصناعة الجديدة، كما ويزيد مستوى الاتصال بين الناس، إمكانية تطوير مخترعات، وزيادة إمكانية تبني معاهد فنية إدارية، والعمل على تسهيل الأفكار وبخاصة تلك التي يجلبها المهاجرون القادمون معهم.

وخلال تبني مثل هذه الأفكار والاختراعات، تبنى مصانع جديدة أو تتوسع صناعات قائمة، الأمر الذي يؤدي إلى زيادة حجم سكان المدينة، ثم تستمر العملية على شكل تراكمي دوراني، حتى تعاق أو توقف، وهكذا يبدو أن المدن تنمو ويزداد حجم سكانها من خلال ردي الفعل أو الاستجابتين السابقتين لبناء صناعة جديدة أو توسع صناعة قائمة.

هذا، وعلى الرغم من أن النموذج يعتمد على النشاط الصناعي ويطبق من خلال عملية التصنيع، إلا أن الخصائص العامة له، تقدم أساساً لفهم عملية نمو المدن تحت ظروف مشابهة (Yeates M. and Other, 1976, P. 99) وإذا استمرت عملية النمو التراكمية الدائرية، ستنمو المدينة بشكل مستمر أو حتى تنفذ الموارد الطبيعية، إلا أنه يبدو من دراسة عملية نمو المدن وانتشارها ، أن بعض المدن قد نمت بمعدلات سريعة ابان عهد

الثورة الصناعية، كما أن بعضها نما بمعدلات متوسطة، في حين تدهورت مدن أخرى أو توقف نموها، أو حتى فإن عملية النمو لم تبدأ في مدن أخرى، وعليه فإن عملية النمو التراكمية الدائرية للمدن، لا تستمر إلى ما لا نهاية، حيث تتدخل عوامل توقفها أو تغير اتجاهها.

حجم راتشت للمدن   The Urban Size Ratchet

هناك عامل مهم، يعمل على تعزيز عملية نمو المدن الدائرية التراكمية، هو حجوم المدن نفسها، ويبدو أنه عندما يصل حجم المدينة إلى رقم معين، وقد ذكر الرقم ٢٥٠,٠٠٠، من قبل راتشت لأن احتمالات نمو المدينة تتحسن، واحتمالات راتشت للمدن يعمل، ومن هذه الأسباب:

١-   ارتباط حجم المدينة بزيادة في تنوع التركيب الاقتصادي لها، الذي يجعل معدلات النمو المحلية، على الأقل مساوية لمعدلات النمو القومية.

٢-   ارتباط حجم المدن الكبير لزيادة القوة السياسية للمدن، فكلما كان حجم المدن أكبر استطاعت المدينة ممارسة ضغط من أجل الحصول على مساعدات أكبر من الحكومة.

٣-   استثمار مبالغ كبيرة من الأموال في توفير البنية التحتية في المدن الأكبر، مما يشجع على استقطاب المؤسسات والأعمال للاستقرار فيها.

٤-   وكما تقدم في نموذج بريد، فإنه يتوقع أن الصناعة في المدن الكبرى تعمل على جذب أنشطة جديدة.

من خلال الأسباب السابقة، يبدو أن حجم المدن الأكبر يتضمن إمكانيات للنمو، والاستمرار في عملية النمو، فعلى الرغم من أن حجم راتشت هو رقم افتراضي، إلا أن تدهور المدن بعد وصولها إلى حجم كبير، يعتبر أمراً غير ممكن، إلا أن هذا لا يعني أن المدن كبيرة الحجم تنمو بمعدلات متساوية، أو أنها ستستمر في عملية النمو إلى ما لا

نهاية، فهناك عوامل أخرى، تحكم عملية نمو المدن، إلى جانب حجم السكان فيها، بل على العكس من ذلك نجد أن معدلات نمو المدن الأكبر أصغر من معدلات نمو المدن الصغيرة، ولذلك فإن عملية نمو المدن تعتمد على توازن دقيق بين الفوائد الناتجة عن التجمع من جهة وبين كلفة الازدحام والاكتظاظ أو السلبيات الناتجة عن التجمع (Yeates M . and Other, 1976, p. 100) وتتأثر عملية نمو المدن بشكل عام، بعدة عوامل منها: درجة عزلة المدينة وطبيعة الإقليم أو الظهير التابع لها وعوامل ثقافية، ومستوى التطور الصناعي في القطر.

وهناك عوامل أخرى تؤثر في تباين مستويات نمو المدن واختلافها، ومن هذه العوامل ما عرف باسم "الفائدة الأولية" Initial Advantage فقد تكون خصائص طبيعية مثل خصائص الموضع والموقع الجغرافي، مثل وقوع المدينة على ساحل البحر مع وجود ممر مائي يسهل إمكانية وصول المدينة إلى إقليمها، كما هو الحال بالنسبة لموقع مدينة نيويورك على خليج هدسن، ووجود ممر مائل يربطها بداخل القارة هو ممر هدسون موهوك Hudson- Mohowk ساعد في بناء مدينة نيويورك ميناء للتصدير والاستيراد، تزايدت أهميته ونموه مع انتشار العمران الأمريكي إلى الغرب، وقد تكون الفائدة الأولية مشروعاً بشرياً مثل بناء طرق المواصلات لتسهيل وصول المدينة إلى إقليمها أو ظهيرها، مثل بناء سكك الحديد لتربط مدينة فيلادلفيا وبلتيمور بالداخل الأمريكي، بعد أن كانت جبال الابلاش تقف حاجزاً طبيعياً أمام وصولهما إلى الداخل، فانتهت عزلة المدن الأمريكية ونمت معدلات سريعة بعد بناء طرق السكك الحديدية التي ربطها بالداخل.

وقد عملت طرق المواصلات على توفير سهولة وصول المدن إلى أقاليمها كما لعبت الممرات المائية في وقت مبكر دوراً مهماً في ذلك، فكانت تمثل الأماكن المفضلة لمواقع المدن، ولكن بعد تطور السكك الحديدية، أصبحت تمثل مواقع مرغوبة للمدن، ومنذ الخمسينات من القرن العشرين، أصبح أثر الصناعة من خلال الأثر المضاعف عاملاً مهماً في تفسير عملية نمو المدن وتطورها. (Yeates M. And Other, 1976, PP. 100-102).

5

الباب الخامس

التركيب الداخلي للمدن
دراسة المدن مساحات أو مناطق

الفصل الأول
استخدامات الأرض في المدن

يقوم الناس الذين يسكنون المدن ويعملون فيها بإشغال وتنظيم واستخدام حيز المدينة لأغراضهم المختلفة، ويخصصون ما يحتاجون إليه من حيز أو مجال لاستعمالات مختلفة، كما تختلف حاجاتهم للاستخدامات المختلفة، حيث تطلب قطعاً أو مساحات من الأرض بدرجات أكثر من غيرها، وأكثر من ذلك فتنتظم استعمالات الأرض في المدن حسب ترتيب أو انتظام معين.

يشمل حيز المدينة أو مجالها مساحة الأرض التي تشغلها المدينة، بالإضافة للأجسام المائية التي قد تكون ضمن حيز المدينة وكذلك المنشآت ذات البعد الثلاثي فيها، وتتعلق دراسة استخدامات الأرض في المدينة، بشكل عام، باستغلال السطح حيث تخصص معظم مساحة المدينة لسد حاجة وظيفة أو أكثر أو لنوع من الاستخدام، ويكون الاستخدام، أحياناً كثيفاً، وبخاصة الاستخدام التجاري، حيث تستغل وحدة المساحة من الأرض من قبل عدد كبير من التجار كما يكون عدد المستخدمين لوحدة المساحة من أرض المدينة قليلاً، وعلى كل حال فإن استخدام الأرض يشبع ويسد حاجات سكان المدينة.

وهناك مجموعة من العوامل تؤثر في وضع قطعة معينة من الأرض تحت استخدام معين، وتشمل:

١- الخصائص الطبيعية لقطعة الأرض

٢- السياسات الإدارية أو التنظيمية للمدينة

٣- موقع قطعة الأرض بالنسبة للمدينة، قريبة من المركز أو على الأطراف. الخ

٤- قيمة قطعة الأرض التي تتحدد من خلال العوامل السابقة الذكر.

وبشكل عام فإن حيز المدينة يشمل ثلاثة أنواع من الاستخدام، وهي :

١- المنطقة التجارية المركزية Central Business District، والتي يشار إليها عادة ب CBD، الأحرف الأولى من الكلمات الثلاث السابقة.

٢- هامش المدينة أو أطرافها: City Fringe or Perephery

٣- المنطقة التي تقع بين المنطقة المركزية في المدينة، وهامشها أو أطرافها حيث تختلط الاستعمالات المختلفة.

هذا، وقد بذلت جهود كبيرة ومنذ أوقات مبكرة لدراسة استخدامات الأرض وتحديد مواقعها وانتظامها في المدن، كانت تهدف لوضع نظرية يمكن بواسطتها تفسير أنماط استعمالات الأرض في المدن، وقد مرت هذه الجهود بثلاث مراحل هي:

١- النظرية الكلاسيكية الايكولوجية: وتشتمل هذه النظرية أعمال علماء الاجتماع الحضري من جامعة شيكاغو في مطلع القرن العشرين، ومنهم بيرجيس وهويت، وبالإضافة إلى أعمال هاريس وأولمان في وقت لاحق.

٢- دراسات تحليل المنطقة الاجتماعية، واشتملت هذه أعمال شيفكي وليامز وبيل، من خلال تطبيق أسلوب التحليل العاملي.

٣- دراسات التحليل العاملي للمدن أو ما يسمى ب Factorial Ecologies وفيما يلي عرض لهذه النظريات والمراحل المختلفة:

١- النظرية الكلاسيكية الايكولوجية:

أ- **نظرية بيرجيس الحلقية The Burgess Concentric Zonal Model** طور هذه النظرية بيرجيس عام ١٩٣٣ من مدرسة شيكاغو في علم الاجتماع الحضري، وتقترح هذه النظريةأن الخصائص الاقتصادية والاجتماعيةللسكان في المدن الأمريكية تنتظم

حول نقطة مركزية واحدة هي: المنطقة التجارية المركزية، وتنتظم على شكل حلقات دائرية تحيط بمركز المدينة التجاري وهذه الحلقات الست هي:

١- المنطقة التجارية المركزية: (CBD): تمثل مركز النشاط الاقتصادي والاجتماعي والحياة المدنية والمواصلات في المدينة، وتشمل هذه المنطقة المخازن الكبرى والمحلات التجارية الأنيقة والبنايات العالية التي تشغلها المكاتب والنوادي والبنوك والفنادق والمسارح والمتاحف، وتعتبر هذه المنطقة مهمة لسكان المدينة جميعاً.

٢- حافة المنطقة التجارية: تحيط بالمركز التجاري، وتمثل منطقة تجارة الجملة والشحن والسكك الحديدية.

٣- المنطقة الانتقالية: تشمل منطقة سكن ذوي الدخل المنخفض، وكان يسكن هذه المنطقة، في أوقات سابقة، الأغنياء، ثم سكنها المهاجرون والقادمون من المناطق الريفية، و تضم هذه المنطقة الأحياء القذرة أو ما يسمى Slum Districts، وتقام في هذه المنطقة بعض الصناعات الخفيفة نتيجة للطلب المتوقع على الخدمات، ما توفر هذه المنطقة الأيدي العاملة الرخيصة.(Yeates M, and Other, 1976, P.211) .

٤- منطقة سكن العمال: تمثل هذه المنطقة سكن عمال الصناعة بشكل رئيسي، وبخاصة الذين قدموا من المنطقة الانتقالية.

٥- منطقة سكن الفئة العليا: ويتميز السكن في هذه المنطقة بمستوى أفضل من المناطق السابقة، وتحوي مساكن مستقلة وعدد قليل من المباني التي تتكون من الشقق التي توفر سكناً لذوي الدخل المرتفع.

٦- منطقة أطراف المدينة أو هامشها: أو منطقة الضواحي وتسمي Commuting Zone وتحوي هذه المنطقة ما يسمى بالمدن التابعة أو الطفيلية Satelite Cities وسكن الطبقة العليا، وبخاصة بمحاذاة السكك الحديدية.

وتتميز هـذه النظريـة بالحيويـة، نتيجـة لاستمرار الهجـرة المسـتمرة مـن الخـارج ومن المناطق الريفية والحضرية من جنوب الولايات المتحدة، الأمر الذي أدى إلى وجـود مشكلات اجتماعية في المدن نتيجة عدم ذوبان المهاجرين في مجتمع المدينة بسرعة.

ب- **النظرية القطاعية:** طور هذه النظرية هـومر هويـت عـام 1939، حيـث قام بدراسة مكثفة للتركيب السكني ل ١٤٢ مدينة أمريكية في الثلاثينات، وقد توصل إلى عدة نتائج محددة من خلال تحليل متوسط قيمـة إيجـار المساكن للقسائم أو (البلوكات) التي تتكون منها المدن موضوع الدراسة، وهذه النتائج:

١- تمثل أعـلى منطقـة للإيجـار قطاعـاً أو أكـثر مـن المـدن، وتقـع هـذه القطاعات بشكل عام، على أطراف المدن، وأحيانـاً تنطلـق مـن مركـز المدينة باتجاه الأطراف.

٢- وجود مناطق مرتفعة الإيجار، وتحتل هذه المناطق قطاعات تتخذ شـكل الأسافين، تنطلق من مركز المدينة باتجاه الأطراف، تكـون ضيقـة بـالقرب من المركز وتتسع عند الأطـراف، وقـد تنطلـق هـذه القطاعـات بمحـاذاة خطوط السكك الحديدية التي تنطلق من المركز باتجاه الأطراف.

٣- مناطق أو قطاعات متوسطة الإيجار، وتقع على أحـد جـانبي القطـاع مرتفع الإيجار.

٤- قطاعـات الإيجـار المتوسـط، وتوجـد في بعـض المـدن عـلى أطـراف القطاعات منخفضة الإيجار.

٥- قطاعات الإيجار المنخفضة، وتوجد في جميـع المـدن، وتوجـد بشـكل عام، في الجهة المقابلة لقطاعات الإيجار المرتفع.

وقد رفض هومر هويت النظرية الحلقية لبيرجيس، وقال إن الخصـائص الاقتصـادية تنتظم حول نقطة مركزية واحدة ، ولكن على شكل قطاعات تشبه الأسافين، تنطلق مـن مركز المدينة باتجاه أطرافها، وأعتقد أن النظرية القطاعية أكثر إقناعا،وقال إن القطاعات

تنمو وتتوسع مع نمو المدينة وتوسعها، وتحافظ على خصائصها مع نمو المدينة وتطورها، أي تحافظ قطاعات الإيجار المختلفة على صفاتها، فيتوقع نمو القطاعات مرتفعة الإيجار بنفس الاتجاهات، وكذلك قطاعات الإيجار المتوسط والمنخفض.

لم تظهر دراسة هويت ارتفاع الإيجار أو ابتعادنا عن مركز المدينة، باتجاه أطرافها، وقد تركز اهتمامه الأول على تحليل تركيب الأحياء السكنية ونموها في المدن الأمريكية (Yeates M. and Other, 1976, P.253).

ج- **النظرية متعددة النويات:** اقترح شونسي هاريس واولمان عام ١٩٤٥، أن التركيب الداخلي للمدن أو الخصائص الاقتصادية والاجتماعية في المدن تنتظم حول عدة نويات، بالإضافة إلى المنطقة التجارية المركزية، وبذلك فإن المدينة تطور عدداً من المناطق أو الأحياء الداخلية Neighbor hoods تتجمع حول عدد من النوبات المنفصلة، كما اقترحا وجود تجمعات للأنشطة المتخصصة، مثل مناطق لتجارة المفرق أو التجزئة، ومناطق للميناء ومناطق صناعية أو جامعية وهكذا، فقد تمثل منطقة تجارية ثانوية نواة تنتظم حولها استخدامات الأرض، كما قد تمثل كلية أو جامعة أو مطار في إحدى مناطق المدينة، نويات أخرى، تنتظم حولها استخدامات الأرض، شكل ٢١-٢ يبين شكل ٢١ النماذج الوصفية لاستعمالات الأرض في المدن.

هذا وتعاني النظريات الثلاث سابقة الذكر من مشكلة عامة تتمثل في تبسيط أنماط استخدامات الأرض في المدن وانتظام خصائص السكان الاقتصادية والاجتماعية، بشكل كبير جداً. وهي تحاول تفسير أنماط استخدامات الأرض في المدن الأمريكية دون افتراض أية فرضية مسبقة، كما أنه من الصعوبة بمكان التمييز بين القرارات الموقعية المختلفة التي تكمن خلف اختيار مواقع الأنشطة التجارية والصناعية والسكنية، وأظهر باحثون أن هذه النماذج الثلاثة لا تفسر التركيب الداخلي للمدن بشكل منفصل، وإنما يحوي كل منها نمطاً مناسباً لبعض الخصائص للسكان.

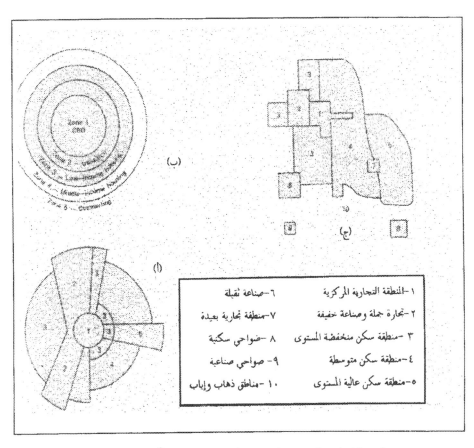

شكل (٢١): النماذج الوصفية لاستعمالات الأرض في المدن

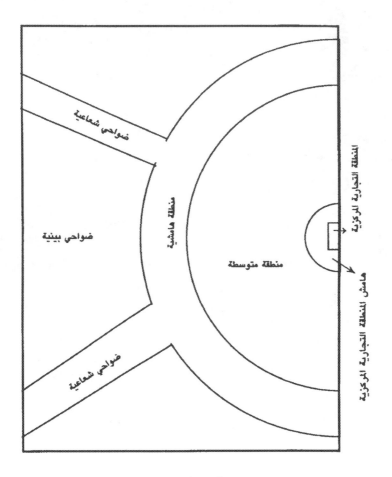

شكل (٢٢): يبين نموذجاً عاماً لاستعمالات الأرض في المدن

المصدر: *Yeates M. and B. Garner, 1976*

لذلك فقد أمكن اقتراح نموذج وصفي عام يصف انتظام استخدامات الأرض في المدن، شكل ٢٢، يجمع بعض مزايا النماذج الثلاثة السابقة، وتظهر المنطقة التجارية المركزية CBD، التي تشكل النقطة المركزية في المدينة، وتشمل مباني المكاتب العالية وأكبر المخازن التجارية والعديد من المناطق الترفيهية ومناطق الخدمات المالية والتسلية.

ويحتل النطاق الثاني هامش المنطقة التجارية المركزية، وتظهر فيه بعض خصائص النمط القطاعي التي تنطلق من وسط المدينة باتجاه الأطراف، وتشمل هذه القطاعات مناطق سكن منخفضة المستوى (سيئة) ومناطق لتجارة الجملة وقطاعات لمناطق صناعية.

أما المنطقة الثالثة، فتمثل النطاق المتوسط، حيث نجد مزيجاً من الأنشطة، كما تظهر هنا، بنايات مرتفعة الإيجار، ومناطق تتميز بأجور منخفضة مرتبطة بوجود قطاعات صناعية، وتظهر في هذا النطاق، أيضاً، مساكن لمتوسطي الدخل، وتتميز المناطق القريبة من مركز المدينة بكثافات سكانية مرتفعة، إلا أن هذه الكثافات تنخفض مع الابتعاد عن مركز المدينة، باتجاه الأطراف.

المنطقة الرابعة: وتحتل منطقة هامشية حلقية للمدينة، تشمل مساكن مستقلة لذوي الدخول المتوسطة، كما تظهر هنا صناعات خفيفة تعتمد على الطاقة الكهربائية، وتحتاج المساكن لمساحات أفقية، كبيرة نسبياً، وتشمل هذه المنطقة مراكز تسوق كبرى تحتاج لمساحات كبيرة لمواقف السيارات.

المنطقة الخامسة: تمثل هذه المنطقة الضواحي الشعاعية التي تمتد بمحاذاة طرق السكك الحديدية والطرق السريعة، وتوجد بالقرب من هذه الضواحي مناطق سكن لمرتفعي ومتوسطي الدخل، تشكل ضواح بينية.

٢- دراسات تحليل النطاقات الاجتماعية:

طورت هذه الدراسات أولاً بواسطة علماء الاجتماع الحضري من جامعة شيكاغو شيفكي وليامز E. Shevky. M. Williams وبيل W.Bell، وقد طورت لتفسير التباين والاختلافات الاجتماعية، وتكمن الأهمية التطبيقية لهذه الدراسات في قدرتها على

تصنيف المناطق الفرعية داخل المدينة، وقد حاول الجغرافيون تحديد مناطق اجتماعية في المدن، تنشأ نشأة تلقائية، ودراسة هذه المناطق الجغرافية من خلال خصائصها الاجتماعية، وقد اعتبر شيفكي وليامز وبيل المدينة جزءاً من المجتمع الكلي، تعكس التغيرات التي تحدث فيه، ويظهر التغير الاجتماعي في ثلاثة مظاهر أمكن تلخيصها في ثلاثة أبعاد Constructs، يمثل كل واحد منها اتجاهاً مسيطراً على التنظيم الاجتماعي، وهذه الأبعاد:

١- المرتبة الاجتماعية (الحالة الاجتماعية) Social Rank: ويصف تنظيم المجتمع إلى فئات (طبقات) حسب التخصص والحالة الاجتماعية وقد أمكن قياسه بالمتغيرات التالية:

أ- المهنة، نسبة العاملين في المهن اليدوية (occupation): الذي أمكن قياسه بعدد العاملين والمهنيين اليدويين لكل ١٠٠٠ شخص من العاملين، بشكل عام.

ب- مستوى التعليم: أمكن قياسه بعدد الأشخاص الذي يقل مستوى تعليمهم عن ثماني سنوات دراسية لكل ألف شخص، أعمارهم خمسة وعشرون عاماً أو أكثر.

ج- الإيجار

٢- التحضر Urbanization: أمكن قياس هذا البعد بواسطة المتغيرات الثلاثة التالية:

— الخصوبة: أمكن قياسها بعدد الأطفال الذين تتراوح أعمارهم بين صفر- ٤ سنوات لكل ١٠٠٠ امرأة عمرها بين ١٥-٤٤ سنة.

— النساء في العمل: قيس بعدد النساء العاملات إلى مجموع النساء اللواتي أعمارهن خمسة عشر عامٍ وأكثر.

— الوحدات السكنية المستقلة للأسرة الواحدة

٣- العزلة Segregation: وأمكن قياس هذا البعد بنسبة السـكان الملـونين في المنطقة الإحصائية، نقطة المشاهدة.

هذا وقد أمكن تحديد الأبعاد الثلاثة السابقة الذكر ونسـب مكوناتهـا مـن الحيز الاجتماعي، كما تم حسابها رقمياً.

ويمكـن تلخـيص الخطـوات العمليـة التـي تـؤدي إلى تحديـد المنـاطق الاجتماعية جغرافياً بما يلي:

١- حساب نسب المتغيرات الستة السابقة الذكر، ثم تحويلها إلى قيم معبرة تتراوح بين الصفر والمائة، لأن هذه القيم أكثر صدقاً عند المقارنة.

٢- أمكن الحصول على درجات البعد، بواسطة حساب معدل النسـب المئويـة المعبرة للمتغيرات المرتبطة بالبعد المعين.

٣- تؤدي درجات كل من بعد الحالة الاجتماعية والتحضر إلى تقسـيم ربـاعي، بحيث ينتج عن البعدين ستة عشر نوعاً من المناطق الاجتماعية، شكل ص ٢٣.

٤- أضيف إلى البعدين السابقين بعد العزلة، واعتبرت المنطقة الإحصائية المعينة بأنها تتميز بالعزلة، إذا كانت نسبة الغرباء في المنطقة تزيد على معـدل هـذه النسـبة في المدينة ككل، يظهر الحيز أو المجال الاجتماعي لمدينة وينبغ Winnipeg في شكل ٢٣ (Herbert D, 1972, P. 142).

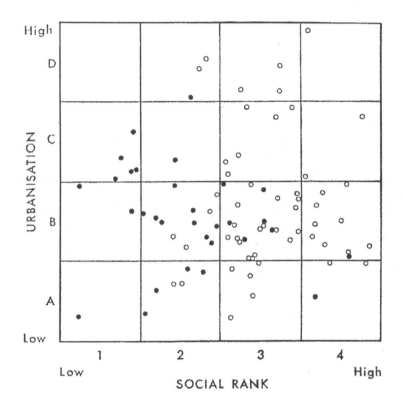

شكل (٢٣) : رسم يبين المجال الاجتماعي لمدينة وينيبغ
وتمثل كل دائرة منطقة إحصائية في المدينة، كما تمثل الدوائر السوداء
مواقع المناطق الإحصائية المعزولة
المصدر : Harbert D. 1972 , P. 142

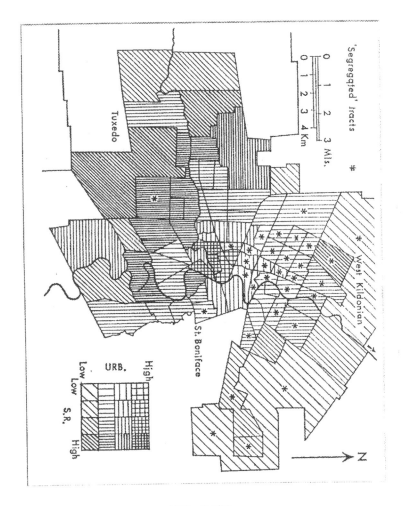

المصدر: *Harbert D. 1972, P.145*

شكل (٢٤): يبين المناطق الاجتماعية في مدينة وينبينغ

ويبين الشكل تصنيف المناطق الإحصائية، بحيث تمثل كل نقطة على الشكل منطقة إحصائية محددة، ويحدد موضع تلك النقطة بواسطة درجاتها على بعدي الحالة الاجتماعية والتحضر، مع توضيح المناطق السوداء التي تشير إلى سيطرة العزلة فيها، ويتأثر موقع كل منطقة على الشكل بدرجات تلك المنطقة الإحصائية في متغيرات: المهنة والتعليم والخصوبة ونسبة النساء العاملات ونسبة المساكن المستقلة ونسبة العرقية (الاثنية) فعلى سبيل المثال: تتميز المنطقة الإحصائية 4D بمستوى مرتفع من الحالة الاجتماعية، ومستوى مرتفع من التحضر... الخ.

يشكل تقسيم الحيز الاجتماعي الأساس لاشتقاق المناطق الاجتماعية جغرافياً، حيث يمكن تجميع المناطق المتقاربة الدرجات في مجموعة واحدة، تظهر هذه المناطق على شكل ص ٢٣ (Herbert D. 1972, P.145).

هذا وقد أجريت دراسات تحليل المنطقة الاجتماعية على مدن كثيرة في أمريكا الشمالية وأوروبا، وعلى بعض مدن الحضارة غير العربية، وأظهرت بعض هذه الدراسات أن بعدي الحالة الاجتماعية والتحضر ليسا مستقلين عن بعضهما.

كما تعرضت هذه الدراسات إلى تقييم ونقد واسع من الباحثين والدارسين انتهى بالانتقال بدراسات تحليل المنطقة الاجتماعية إلى مجموعة من الأساليب الإحصائية المعقدة عرفت بالتحليل المتعدد multivariate analysis (Herbert D. 1972, PP 145-152).

"دراسات التحليل العاملي للمدن" : "Factorial Ecology Studies"[١]

مفهوم التحليل العاملي للبيئة What is Factorial Ecology?

إن اصطلاح التحليل العاملي للبيئة قد استخدم ليصف ذلك النوع من الدراسات البيئية التي تستخدم الأسلوب الإحصائي المعروف باسم التحليل العاملي في تطبيقاتها، إن هذا النوع من الدراسات هو امتداد وتطوير لدراسات سابقة عرفت باسم " تحليل المنطقة الاجتماعية، التي سبق عرضها، هذه الدراسات كانت بدورها امتداد لجهود رواد مدرسة شيكاغو وأصحاب نظرية "ايكولوجية المدن" أو أصحاب " النظرية البيئية التقليدية The Classical Ecological Theory" التي كان من روادها روبرت بارك ومنكزي وبيرجس الذين سبقت الإشارة إلى بعض أعمالهم[٢] .

إن تطبيق التحليل العاملي في دراسات التركيب الداخلي للمدينة من أجل معرفة الاختلافات المكانية فيها كان قد شاع استخدامه في الجغرافية، وقد ازداد تطبيق هذا الأسلوب الإحصائي في دراسات المدن منذ مطلع الستينات من القرن الماضي، وقد اشتملت هذه الدراسات تحليل التباين والاختلاف لأبعاد تركيبية وأنماط مكانية لظواهر متعددة، وبشكل رئيسي اشتملت هذه المتغيرات المتعلقة بالسكان وخصائص المساكن[٣]

وتدخل في هذه الدراسة مصفوفة كبيرة من المعلومات لمتغيرات يبلغ عددها "م" لمناطق أو وحدات مساحية يبلغ عددها "ن" بحيث ترتب المتغيرات عمودياً والمناطق أفقياً، ويهدف هذا الأسلوب الإحصائي إلى تحديد وبيان الأنماط العامة والمشتركة لهذه التغيرات المختلفة بدرجات متفاوتة حسب قوة ارتباطها وعلاقتها بالبعد الرئيسي ، وقد عرفت هذه

---

١ كايد أبو صبحة، "تحليل البيئة العاملي: دراسة للتركيب الداخلي في المدن" ، مجلة دراسات ، مجلة عدد ١، حزيران ، ١٩٨٣.

2 Berry B. and phillip Rees "The Factorial Ectorial Ecology of Calcutta" , The American journal of Sociology, Vol. 74. 1969

3 Giggs J. A,P.M. Mather. "Factorial Ecology and factor Invariance" , Economic Geography, Vol. 51. 1975.

"بتشبعات العوامل" Factor Loading، وهي في الحقيقة عبارة عن معاملات ارتباط بين المتغيرات المختلفة وبين البعد الرئيسي أو العامل المشترك.

ويعرف أسلوب التحليل العاملي بأنه وسيلة لدراسة مزيج معقد من العلاقات المتداخلة بين مجموعة من المتغيرات كالخصائص الاقتصادية والاجتماعية والسكانية وخصائص المساكن، هذه الخصائص تمثل المتغيرات التي يمكن قياسها لمناطق مختلفة من المدينة، ويهدف هذا الأسلوب الإحصائي أيضاً إلى تلخيص العلاقات المهمة في عدد محدود من الأنماط أو الأبعاد أو العوامل Factor Dimensions [1]، كما يمكن تطبيق هذا الأسلوب الإحصائي من أجل اكتشاف محتوى المنطقة وبنائها ومن أجل وضع للمفاهيم غير المعروفة وتصنيف المعلومات واختصارها ومن أجل القضاء على أسباب المظاهر السيئة، وكذلك من أجل تحويل المعلومات ووصف التفاعلات وبناء النظريات وفحصها[٢].

إن الدراسات ذات الطبيعة الجغرافية التي استخدمت هذا الأسلوب الإحصائي قد بدأ بها بعض المختصين في علم الاجتماع في أوقات مبكرة، إلا أن عدداً كبيراً من الجغرافيين قد قام بتطبيق هذا الأسلوب الإحصائي حديثاً في دراسات تتعلق بتصنيف المدن ودراسة البناء الداخلي لها بشكل خاص، إن هذا الأسلوب يجيب على كيفية انتظام العلاقة بين عدد من المتغيرات وكيفية انتظام هذه المتغيرات في مجموعات تشترك فيها المتغيرات المتشابهة، تلك المجموعات عرفت بالعوامل أو الأبعاد.

إن دراسات تحليل البيئة العاملية تستدعي توافر عدد من المتغيرات الاقتصادية والاجتماعية والسكانية لعدد من المناطق داخل المدينة كالوحدات الإحصائية Census Tract ، وتهدف هذه الدراسات إلى اختصار عدد المتغيرات، وبخاصة تلك التي تتشابه قيمتها أو تتقارب، وتشكيل مجموعات من هذه المتغيرات، وكل مجموعة ترتبط مع عامل

---

1 Rummel R.J.Applied Analysis. Evanston, II., North- Western Univ 1971

٢ المصدر السابق : ص ١١٣

أو بعد معين، هذه العوامل والأبعاد هي التي تساعد في تفسير التركيب الاجتماعي والسكاني للمدينة، بحيث تختلف بعض المناطق في المدينة عن غيرها حسب هذه العوامل، وبعد ذلك يمكن تجميع تلك المناطق التي تتميز بالخصائص السكانية والاقتصادية والاجتماعية المتشابهة لتكون امتداداً مكانياً معيناً يختلف عن غيره من المناطق الأخرى، ويتم ذلك بواسطة عمل خريطة لما يعرف "بالدرجات المعيارية" Factor Scores تلك الدرجات التي تبين ارتباط المناطق بالأبعاد الثلاثة، وبذلك فإن الاختلاف والتباين في التركيب الاجتماعي لسكان المدينة يمكن توضيحه وتفسيره بواسطة هذه الأبعاد التي تنتظم المتغيرات أو العوامل حسبها.

وقد تم تطبيق هذا الأسلوب الإحصائي في دراسات كثيرة وعلى مستويات مختلفة، حيث أجريت دراسات كثيرة على مستوى المدن بحيث كانت الوحدات الإحصائية أو المناطق Census Tracts هي الأساس لمثل هذه الدراسات، ودراسات أخرى على مستوى قومي حيث اعتبرت الأقاليم أو المدن المختلفة ضمن القطر كوحدات إحصائية تم تحليل المتغيرات لهذه الوحدات، وهناك دراسات أخرى أجريت على مستوى عالمي واعتبرت الدول أو الأقطار كوحدات مساحية ثم حللت المتغيرات والخصائص المختلفة لهذه الأقطار أو الدول. بواسطة هذا الأسلوب الإحصائي.

أما دراسات "تحليل البيئة العاملية في المدينة" فقد أجريت وبشكل خاص على المدن الغربية والمدن في الولايات المتحدة الأمريكية، وقد أظهرت هذه الدراسات أن سكان المدينة الأمريكية ينتظمون حول ثلاثة أبعاد Dimensions أطلق عليها:

١- البعد الاقتصادي أو الوضع الاقتصادي Economic Status

٢- الوضع الأسري Familial Status

٣- الوضع العرقي Ethnic Status

إن هـذه الأبعـاد سالفة الـذكر تعتبـر ضروريـة مـن أجـل فهـم التركيب الاجتماعي الداخلي لسكان المدينة ومن أجـل تفسـير الاختلاف والتباين بـين المناطق المختلفة داخل المدينـة وحسـب الخصائص الاقتصادية والاجتماعية والسكانية وخصائص المسكن التي تم تحليلها.

ويمكن تلخيص النتائج التي توصلت إليها دراسات تحليل البيئة العاملية بما يلي:

١- لقد أمكن عـزل وإظهار ثلاثـة أبعـاد رئيسـية لتفسـر ـ التركيب الاجتماعي الداخلي للمدن وهـي: الحالة الاقتصادية والاجتماعية، وتركيب السكان العمري أو نوع الأسرة، والحالة العرقية، هـذه الأبعـاد تميـز وتفرق سكان المناطق المختلفة داخل المدينة، أما عن الامتداد المكاني لهذه الأبعاد، فقد ظهر البعد الاقتصادي والاجتماعي عـلى شكل قطاعات أمـا البعـد الأسري فقد ظهر على شكل حلقي أو دائري في حين ظهـر البعـد المتعلـق بالحالة العرقية بالحالة العرقية للسكان على شكل نويات متباعدة داخل المدينة.

٢- أما الدراسات المتعلقة بالمدن الأوروبية وبخاصة تلك التي أجريت في المدن الاسكندينافية فقد أبرزت العوامل التالية: الحالة الاقتصادية والاجتماعية، وحالة الأسرة أو "التحضر"، ثم البعد الذي يتعلق بنمو السكان وحركتهم، وظهر البعد الأول على شكل قطاعي، بينما ظهر البعـد الثاني عـلى شكل دائري أو حلقي إلا أن البعد الثالث الذي ظهر في المدن الأمريكية لم يـبرز في المدن الأوروبية وذلك لتجانس السكان في هذه المجتمعات.

٣- إن دراسات تحليل البيئة العاملي في المدن غير الغربيـة قد أظهرت نتائج مختلفة، فقد وجدت جانيت أبو لغد في دراستها لمدينـة القاهرة، بأنه لا يمكن فصل التغيرات المتعلقـة بالبعد الاجتماعي عـن تلك المتعلقـة بالحالة الأسرية Family Status ووجدت أن بعدي الحالة الاجتماعية والحالة الأسرية يتحدان معاً ليكونا بعداً واحداً أطلقـت عليـه اسـم "نمط الحيـاة" Life Style.

أما الدراسات التي أجريت في المدن الهندية فقد أظهرت وجود ارتباط بـين بعد الحالة الاقتصادية والاجتماعية وبعد الحالة العرقية، إن هـذا الـنمط يميز المدن في مرحلـة قبـل الثـورة الصـناعية، فقـد أظهـرت جملـة الدراسـات التـي أجريت في المدن غير الغربية أن الأسر التي تتميز بحالة اجتماعية مرتفعة تميل إلى الاستقرار في وسط المدينة في حـين تسـتقر الأسر ذات المسـتوى الاجتماعـي المنخفض على أطراف المدينـة كـما ظهـرت الأحيـاء الخاصـة بمسـاكن العـمال منعزلة.

هذا وقد أمكن تصنيف المتغيرات والخصائص حسب الأبعاد الثلاثة، فمـثلاً يمكن تخصيص المتغيرات أو الخصائص المتعلقـة بـالتعليم والوظيفـة ومسـتوى الدخل بمفهوم أو ببعد " الحالة الاجتماعية والاقتصادية"، لأن هـذه الخصـائص يمكن أن تكون من الثورة الصناعية الأوضاع، وبقيت معدلات الوفاة مرتفعة في المدن نتيجة للنقص في الصرف الصحي، وعـلى الـرغم مـن ذلـك بقيـت هجـرة السكان من الريف إلى المدن مستمرة خلال القرن التاسع عشر، حتـى قبـل أن تصبح المدينة مقبرة للريفيين (palen J, 1981, P. 49"

ومن أجل إيضاح الامتـداد المكـاني للأبعـاد التـي تفسر التركيـب الـداخلي للمدينة، أو من أجل إيضاح ما يسمى بالمناطق الاجتماعية في المدن، فإننا نورد ثلاثة نماذج للبيئـة الجغرافيـة في هـذه المـدن، هـي: شيكاغو، رومـا وكلكوتـة بحيث تمثل النماذج هذه المدن الحديثة في أمريكا الشمالية والمدينة الأوروبيـة ثم المدينة غير الغربية أو المدينة في العالم الثالث. (شكل ٢٥).

ومع الاعتراف بوجود الاختلافـات في النتـائج التـي توصـلت إليهـا دراسـات البيئة الحضرية في المدن المختلفة، فإنه يمكن استخلاص أن البيئات الحضرية أو المناطق الاجتماعية في المـدن تـنتظم عـلى شـكل قطاعـات تنطلـق مـن وسـط المدينة إلى خارجها وعلى شكل نطاقات أو حلقات دائرية تحيط بمركـز المدينـة باتجاه الأطراف، وذلك على الرغم من سيطرة نظام دون الآخر.

فقد ظهر من دراسات تحليل البيئة العاملي أن بعد الحالة الاقتصادية يظهر على شكل قطاعات تنطلق من وسط المدينة إلى أطرافها، في حين أن الوضع الأسري يمتد على شكل حلقات أو نطاقات دائرية تحيط بمركز المدينة، بالإضافة إلى أبعاد أخرى قد تظهر في مدن معينة وتختفي في مدن أخرى، مثل عامل الوضع العرقي الذي ظهر في المدن الأمريكية على شكل نويات تتوزع في المدينة بما يتلاءم وطبيعة المجتمع الأمريكي الانعزالية، وظهور أبعاد أخرى خاصة بالبيئة الاجتماعية والاقتصادية لسكان بعض هذه المدن (شكل ٢٥).

عمليات "أسلوب التحليل العاملي":

لما كانت هذه الدراسات تتم بواسطة تطبيق أسلوب التحليل العاملي، فإنه من المفيد أن نكمل الصورة بتوضيح العمليات والخطوات التي تتم من خلال هذا الأسلوب، إن هذا الأسلوب يرجع في أصوله إلى علم النفس، حيث كان علماء النفس مهتمين بعزل المكونات الأساسية للشخصية من خلال الصفات والمزايا الشخصية التي يمكن قياسها، وبذلك فقد تمكن علماء النفس من الحصول على مصفوفة من المعلومات ن × م حيث تمثل (ن) عدد الأشخاص وتمثل (م) عدد الصفات والمزايا الشخصية، ويرتب الأشخاص على المحور الرأسي للمصفوفة والمزايا الشخصية على المحور الأفقي.

وفي المراحل التالية يمكن اختصار هذه المصفوفة لتكون ن × س ، حيث تمثل (س) عدد مكونات الشخصية.

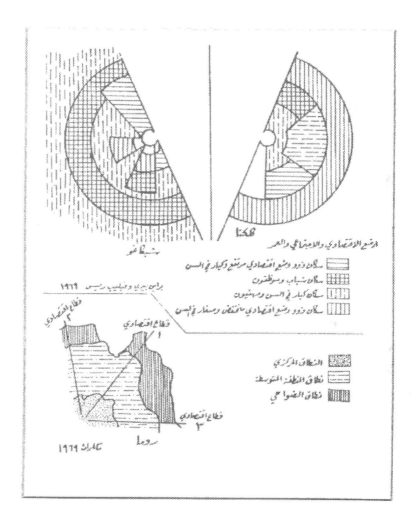

شكل (٢٥): نماذج عامة للمناطق الاجتماعية لعينة مختارة من المدن.

وبتطبيق هذا الأسلوب الإحصائي على المدن فقد استخدمت المناطق أو الوحدات المساحية (نقاط المشاهدة) داخل المدينة بدلاً من عدد الأشخاص، كما استخدمت الخصائص الاقتصادية والاجتماعية والسكانية وخصائص المسكن لسكان هذه المناطق بدلاً من المزايا والخصائص الشخصية، هذا ويمكن تحديد الخطوات التي يتم بواسطتها أسلوب التحليل الإحصائي بالخطوات التالية[١]:

١- بناء المصفوفة أ للمعلومات تتكون من م × ن حيث تشير (م) إلى عدد المزايا والخصائص المختارة لسكان المناطق، وتشير (ن) إلى عدد المناطق أو نقاط المشاهدة في المدينة.

٢- تحويل المصفوفة (أ) إلى مصفوفة (ن) وبالترتيب نفسه م × ن حيث تشير (م) هنا إلى شكل معياري أو مقنن للمتغيرات (Standardized Form).

٣- حساب مصفوفة ر وبترتيب م × م وذلك بالحصول على مصفوفة لمعاملات الارتباط بين كل زوج من المتغيرات، ولتوضيح ذلك نورد مصفوفة معاملات الارتباط التي استخدمتها جانيت أبو لغد في دراستها لمدينة القاهرة وهي كما يلي:

---

[١] تتم هذه الخطوات بواسطة الحاسب الالكتروني باستثناء الخطوة الأولى التي يعدها الباحث.

مصفوفة لمعاملات الارتباط بين ثلاثة عشر متغيرا في مدينة القاهرة (١٩٦٠)

المتغيرات												
عدد الأشخاص في الغفة	١											
الكثافة	٠,٢٨	١										
نسبة النوع (١٥-٤٩)	٠,٠٣-	٠,٠٥-	١									
معدل الخصوبة	٠,٧٣	٠,١٨	٠,٠٢	١								
اناث يزيد عمرهن عن ١٦ سنة لم يتزوجن	٧٤.-	٠,١٣-	٠,٠٠	٠,٨٤	١							
اناث مطلقات اكبر من ١٦ سنة	٠,٢٩-	٠,٠٩-	٠,١٢-	٠,٥٤	٠,٤٤	١						
ذكور لم يتزوجوا (+١٦)	٠,٢٥-	٠,٠٥-	٠,٣٩	٠,٦٦-	٠,٧٨	٠,٤٢	١					
معدل الاعاقة	٠,٥٠	٠,٢٣	٠,٠٢	٠,٤٣	٠,٤٠-	٠,١٥-	٠,٢٤-	١				
نسبة امتعلمين/ ذكور	٠,٧٤-	٠,٢٢-	٠,٠٤-	٠,٦٤-	٠,٧٨	٠,٣١	٠,٥٨	٠,٥١-	١			
نسبة المتعلمات	٠,٨٤-	٠,٢٣-	٠,١١	٠,٨٠-	٠,٩٠	٠,٣٥	٠,٧١	٠,٥٠-	٠,٨٩	١		
نساء في قوة العمل	٠,٨٥-	٠,٢٨-	٠,٠٨	٠,٨٥-	٠,٨١	٠,٤٥	٠,٦٠	٠,٥٣-	٠,٧١	٠,٨٧	١	
ذكور عاطلون عن العمل	٠,٤٣	٠,١٨	٠,٠٣-	٠,٣٩	٠,٣٧-	٠,١٩-	٠,٢٣-	٠,٢٢	٠,٣٢-	٠,٤٢	٠,٤٦-	١
نسبة المسلمين	٠,٥١	٠,٢١	٠,٠٧-	٠,٤٧	٠,٤٧-	٠,٠٨	٠,٣١-	٠,١٧	٠,٣٧-	٠,٥٠-	٠,٤٥-	١,١٦

٤- بواسطة استخدام أسلوب التحليل العاملي (شكل المركبات الرئيسية) المعروف بالتدوير المائل Principle Component Analysis، حصلت جانيت أبو لغد على مصفوفة (ف) وبترتيب م × س ، حيث تمثل (م) عدد المتغيرات (ثلاثة عشر متغيراً) و (س) عدد ا لمركبات الرئيسية البالغ ثلاثة أبعاد أو عوامل، إن أية خلية من خلايا المصفوفة (ف) هي عبارة عن معامل ارتباط بين المتغير واحد المركبات الرئيسية أو

العوامل، ومعاملات الارتباط هذه تسمى تشبعات العوامل Factor Loadings، وتتراوح قيمتها بين +١ و ١.

وقد أطلقت جانيت أبو لغد اسم بعد الحالة الاقتصادية والاجتماعية على العامل الأول، الذي يرتبط أيضاً مع متغيرات أخرى يمكن تفسيرها بأسلوب الحياة أو نمط الحياة Style Of life، كما أمكن تفسير العامل الثاني على أنه يمثل سيطرة الذكور والعامل الثالث على أنه يمثل الفوضى الاجتماعية Social Disorganization [1]

العوامل / المتغيرات	الأول	الثاني	الثالث
عدد الأشخاص في الغرفة الواحدة	٠.٨١-	٠.٠١	٠.٣٢+
الكثافة	٠.٠٣-	٠.١٠-	٠.٧٢+
نسبة النوع	٠.٠١-	٠.٩٧+	٠.٠٣+

٥- وفي مرحلة الخامسة يمكن الحصول على مصفوفة (ع) وبترتيب ن × س، حيث تمثل (ن) عدد المناطق أو الوحدات المساحية و(س) تمثل عدد الأبعاد أو المكونات الرئيسية وأن كل خلية من خلايا هذه المصفوفة تمثل ما يعرف بالدرجات المعيارية Factor Scores والتي تربط الوحدات المساحية أو المناطق مع المكونات الرئيسية، وبالطبع يمكن توقيع ورسم هذه الدرجات على خريطة، وتتضح هذه في المصفوفة التالية:[2]

[1] هناك أشكال أخرى للتحليل العاملي يمكن استخدامها مثل أسلوب التدوير المائل أو غيره

[2] أخذت هذه المصفوفة من :

Rosbson B.T Urban Analysis: a study of city Structure with Special References to Sunderiand, Cambridge Univ. Press, Cambridge, 1971, P, 260

مصفوفة ع (٥×٤)

العوامل أو المكونات / أرقام المناطق	١	٢	٣	٤
٢٩	١.٧٨	٢.٢٠	٣.٩٦	٣.٦٦
٣٠	١.٦٨	١.١٥	٠.٧٠-	١.٤٥
٣١	١.١٣	١.٤٤	١.٧٩-	١.٢٠
٣٢	٠.٥٩	١.٧٢	١١-	٢.١٢
٣٥	٠.١٧	١.٥٨	٠.٤٥-	٠.٨٥-

مجال الدراسات التي استخدمت التحليل العاملي:

ضمن ريس (Rees, 1971) مقالته قائمة مختارة من الدراسات التي استخدمت هذا الأسلوب الإحصائي، وصنفها حسب ثلاثة أسس هي: مقياس الدراسة، نوع المتغيرات وشكل الأسلوب الإحصائي الذي استخدم في هذه الدراسة، وبخاصة تلك الدراسات التي أجريت قبل عام ١٩٧٠، ويذكر رامل (Rummel, 1972) في كتابه "أبعاد أمم" The Dimensions of Nations الدراسات التي استخدمت أسلوب التحليل العاملي على مستوى الدول التي اعتبرت الأقاليم أو المدن في تلك الدول على أساس أنها نقاط مشاهدة أو وحدات إحصائية[1].

كما راجع برايان بيري Brian Berry في كتابه "تصنيف المدن" City Classification، ١٩٧٢[2] الدراسات التي أجريت على المدن الأمريكية وبعض الدراسات التي أجريت في كندا ويوغوسلافيا وشيلي والهند ونيجيريا.

ويبدو أن علماء الاجتماع والسياسة قد طبقوا أسلوب التحليل العاملي في عدد من دراساتهم وبخاصة تلك التي أجريت على مستوى عالمي، تلك الدراسات التي تظهر الاختلافات المكانية أو البيئية على مستوى عالمي، كما تظهر التشابه والاختلاف والتعاون

---

[1] Rummel J the Dimensions of Nations, Sage Publications, 1970

[2] Berry B. City Classification , Handbook , Methods and Applications Wiley, New York, 1972.

والصراع، هذا وأن نمو المدن بواسطة التنمية الاقتصادية والاجتماعية والسياسية يقع ضمن مجال اهتمام الاقتصاديين والجغرافيين وعلماء الاجتماع.

إن الدراسات على المستوي العالمي تعتبر مفيدة، إذ تقدم صورة للأبعاد الرئيسية للاختلاف والتنوع كما تبين التجمعات الرئيسية للأمم حسب الأسس التركيبية والعلاقات Or both structural and relational Criteria، وقد أظهرت الدراسات التي أجريت على مستوى عالمي عوامل التنمية الاقتصادية، الحجم، طبيعة قطاع الزراعة لتبين الاختلاف والتباين بين الأمم والأقطار.

أما الدراسات التي استخدمت هذا الأسلوب ولكن على مستوى قومي، فقد تراوحت مناطق الدراسة حسب مساحتها من الأقاليم الكبيرة إلى مناطق احصائية Census Tracts أو على مستوى العمارات والبنايات Building Block، وهناك دراسات أخرى اعتمدت المدن في الأقاليم أو القطر كوحدات أو مناطق للدراسة، ومن الموضوعات الرئيسية التي درست على مستوى قومي من قبل الجغرافيين والاقتصاديين والمخططين " التنمية الإقليمية أو التوزيع الإقليمي للرفاه" Regional development or regional distribution of welfare.

وقد أجابت دراسات التحليل العاملي على عدة تساؤلات بشأن الرفاه، مثل كيف يختلف إقليم عن آخر حسب درجة الرفاة؟ ثم لماذا يختلف وكيف تختلف معدلات التغير من جزء إلى آخر؟ ثم لماذا تختلف هذه التغيرات؟

كما أظهرت الدراسات التي أجريت على مستوى قومي اختلافات بين الريف والمدن في مستوى الدخل والوظائف والتحصيل العلمي، أما الدراسات التي أخذت المدن كمناطق دراسية فقد أظهرت وجود بعدين منفصلين ومتعامدين هما: حجم المدينة والحالة الاجتماعية والاقتصادية، وهذا يعني أن حجم المدينة ودخل الأسرة لا يرتبطان معاً.

والدراسات التي أجريت لإظهار التباين والاختلاف بين مناطق المدينة فقد روجعت من قبل برايان بيري (١٩٧٢) وجانيت أبو لغد (١٩٦٩) وموردي (١٩٦٩)، وبخاصة تلك الدراسات التي أجريت قبل عام ١٩٧٠، وراجع المؤلف مجموعة من الدراسات والأبحاث التي استخدمت هذا الأسلوب الإحصائي وخلال عقد السبعينات من القرن الماضي، مثالاً على سعة تطبيق هذه الطريقة الإحصائية وشيوعها. (أبو صبحة، تحليل البيئة العاملي، دراسات، ١٩٨٣).

يتضح مما تقدم أن هذا الأسلوب الاحصائي قد شاع استخدامه شيوعاً كبيراً وعلــى مستويات مختلفــة، كـما أن عـدد المتغيرات التي تصـف الخصائص الاجتماعيـة والاقتصادية والسكانية أخذت بالازدياد والتنوع، وكذلك فإن مناطق الدراسة اختلفت من مدينة لأخرى واختلـف شكل التحليـل الاحصائي ولفترات زمنية مختلفة.

وأجريت عدة دراسات للتركيب الداخلي في بعض المدن العربية، مستخدمة التحليل العاملي، ومن هذه الدراسات: خالد العنقري لمدينة الكويت، الجمعية الجغرافية الكويتية، عدد ٦٨، ١٩٨٤، وعدد من رسائل الماجستير التـي قدمت إلى قسم الجغرافيا في الجامعة الأردنية، لتدريب الطلبة علـى استخدام هـذا الأسلوب كما أجرى المؤلف الدراسة التالية للبيئة الاجتماعية لمدينة عمان.

كايد أبو صبحة، البيئة الاجتماعية لمدينة عمان، مجلة العلوم الاجتماعيـة، جامعـة الكويـت، عدد خاص ١٩٨٨، ص ١٠٧-١٣٦، استخدم المؤلف واحداً وخمسـين متغيراً لقياس الخصائص الاقتصادية والاجتماعيـة والديموغرافيـة للسكان خصائص المسكن، لـ ١٣٠٢ منطقة (بلوك) داخل عمان، وطبق أسلوب التحليل العاملي:

شكل المكونات الرئيسة، وتوصل الباحث في نهاية الدراسـة إلى وجود الأبعاد والعوامل التالية التي يمكن بواسطتها تفسير التركيب الداخلي لمدينة عمان:

١- بعد الحالة الاقتصادية والتعليمية
٢- بعد الحالة الأسرية
٣- بعد خصائص السكن
٤- بعد السكن العشوائي
٥- البعد الديموغرافي

قياس استخدامات الأرض وتصنيفها:

تشكل قطعة الأرض في المدينة Land Parcel التي توضع في استخدام معين الوحدة الأساسية التي يعتمد عليها تصنيف استخدامات الأرض في المدن، وتعتبر هذه القطعة من الأرض، وحدة مسجلة ذات مساحة مبينة وملكية محددة، وتكون ملكيتها فردية، ولها حدود قانونية معترف لها، ويعتبر تصنيف استخدامات الأرض وتجميعها في مجموعات، أمراً حيوياً من أجل دراسة الاستخدامات، لأنه يكاد يكون من المستحيل التعامل مع عدد كبير من أشكال استخدام الأرض في المدن، كما تعتبر عملية تصنيف استخدامات الأرض في المدن أول خطوة مهمة لفهم التركيب الداخلي للمدن، وقد اهتم بهذه العملية المخططون والمهندسون بالإضافة للجغرافيين لذا دعت الحاجة إلى تجميع الاستخدامات المتشابهة في مجموعة واحدة، ولا بد من إيجاد الأسس التي يمكن الاعتماد عليها في تصنيف استخدامات الأرض وتجميعها في مجموعات، لتناسب أكثر من مدينة، إلا أنه يجب ملاحظة أنه لا يوجد تصنيف معين لاستخدامات الأرض يناسب جميع الاحتياجات وجميع المدن، لذا لا بد من إيجاد أساس يمكن الاعتماد عليه وتطبيقه في مجموعة من المدن أو في معظمها على الأقل (Northam Ray, 1979, P.285).

وترجع أعمال تصنيف استخدامات المدن إلى مؤسسات التخطيط الحضري، وقد قام بأول المحاولات المبكرة لتصنيف استخدامات الأرض في المدن الأمريكية هارلاند بارثولوميو Harland Bartholomew، فقسم مساحة المدينة إلى أراض مطورة أو مبينة Developed Area، وأراض فراغ، وصنف استخدامات الأرض المبنية إلى نوعين رئيسيين

هما: أراض مطورة لاستعمالات خاصة وأراضي مطورة لاستعمالات عامة، وصنف الأراضي المطورة لاستعمالات خاصة إلى: مساكن خاصة بـالأسر المستقلة ومساكن للأسر المزدوجة ومساكن للأسر المتعددة، بالإضافة إلى استخدامات تجارية وصناعة خفيفة ثم صناعة ثقيلة، وصنف الاستعمالات لأغراض عامة إلى: الطـرق، وملكيـة السـكك الحديديـة والمـوانئ والملاعـب، بالإضـافة للاستخدامات العامة وشبه العامة.

وقد تعرض هذا التصنيف لانتقادات تتعلق بعدم إمكانية تطبيقه تطبيقاً كاملاً (Northam R. 1979, P. 221).

وهناك تصنيف آخر، أحدث من ذلك الذي اقترحه بورثولوميو، اعتمد عـلى خصائص ومزايا استخدامات الأرض المختلفة، قـدم مـن قبـل مـنظمات مهنيـة متخصصة في التخطيط، ويقسم الخصائص إلى مجموعتين:

المجموعة الأولى: وتشمل خصائص وظيفية، قسمت هـذه إلى نـوع النشاط (type of activity) وإنتـاج النشـاط المعـين (The Product Of Activity) وخدمات أو تسهيلات ذلك النشاط (The Facilities Of Activity).

أما المجموعة الثانية: فقد أطلق عليها اسم خصائص أخرى، اشتملت عـلى:

١- ميزة الاستخدام Intensity Of Land Use

٢- الخاصية السيئة الناتجة عن الاستخدام المعين Nuisance

٣- خصائص المواصلات Traffic Characteristics

٤- الخصائص المتعلقة بزمن الاستخدام Time Characteristics

٥- الخصائص البنائية أو التركيبة للاستخدام Structural Characteristics

٦- الخصائص الحضرية Urban Characteristics

٧- الخصائص المتعلقة بملكية الاستخدام Ownership Characteristics

٨- الخصائص الاقتصادية Economic Characteristics

مدخلات استعمالات الأرض في المدن: (أنواع الاستخدامات)

يصعب توفير بيانات عـن حجم الأرض المستعملة لأغراض الاستعمالات المختلفة في المدن، بشكل عام، ويصعب الحصول على هذه البيانات أيضاً، وقد تتوافر البيانات المتعلقة باستخدامات الأرض في مدينة ما، في حين لا تتوافر في المدن الأخرى، وإذا توافرت، فقد لا تتوافر للاستخدامات ذاتها وللفترة الزمنية المعنية، أيضاً، لكن يمكن تقديم بعض المعلومات المتعلقة باستخدامات الأرض في المدن الأمريكية، التي يمكن الاستفادة منها لتشكل مؤشرات لأنواع وتصنيف استخدام الأرض في المدن الأخرى.

قسمت استخدامات الأرض إلى ست مجموعـات رئيسـة: سكنية وصناعية وتجارية وطرق واستخدامات عامة وشبه عامة وأراض فراغ.

.(Yeates M. and Other, 1976, P. 200)

وتتوزع الأرض على المجموعات الست السابقة الذكر، في المـدن الأمريكـية، على الشكل التالي:

١- استخدامات سكنية: تستهلك الوظيفـة السـكنية أكبر نسـبة مـن الأرض في المدن الأمريكية فبلغت هذه النسبة ٢٩.٦% من مجموع نسبة الأرض في المـدن وحـوالي ٣٩% مـن مجموع مسـاحة الأرض المبنيـة أو المطورة في المدن (Developed Area)، ويمكن تقسيم الأرض المخصصـة للوظيفـة السكنية إلى عدد من الاستخدامات الفرعية السكنية التالية:

الأرض المخصصـة لاستخدامات المسـاكن المسـتقلة المخصصة للأسرة الواحدة Single family dwellings ، وتستهلك هـذه الفئـة حـوالي ٣١.٨% مـن مجموع مسـاحة الأرض المبنيـة، وتـأتي في المرتبـة الثانيـة، الاستخدامات المخصصـة للأسر المزدوجـة، وتستهلك هـذه الفئـة حـوالي ٤.٨% من مجموع مساحة الأرض المبنية.

وتشمل الفئة الثالثة الأراضي المخصصة للمباني العالية – مباني الشقق ، وتستهلك حوالي ٧.٦% من مساحة أراضي المدن (Yeates M. and other, 1976, p. 220)

٢- استخدامات الطرق والطرق السريعة (الرئيسية): وتستهلك هذه الفئة حوالي ٢٠% من مساحة أراضي المدن، كما تستهلك حوالي مساحة الأرض المبنية في المدن، وعادة تكون مساحة الطرق أكبر في المناطق القريبة من مركز المدينة، منها في المناطق الواقعة على أطراف أو هوامش المدن، لأن الطرق تتقارب من بعضها بالقرب من مركز المدينة، وتتباعد عن بعضها عند أطراف المدينة، بعامة.

٣- الوظيفة الصناعية: وتشمل هذه الفئة الصناعية الثقيلة والخفيفة والسكك الحديدية والمطارات، وتستهلك ٨.٦% من الأرض المتوافرة في المدن.

٤- الاستخدامات التجارية، وتشمل هذه المجموعة تجارة الجملة والمفرق وأنشطة الخدمات الأخرى، وتستهلك حوالي ٣.٧% من أراضي المدن، فقط.

٥- الاستخدامات العامة: وتشمل هذه المجموعة، المدارس والمباني العامة والمنتزهات والملاعب والمقابر، وتستهلك ١٥% من مساحة أراضي المدن.

٦- الأراضي الفراغ: وتشغل حوالي ٢.٧% من مساحة المدن. ويلخص الجدول التالي نوع الاستخدام والنسبة المئوية في المدن الأمريكية :

نوع الاستخدام	النسبة المئوية
مبنية (مطورة)	%٧٧
سكنية	%٢٩.٦
صناعية	٨.٦
تجارية	٣.٧
طرق	١٩.٩
عامة	١٥.٢

مواقع استخدامات الأرض :

يلاحظ أن نسبة الأراضي المطورة أو المبنية تكون أكبر في مركز المدينة منها على هامش المدينة أو في أطرافها. تظهر دراسة لمدينة شيكاغو أن ٩٠% من الأراضي التي تبعد أقل من ثمانية أميال عن مركز المدينة هي مبنية أو مطورة، في حين تتناقص هذه النسبة لتصل إلى ٥٠% في مناطق تبعد أكثر من ١٦ ميلاً عن مركز المدينة، وبالتالي تكون مساحة الأرض غير المبنية في مركز المدينة صغيرة جداً، كما تكون نسبة الأراضي التي تشغلها الوظيفة السكنية في مركز المدينة محدودة جداً، فتستهلك الوظيفة السكنية في مدينة شيكاغو ٤١% من مساحة الأرض المبنية في حين تنخفض هذه النسبة إلى ٢٠% في المنطقة التي تبعد عن مركز المدينة بأقل من ميلين فقط .

هذا، وأن أكبر استعمالات للأرض في مركز المدينة تشغله الطرق والأنشطة التجارية وخدمات المواصلات، وتشكل الطرق وخدمات الاستخدام الرئيس بين الاستخدامات. وتستهلك الوظيفة التجارية في مدينة شيكاغو حوالي ٤.٨% من مجموع مساحة الأرض المبنية ، إلا أنها تستهلك الأراضي المبنية في المنطقة المركزية، كما تشغل الوظيفة الصناعية

١٠/١ من مساحة الأرض التي تقع بين ٤-١٢ ميلاً من مركز المدينة، وتستهلك الوظيفة السكنية حوالي ١/ ٣ من هذه الأرض. (Hartshorn T. 1992, P. 219)

وقد تطور نمط معقد من استخدامات الأرض في المدن، نتيجة لتعدد الوظائف التي تقدمها هذه المدن لمن يسكنها من الناس ومن يعمل فيها، وعلى الرغم من انتظام استخدامات الأرض في تنظيمات معينة، إلا أنه يوجد تباين كبير جداً في أشكال استخدام الأرض، بين المدن في العالم. ويحدث أكبر تباين بين مدن الحضارة الغربية من جهة ومدن الحضارة غير الغربية من جهة أخرى، كما يظهر تباين أيضاً في استخدامات الأرض بين مدن المجموعة الواحدة من هاتين المجموعتين الكبيرتين. لأن تقاليد كل منها تتباين وتختلف مع تقاليد الأخرى.

وكانت مدن ما قبل مرحلة الرأسمالية، أو قبل الثورة الصناعية أكثر محافظة من حيث تنوع استخدامات الأرض والفصل بين الوظائف التي تقدمها المدن، فكان يقع مكان السكن والعمل في الشارع ذاته، كما كانت أشكال وسائل المواصلات محدودة، وتكاد تقتصر على استخدامات الخيول والمشي على الأقدام، الأمر الذي أدى إلى تقليل عدد البدائل المتاحة وخفض مستوى المرونة في استخدامات الأرض، لكن مع تطور وسائل المواصلات، فقد نمت المدن وتوسعت مساحياً، وأصبح تركيبها الداخلي أكثر تنوعاً، كما أصبح مكان العمل يبتعد عن مكان السكن، وظهرت مناطق إدارية وتجارية وصناعية أكثر تخصصاً، واستجابت استخدامات الأرض إلى عامل المراهنة والمنافسة. (Hartshorn T. 1992, P. 220)

التغير في استخدامات الأرض :

على الرغم من أن استخدامات الأرض في المدن تنتظم على شكل ترتيبات معينة، تتأثر بعوامل كثيرة منها قيمة الأرض وشدة المنافسة بين الوظائف المختلفة على استخدامات الأرض والخصائص الطبيعة، بالإضافة إلى قربها أو بعدهاعن طرق المواصلات ومركزالمدينةالتجاري أو مايسمى بسهولةالوصول،إلا أن أنماط الاستخدامات تتغيرمع مرور الزمن وتزدادكثافةالاستقلال أ تتناقص،ويبدو أن نسبة

الأرض التي تشغلها الوظيفة السكنية والوظائف الأخرى بالنسبة لمجموع مساحة المدن والمساحة المبنية قد ارتفعت بشكل عام مع مرور الزمن، كما تناقصت نسبة الأراضي التي تشغلها الطرق والطرق السريعة، بشكل عام. أما نسب الاستخدام الصناعي والتجاري فقد بقيت دون تغير يذكر . وقد حصلت أكبر زيادة في نسبة الأرض المخصصة للوظيفة السكنية تليها نسبة الأراضي المخصصة للمباني العامة، وبالتالي تناقصت نسبة الأراضي الفراغ بسرعة كبيرة وبخاصة إذا لم تتوسع المدينة وتضم مناطق جديدة مجاورة، فإن نسبة الأراضي الفراغ في المدينة تختفي، وإذا لم تتوسع المدن، فإن تزايد أعداد السكان في المدن غير ممكن دون ارتفاع كثافة الاستخدام (Yeates M. and Other, 1976, pp. 203-204)

استخدامات الأرض في مدن العالم الثالث :

لقد بقيت مدن العالم الثالث صغيرة الحجم نسبياً بالمقارنة مع مدن الحضارة الغربية، بعد الحرب العالمية الثانية، كما أن أكبر هذه المدن، ليست تلك التي تتميز بتاريخ طويل، وإنما المدن التي انشئت في عصر ـ الاستعمار، أو ابان السيطرة الأوروبية خلال القرنين الثامن عشر والتاسع عشر. وقد صاحبت حقبة الاستعمار ظروف خاصة أثرت في تكوين المدن وبنائها، بطريقة تختلف عن تركيب المدينة الغربية في أوروبا وأمريكا الشمالية.

وتتميز مدن العالم الثالث بخاصية تعود إلى عهد الاستعمار الأوروبي، وهي وجود طبقة قوية صغيرة من السكان، تسيطر على الاقتصاد في هذه المدن وتحتفظ بروابط دولية قوية في حين يبقى معظم السكان المدن فقراء وغير مهرة ويحتفظون بروابط عاطفية وثقافية مع مناطقهم الريفية الأصلية. وتظهر هذه الحالة في أمريكا اللاتينية وأفريقيا وآسيا والشرق الأوسط.

ومن وجهة نظر مكانية، تتميز مدن العالم الثالث بالنمط الحلقي المعكوس، حيث يتواجد رجال الأعمال والاقتصاد في مناطق قريبة من المركز التجاري، وتستقر الفئات منخفضة الدخل في مناطق بعيدة عن مركز المدينة، كما تغيب الطبقة الوسطى. وتشكل

مناطق الفقراء المهاجرين القادمين من الريف حلقة خارجية تحيط بالمدينة، في أحياء عرفت بمدن الصفيح Shanty (Hartshorn T. 1992, pp. 238-240). towns and Squatter housing

نموذج المدينة في أمريكا اللاتينية:

تختلف المدن في أميركا اللاتينية عن تلك في آسيا وأفريقيا، فقد تأثر نمط المدينة في أمريكا اللاتينية بالقانون الفرنسي لجزر الهند الذي تأثر بالتقليد الروماني والذي يتميز بالنمط الشبكي Grid Pattern مع وجود منطقة فراغ في وسط المدينة Plaza. ويظهر نمط استعمال الأرض في مدن أمريكا اللاتينية تنظيما اجتماعيا هرميا، فكانت المدن مراكز تجارية وإدارية مهمة، كما تركز النشاط بالقرب من المركز وكما هو الحال في مدن أخرى في العالم الثالث لم يصاحب عملية التحضر تصنيع كما حدث في المدن الغربية، إنما حدث تصنيع قليل في بعض مدن العالم الثالث في عهد الاستعمار ، كما ظهرت فرص محدودة جدا عملت على نمو الطبقة الوسطى من السكان في المدن، واستقر الأغنياء في المناطق القريبة من مركز المدينة حيث إمكانية الوصول بسهولة الخدمات والمرافق المختلفة في المدن مثل الطرق المعبدة والمضاءة والمياه ووسائل الصرف الصحي والحماية التي تقدمها الشرطة والإطفائية والمنتزهات العامة. وعادة، فقد تطورت المنطقة التجارية المركزية والقطاع الصناعي بالقرب من مناطق سكن الأغنياء، ويلاحظ نمو حلقات من مناطق السكن منخفضة المستوى، حول المناطق المركزية في المدن.

وتشكل مناطق سكن الأغنياء العمود الفقري على شكل قطاع ينطلق من مركز المدينة باتجاه أطرافها، ثم نمت مناطق سكن أخرى وبخاصة للسكان من الطبقة الوسطى على أطراف مناطق سكن الأغنياء. كما تطورت حلقات من المناطق السكنية بعيداً عن مناطق الأغنياء، بحيث ظهر نمط يختلف عن ذلك الذي تميزت به المدن في أمريكا الشمالية، فكلما ابتعدنا عن مركز المدينة في الدول النامية- ينخفض مستوى المساكن وقيمتها، بدلا من ارتفاع قيمة المساكن وحالتها كما هو الحال في المدن الأمريكية.

وتطورت بمحاذاة المنطقة التجارية المركزية منطقة مساكن رفع مستواها مع مرور الزمن عرفت بالمنطقة الناضجة Zone of maturity، ويسكن هذه المنطقة السكان الأوائل، وتتميز بالاستقرار ، كما طورت فيها خدمات مدنية كاملة.

وتطورت منطقة سكنية عرفت باسم Zone of in situ accretion وتشمل منطقة سكنية احدث تشمل تنوعا أكبر في المساكن وفي المستوى، وهي منطقة تختلط فيها الخدمات، والطرق فيها ليست جميعها معبدة، كما أن الإضاءة غير متوافرة، وقد توجد فيها مساكن للفقراء. وبشكل عام فقد تميّزت، هذه المنطقة بتجديدات وبناء مساكن دائمة، مثل بناء دور ثان على بيت تم بناؤه بشكل غير قانوني.

وتطورت على أطراف المدينة منطقة تحيط بها عرفت باسم The Squatter Settlement Zone أي نطاق العمران والاستقرار غير القانوني، وتتميز هذه المنطقة بعدم توافر الخدمات المدنية فيها، ومساكنها مؤقتة تتكون سقوفها من الصفيح أو الخشب وتوجد فيها أحياء فقيرة، وسكانها من الريفيين القادمين من القرى.

ويظهر الفقر على أطراف مدن أمريكا اللاتينية، على العكس من مدن أمريكا الشمالية وتمثل مدينة مكسيكو سيتي هذا النمط خير تمثيل، التي كان يعتقد باحثون بأنها ستكون المدينة الأضخم في العالم في مطلع القرن الحالي، وكان عدد سكانها عام ١٩٥٠ ثلاثة ملايين نسمة، ألا أنها احتلت المرتبة الخامسة عشرة في العالم بعد ثلاثين سنة، كما تضخم عدد سكانها خمسة أضعاف لتحتل المرتبة الثالثة في العالم في الوقت الحاضر. (Hartshorn T. 1992, P.240). ملحق ١٣ .

النظرية التقليدية لاستخدام الأرض:

لعله من المهم تطوير نظرية عامة لتفسير توزيع وكثافة استخدامات الأرض في المدن، وتكمن نقطة البداية في نظرية قدمها فان ثيون Van Thunen(١٧٩٣ - ١٨٥٠) لتفسير مواقع استخدامات الأرض الزراعية، وكان لها تأثير كبير على تحليل مشكلات مواقع استخدامات الأرض في المدن ، وقدم ثيونن نظريته التي عرفت باسم المقاطعة

المعزولة The Isolated State، التي افترض بها وجود قطر منعزل عن بقية العالم، وتقع مدينة كبرى (ميتروبوليتان) في منطقة سهلية منبسطة افترض أنها متجانسة التربية والمناخ، وإمكانية الوصول إلى جميع المناطق متساوية، أي أن المواصلات تخدم جميع أجزاء المنطقة السهلية المنبسطة بالتساوي، ويتوزع السكان في هذه المنطقة بالتساوي، أي أنه قام بتثبيت العوامل الطبيعية وأبقى عامل المواصلات متغيرا فقط، بحيث أنه افترض أن كلفة المواصلات تتناسب طرديا مع المسافة، فمع ازدياد المسافة تزيد كلفة النقل،حتى تصل إلى نقطة تتساوى فيها كلفة النقل مع مردود المحصول، وبالتالي تصبح زراعة الأرض خلف هذه النقطة غير مجدية من ناحية اقتصادية، فأطلق على تلك الأراضي بالضائعة أو غير المستغلة Waste land . وافترض أن المدينة تقدم السلع والبضائع لسكان الإقليم، في حين يزود الإقليم الحاضرة بالمنتجات الزراعية، وتتميز أسعار السلع والمنتجات الزراعية في السوق بأنها ثابتة. وتعتمد النظرية على المنافسة بين المحاصيل الزراعية على الأرض المحيطة بالسوق، فالمحاصيل التي تتطلب سهولة للوصول إلى السوق ولا تتحمل دفع كلفة مواصلات مرتفعة تحتل مواقع الأرض القريبة من السوق، واستخدم ثيونن مصطلح إيجار الأرض land rent الذي يعادل الإيجار الاقتصادي من أجل تحديد نوع الزراعة التي تسود في أي موقع، فتزرع الأرض بالمحصول الذي يعطي أعلى مردود أو ربح، وتبين من نظرية فان ثيونن أن محصول الخضروات وإنتاج الألبان يحتل أقرب منطقة للسوق، ويليها الغابات، ثم زراعة المحاصيل كالحبوب و البطاطا، فمناطق تربية المواشي، ثم الأراضي الضائعة أو غير المستعملة.

وقد أمكن تطبيق الفكرة ذاتها على استخدامات الأرض في المدن، بحيث تتنافس الوظائف المختلفة على استخدام الأرض داخل المدينة، ويشغل الاستخدام (الوظيفة)المعينة، قطعة الأرض التي تعطي أعلى ربح أو مردود، وتبين أن النقطة الأكثر سهولة الوصول إليها في المدينة هي المنطقة التجارية المركزية CBD، وهي المنطقة التي يمكن الحصول فيها على كل شيء بأقل كلفة مواصلات، وتحيط بها أربعة أنماط لاستخدامات الأرض، بحيث تحتل المكان الأقرب تلك الأنشطة التي تحتاج إلى سهولة في

الوصول، إلى المنطقة التجارية المركزية، بشكل كبير وتحتـل المنـاطق البعيـدة تلك الوظائف التي تحتاج إلى سهولة الوصول بدرجة أقل.

وقد احتلت الوظيفة التجارية والصناعية الخفيفـة أقـرب المنـاطق إلى المنطقة التجارية المركزية، ثم تلتهـا الوظيفـة السـكنية فالوظيفـة الصنـاعية، وتظهر هذه في شكل ٢٦.

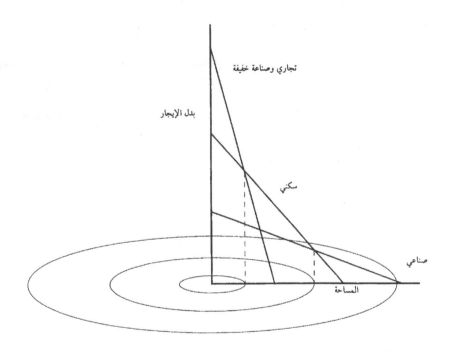

شكل (٢٦): يبين الشكل التقليدي لنظرية استخدامات الأرض في المدن حسب مبدأ بدل الإيجار

ويظهر من الشكل السابق وتطبيقاً لمفهوم بـدل الإيجـار الاقتصـادي، تركز الأنشطة التي تتطلب تقليل كلفة المواصلات للحد الأدنى، في مركز المدينة، الأمر الذي ينعكس على ارتفاع قيمة الأراضي في هذه المنطقة، وبالتـالي تسـيطر الوظيفة التجارية على المناطق القريبة من المركز، لأن لديها القدرة على الـدفع أكثر من الأنشطة الأخرى، كما تحتل الوظيفة الصناعية مواقع بعيدة عن مركز المدينة.

وتحتل الوظيفة السكنية موقعاً متوسطاً، ومع زيادة البعـد عـن مركز المدينة تنتظم المساكن على الترتيب التالي: مساكن لذوي الدخل المنخفض ثم لذوي الدخل المتوسط ثم لذوي الـدخل المرتفـع، أي تحتـل مسـاكن منخفضي الدخل مواقعاً أقـرب إلى مركـز المدينـة، في حـين تحتـل فئـة مرتفعـي الـدخل مناطق بعيدة عن مركز المدينة.

وتحتل الوظيفة الصناعية مواقع بعيدة عـن مركز المدينـة، وربمـا بمحـاذاة طرق المواصلات الشعاعية المنطلقة من مركز المدينة باتجاه الأطـراف، أو بمحـاذاة الطرق الدائرية، ويسيطر الريف على الأراضي فيما وراء هـذا النطـاق، مـع وجـود بعض الأنشطة غير الريفية، أحياناً (Hartshron T. 1980, PP. 214-215)

(Yeates M and Other, 1976, P, 200)

الفصل الثاني
قيم الأراضي في المدن

قيمـة الأرض: تـرتبط قيمـة أيـة قطعـة مـن الأرض في المـدن بنـوع الاستخدام الذي يشغل القطعة، ويتفق اقتصاديو الأرض عـلى طريقـة تقديـر ثمن قطعة الأرض من قبل الأفراد أو المؤسسات، وتنتج قيمة الأرض عن:

$$\text{ثمن قطعة الأرض في المدينة} = \frac{\text{جملة العائد المتوقع } - \text{ التكلفة المتوقعة}}{\text{معدل فائدة جميع الاستثمارات}}$$

وتعتمد جملة العائد المتوقع على حجم السوق ومنافسة الاستخدامات الأخـرى، كـما تشـمل الكلفـة المتوقعـة، الضـرائب وكلفـة التعامـل والفوائـد، وبطبيعة الحال فإن العائد المتوقع والكلفة المتوقعة تتغير مـع تغير الموقع، (Yeates M. and Other, 1979, P.215) وتمثل قيمة الأرض ثمنها في السوق، وتوجد لكل قطعة من أراضي المدينة قيمتان أحداهما ثمن القطعـة في السوق والثانية القيمة المقدرة من قبل مقدر حكومي أو من قبل منافس خاص، وقـد تختلف هاتان القيمتان عـن بعضـهما، فهنـاك ثمـن لـلأرض وثمـن للتحسـينات المقامة عليها، وتقدر عادة قيم الأراضي بـالاعتماد عـلى كلفـة وحـدة المسـاحة للواجهة الأمامية، وبخاصة للقطع المخصصة لأغـراض تجاريـة، حيـث تعتبر الطرق والشوارع مرغوبة. (Northam R. 1979, P.266) .

عوامل مؤثرة في قيم الأراضي في المدن:

ذكر أحد خبراء العقارات بوجود ثلاثة اختيارات تعمـل عـلى تحديـد قطعة الأرض الجيدة وهي: موقعها وموقعها وموقعها، وهذا تأكيد على أهمية موقع قطعة الأرض في تأسيس ثمنها أو قيمتها، كـما أثبتت دراسـات عديـدة أهمية موقع قطعة الأرض وسهولة وصولها إلى المنطقة التجارية المركزية، وإلى محطـات وطـرق المواصـلات أو إلى بعـض المواقـع المهمـة في المدينـة (دراسة شيكاغو لقيم الأراضي).

وتتأثر قيمة الأرض لقطعـة مـا ببعـد هـذه القطعـة عـن قطـع أخـرى وضعـت تحت اسـتخدامات مختلفـة، كـما تتـأثر قيـم الأراضي بالخصائص الطبيعية للقطعة، فقد يكون انحدار الأرض في فترة مـا عـاملاً مـؤثراً سـلبياً عـلى قيمـة الأرض، إلا أنـه بسـبب زيـادة الطلـب عـلى الأرض، قـد تصبح القطعـة مرغوبة من قبل المستخدمين، فيرتفع ثمنها، وقد يتم تعديل العوامل الطبيعيـة وإزالة آثارها أحيانا، وبالتالي يقل تأثيرها السلبي على قيمة الأرض (Northam R. 1979, P. 266).

وقد أشار باحثون إلى وجود علاقات معقدة بين كثافة الاستخدام وقيم الأراضي في المدن، و يظهر ذلك من خلال بدل الإيجار الاقتصادي الـذي اعتمـد عليه فان ثيـونن في تفسـير مواقـع اسـتخدامات الأرض الزراعيـة، فكلـما كان الاستخدام كثيفـاً لقطعـة مـن الأرض كـان الإيجار الاقتصادي أعـلى، وحسـب نظرية فان ثيونن، تعتمد كثافة اسـتخدام الأرض عـلى موقـع قطعـة الأرض بالنسبة للسوق، ويمكن قياس كثافة الاستخدام مالياً بحجم المبلغ لقيمة الأرض نتيجة لموقعها، هـذا، ويمكن تطبيـق ذلك عـلى الأراضي الصناعية والتجاريـة والسكنية مع الأخذ بعين الاعتبار عوامل أخـرى مثـل كلفـة المواصلات، فعـلى سبيل المثال كلما كان مكان سـكن الشـخص بعيداً عـن العمـل كانـت الكلفـة بالنسبة إليه أكبر نتيجة زيادة كلفة المواصلات.

وفي بعض الأحيان لا تعمل النظريات ولا يعتد بها بسبب رغبات الأفراد ودرجات تفضيلهم، التي تتغلب على كل العوامل الأخرى.

يظهر مما تقدم أن موقع قطعة الأرض، يعتبر العامل الرئيس في تحديد قيمة الأرض في المدينة، إلا أنه يثار سؤال هنا، يتعلق بالموقع بالنسبة لماذا؟ وكان قد أشار بعض الباحثين إلى أن قيمة الأرض تعتمد على الإيجار الاقتصادي، الذي يعتمد على الموقع، ويعتمد الموقع على مدى ملاءمته للمستخدم Convenience التي تصبح: تعتمد قيمة الأرض على قربها أو بعدها، ويثار سؤال مرة ثانية، القرب والبعد عن ماذا؟ ويعني القرب أو البعد سهولة الوصول والمسافة التي يجب قياسها بطريقة مناسبة، ثم يثار السؤال الأخير البعد عن ماذا؟ (Yeates M. and Other, 1976, PP 216-218) .

سهولة الوصول وقيم الأراضي:

إذا افترضنا أن نمو المدينة وتوسعها ينتشر وينمو من نقطة المركز على سطح المستوى، فإنه من وجهة نظر تجارية، بشكل مركز المدينة النقطة التي تتميز بأعلى قيمة للأرض، لأنه مع نمو المدينة، تنمو شبكة المواصلات على شكل شعاعي وبالتالي فإن الأماكن (المواقع) عند مسافة متساوية من مركز المدينة تتمتع بدرجة متساوية من سهولة الوصول للمركز، لأن مركز المدينة يمثل النقطة التي يمكن فيها الحصول على جميع الأشياء بأقل جهد وأقل تكلفة، ويمثل المركز أيضاً النقطة التي تصل فيها كلفة التنقل إلى حدها الأدنى، وبالتالي ترغب الأنشطة التجارية أن تشغل مواقع قريبة من المركز، الأمر الذي يؤدي إلى تشكيل المنطقة التجارية المركزية، وتقع فيها نقطة قمة ثمن الأرض Peak Value Intersection (PVI)، وتمثل الزاوية التي تتميز بأعلى قيمة للأرض، وتمثل نظرياً النقطة التي تتميز بالحد الأدنى لكلفة التنقل في المدينة (Yeates M. and Other, 1976, P. 218).

ومع نمـو المدينـة، تتوسـع المنطقـة التجاريـة المركزيـة، وتصبـح طـرق المواصـلات أشرطة تجاريـة تربط الأماكـن المركزيـة مع المناطق التجاريـة، وتعكـس قيمـة الأرض سـهولة الوصـول إلى المراكـز التجاريـة المختلفـة المنتشـرة داخـل المدينة، وإلى طرق المواصلات والشوارع المختلفة.

مركزية قيم الأراضي في المدن:

يعتمد التباين في قيم الأراضي، داخل المدن، على مجموعة عوامل منها:

١- الاختلافات الموقعية داخل المدينة

٢- الاختلاف والتبايـن في الخصائـص الطبيعيـة للمواقع المختلفـة، وعندما تتشابه الخصائص الطبيعية فإنه يقل تأثيرها على قيم الأراضي.

وعندما يكون استخدام الأرض كثيفاً، فإنه يمكـن التغلـب عـلى العقبـات الطبيعيـة مثل بناء السـدود والخزانات المائيـة وغيرهـا، وبمـا أن التبايـن المكـاني للمواقع يؤثر على قيم الأراضي، فيعنـي ذلـك وجـود موقـع ملائـم للاسـتخدام المعين (Optimum Location)، وإذا أخـذنا مفهـوم التبايـن المكـاني للمواقـع المختلفـة بعين الاعتبار، فإنه يوجد موقـع معين أو نقطة معينـة في المدينة تتميـز بأعلى قيمة للأرض، وتشكل (أو تحسب) قيم الأراضي للنقاط الأخرى (المواقع) على شكل نسبة مئوية من القيمة الأعلى لقيم الأراضي، ويشار إلى هذه النقطة (بزاوية المائـة في المائة) The Hundred Percent- Corner أو موقـع نسـبة المائـة في المائـة The Hundred Percent Location، أو نقطـة تقـاطع أعـلى قيمة للأرض في المدينة.(Northam R, 1979, P. 267) شكل ٢٧.

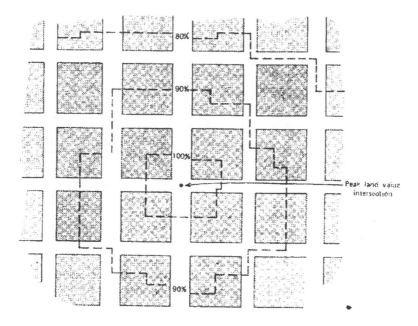

شكل (٢٧) : موقع المئة في المئة لقيم الأراضي في المدن

وتقع نقطة أعلى قيمة للأرض بالقرب من تقاطع طرق رئيسة في المنطقـة التجارية المركزية، ويفترض أنه كلما ابتعدنا عن نقطة قمة قيم الأراضي، تتناقص قيم الأراضي بشكل ثابت ومتساو في جميع الاتجاهات، ويكون التناقص على شكل معدلات متناقصة، أي أن معدلات التناقص (الانخفاض) في قيم الأراضي تتناقص بالابتعاد عن النقطة المركزية، كما أن العلاقة بين قيم الأراضي والمسافة ليست خطية، وإنما تكون على شكل علاقة منحنية Curvilinear، يكون التناقص سريعاً عند مسافات قريبة من المركز ثم بعد ذلك يأخذ معدل التناقص بالانخفاض (ظهر هذا النمط في المدن الأمريكية).

ولا يكون الانخفاض في قيم الأراضي ثابتاً في جميع المناطق والاتجاهات، فنجد ارتفاعاً لها في مناطق أخرى غير النقطة المركزية، مثل المراكز التجارية الثانوية أو مناطق سكنية مرتفعة المستوى أو مناطق مهنية صغيرة، التي تشكل قمماً ثانوية لقيم الأراضي.

وتحيط بالقمم الثانوية، أحياناً، مناطق منخفضة القيم، تسود فيها الوظيفة الصناعية أو المناطق القذرة أو الأحياء الفقيرة Ghettos التي تسكنها الأقليات. وتظهر مدن أمريكا الشمالية النمط السابق، حيث أعلى قيمة توجد في المنطقة التجارية المركزية، ويظهر نمط مشابه إلى حد ما في بعض مدن الحضارة غير الغربية – مدينة عمان.

نظرية قيم الأراضي في المدن:

عند محاولة وضع نظرية لتفسير قيم الأراضي في المدن وانتظامها المكاني، فإنه يجب الأخذ بعين الاعتبار مجموعة من العوامل منها:

في مجتمع رأسمالي، يوجد عدد من المستخدمين الكامل لاستخدام قطعة معينة من الأرض في المدينة، يمكنهم المراهنة على استخدامها، والشخص الذي يفوز باستخدامها هوالذي يستطيع دفع الثمن الأعلى،ويشار إلى هذا المفهوم باصطلاح بدل الإيجار bid rent) ، ويعني المبلغ الذي يرغب الشخص في دفعه مقابل استئجار أو

استخدام قطعة معينة من أرض المدينة، وهذا يعني الشخص في دفعه مقابل استئجار أو استخدام قطعة معينة من أرض المدينة، وهذا يعني أن نظرية قيم الأراضي في المدن تتشكل من خلال عمليات سوق الأراضي في المدن، فعلى سبيل المثال، تتحدد قيمة الأرض في المدن الأمريكية بالمبلغ الذي يرغب المستخدم في دفعه للحصول على القطعة المعينة، في حين في استراليا، تحدد قيمة الأرض بأعلى ثمن يدفع وأفضل استخدام معاً، وتقرر الحكومة الاستخدام الأفضل، وبالتالي فإن استخدامات الأرض في المدن، تحدد قيم الأراضي، من خلال المراهنة بين المستخدمين، كما تنتظم استخدامات الأرض حسب قدرتها على الدفع، وأكثر منحنيات بدل الإيجار انحداراً تلك التي تمثل المواقع المركزية (Northam R, 1979, P. 271).

ويتأثر المبلغ الذي يدفعه المستخدم لقطعة الأرض بعدة عوامل منها:

١- حجم المدينة

٢- درجة حيوية اقتصاد المدينة

٣- نوع الاستخدام للقطعة من الأرض

٤- رغبات الأفراد ودرجات تفضيلهم

٥- مدى توافر الأراضي في المدينة.

في المدينة المعاصرة، يكون بدل الإيجار، أو الإيجار الاقتصادي الأعلى للمناطق التي تتميز بأنها الأفضل والمرغوبة بشكل أكبر، وهي التي تتفق مع نقطة قمة قيم الأراضي، وتتناقص الرغبة في شراء قطع الأراضي كلما ابتعدنا عن هذه النقطة.

ويرغب المستخدم للوظيفة السكنية في دفع مبالغ أقل مما يدفع التجار، وبالتالي يكون منحنى الإيجار هنا أقل انحداراً، لأن المستخدم السكني لا يرغب في الحصول على الأراضي القريبة من مركز المدينة (شكل ٢٨).

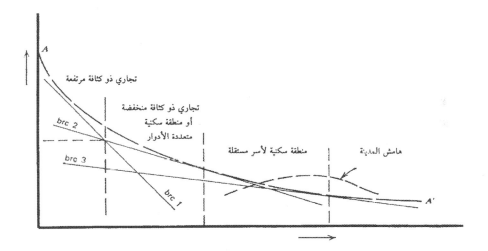

شكل (٢٨): يبين منحنيات بدل الإيجار لاستخدامات مختارة للأرض في المدينة

وتكمن الفكرة الرئيسية هنا في أن توزيـع قيم الأراضي في المدينة، يعتمـد أساساً منطقياً، يحـدد بقدرة المستخدم، ورغبتـه في الدفع مقابل استخدام الأرض، فـإذا رغبـت الوظيفـة التجاريـة في التوسـع فإنها لا تجـد صـعوبة في الانتشار على حساب تجارة الجملة، لأنها تدفع أكثر، ويمكن أن تدفع أيضاً، أكثر مما يدفعه المستخدمون للوظيفة السكنية، كما أن الوظيفة السكنية تستطيع أن تدفع أكثر مما تدفعه الوظيفة الزراعية على أطراف المدينة، وتظهـر نظريـة قيم الأراضي مـن خـلال السـوق الاقتصادي، حيـث توضـع قطعـة الأرض في الاستخدام الذي يحقق الربح الأعلى، وتفضل الوظيفة التجاريةالقرب من طرق

المواصلات الأكثر سهولة الوصول إليها، في حين تفضل الوظيفة السكنية البعد عن مناطق الازدحام وعن مناطق المشكلات الاجتماعية، كما تستطيع الحصول على مساحات أكبر من الأرض، وبالتالي ربما تكون الوظيفة السكنية الأقل تأثراً بمنحنى بدل الإيجار الاقتصادي.

وترغب الوظيفة السكنية في مناطق بعيدة عن نقطة أعلى قيمة للأرض، حيث المساحة أكبر وتكون الكثافة السكانية أقل، وينتشر السكان في هذه المناطق، بشكل أكبر، وبعد ذلك تؤسس أنشطة تجارية وصناعية لتكون في أماكن قريبة من المستهلكين والعمال، فترتفع قيم الأراضي في هذه النقاط، الأمر الذي يؤدي إلى أن يصبح شكل منحنى بدل الإيجار شبيهاً بالأمواج، بحيث تشكل التجمعات التجارية والصناعية قمماً ثانوية لقيم الأراضي، إلا أن قيم هذه القمم أقل من قيمة منطقة ١٠٠%، ويفضل المستخدمون هذه المناطق لسهولة وصولهم إلى أماكن المستهلكين والعمال اللازمين لهذه الوظائف.

هذا وتتغير قيم الأراضي، كما يتغير نمطها مع مرور الزمن لأسباب:

١- تغير درجات تفضيل ورغبات الأفراد.

٢- توسع المدن مساحياً، وامتدادها مكانياً.

٣- زيادة حركة السكان المكانية.

٤- تغيرات في اقتصاديات المدن .

أما بالنسبة لسياسات تنظيم استعمالات الأرض، فلا يوجد اتفاق عام بشأن التنظيم المناسب لاستعمالات الأرض، حيث لا تناسب سياسة تنظيمية معينة جميع المدن، وقد تبنت مدن كثيرة في العالم، سياسات لتنظيم استخدامات الأرض فيها، حيث تقدم هذه السياسات نمطاً مثالياً لاستخدامات الأرض، ولا يتوقع منها عمل ذلك، حيث تعتبر عملية تنظيم استعمالات الأرض عملية مستمرة، ولا يحدث لمرة واحدة ولجميع الأزمان،

وكلما كانت المعرفة بالمدن ممكنة، كلما كان التنظيم مفيداً وأمكن تبنيه في المـدن
(Northam R, 1969, P. 285).

قيم الاراضي في مدينة عمان والعوامل المؤثرة فيها: "دراسة حالة"

كايد أبو صبحة، " الأنماط المكانية لقيم الأراضي في مدينـة عمـان، وآثار بعـض
العوامل في هذه القيم"، مجلة دراسات مجلد ١١، عدد ٥ ، ١٩٨٤.

مقدمة:

لقد جرت معظم أعمـال وبحوث الجغرافيين والمهتمـين باقتصاديات
المدن، وبخاصة تلك المتعلقة بقيم الأراضي والأنماط المكانية لهذه القيم بشكل
عام في مدن أوروبا الغربية وأمريكا الشمالية بشكل خاص، وكان مـن أوائـل
هذه الأعمال والبحوث تلك التي قام بها ايلي (Ely) وهيغ (Haig) و دورو
(Dorau) و هيرد (Hurd) في العشرينات من القرن الحالي، وقد عـرض هـذه
الأعمال وناقشها وندت (Wendt) في عام ١٩٥٧، محاولاً وضع نظريـة متكاملـة
لتفسير وشرح الأنماط المكانية لأثمان الأراضي في المدن.

ويتفق الجغرافيون والمهتمون بدراسة المدن على أن ثمن الأراضي داخل
المدينـة يرتفـع كثيراً في منطقـة وسـط المدينـة أو في المنطقـة التجاريـة
المركزية(CBD) Central Business District بشكل حاد، كلـما ابتعدنا عـن
منطقة الوسط نحو أطراف المدينة الخارجية.[1]

---

[1] Northam Ray, Urban Geography, John Wiley and Sons, New York, 1979, PP. 265-280,

This references will be referred to later as: Northam Ray, Urban.

Harshorn Truman A. Interpreting the City: An Urban Geography , New York: John Wiley and Sons, 1980, PP 215-216, This references will be referred to later as: Hartshorn T. Interpreting.

Yeates Maurice and Barry Garner, The North American City, San Francisco: Harper and Row, 1983, PP. 209-221, This references will be referred to later as: Yeates and Garner, the North.

إلا أن هذا الانخفاض في أثمان الأراضي باتجاه أطراف المدينة الخارجية لم يكن ثابتاً دائماً، بل وجدت هناك مناطق تشكل قمماً ثانوية لأثمان الأراضي خارج المنطقة التجارية المركزية، وقد لوحظ أيضاً أن أثمان الأراضي ترتفع بالقرب من طرق المواصلات وبالقرب من المراكز التجارية الفرعية أو الثانوية التي تمركزت في المناطق الخارجية في المدينة أثناء عملية نمو المدينة فقد لعبت سهولة الوصول Accessibility إلى هذه المراكز دوراً مهماً في زيادة قيم الأراضي القريبة منها[١].

ويظهر النمط المكاني لأثمان الأراضي في المدينة الغربية في شكل رقم (١)، وكذلك تظهر أهمية الموقع في تحديد قيمة الأرض داخل المدينة، وبخاصة الموقع بالنسبة لقرب المنطقة من المنطقة التجارية المركزية أو طرق المواصلات أو المراكز التجارية الثانوية المنتشرة في المدينة، بحيث تميزت المنطقة التجارية بأعلى قيمة للأرض أو ما يسمى (Peak Land Value Intersection (PLVI، وذلك لسهولة الوصول إليها، وبالتالي سهولة الوصول إلى جميع الأنشطة التي تمارس فيها بأقل مسافة وأقل جهد، إذ يفترض أن المنطقة التجارية المركزية في المدينة الغربية هي المنطقة التي تتجمع فيها الأنشطة ويمكن الوصول إليها بأقل مسافة وأقل جهد.[٢]

1- Northam Ray, Urban, PP, 265-280
Hartshorn T. Interpreting PP. 215-216
Yeates and Garner, The North, PP, 209-221
Yeates And Garner, The North, 07PP, 209-221

2- Yeates m. some Factors Affecting the Spatial Distribution of Chicago Land Value, 1910-1960 Economic Geography, Vol 41, Jan (1965), PP. 57-70 This reference will be referred to later as: Yeates M, Some Factors

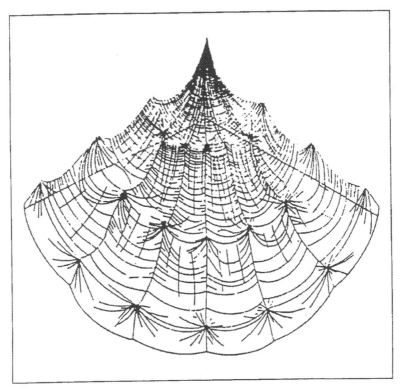

شكل (١): قيم الأراضي في المدن

وقد حدد نورثام (Northam) خمسة عوامل تؤثر في زيادة أثمان الأراضي داخل المدينة، وهذه العوامل هي: حجم المدينة ودرجة حيوية النظام الاقتصادي فيها ونوع الاستعمال لقطعة الأرض ورغبات الأفراد ومساحة الأراضي المتوافرة في هذه المدينة. وقد حاول مريس ييتس (M.Yeates) دراسة آثار أربعة عوامل في أثمان الأراضي في مدينة شيكاغو ، وهي البعد عن وسط المدينة أو المنطقة التجارية المركزية، والبعد عن بحيرة متشيغان ، والبعد عن المراكز التجارية الإقليمية ، والبعد عن محطات طرق المواصلات تحت الأرض Subway

يتضح مما تقدم أن الدراسات والبحوث السابقة الذكر تتعلق بالأنماط المكانية لأثمان الأراضي والعوامل المؤثرة الأراضي في المدن، إلا أن المدن غير الغربية لم تحظ بالاهتمام ذاته من قبل الدارسين والباحثين، وربما كان السبب عدم توافر المعلومات وخرائط الأساس الضرورية لمثل هذه الدراسات وهناك دراسة واحدة فقط تناولت التغير في أثمان الأراضي في مدينة بوغاتا Bogata في كولومبيا [1]

لذلك فقد جاءت هذه الدراسة لإظهار المكانية لأثمان الأراضي وكيفية انتظامها في مدينة عمان عاصمة الأردن، محاولة سد النقص في الدراسات المتعلقة بالمدن غير العربية بشكل عام، والمدن العربية بشكل خاص، كما تحاول هذه الدراسة الإجابة عن عدد من الأسئلة مثل: ما النمط المكاني لأثمان الأراضي في مدينة عمان؟ وكيف ينتظم هذا النمط؟ وهل يتفق هذا النمط والأنماط المكانية لأثمان الأراضي في المدن الأخرى؟ وما أوجه التشابه والاختلاف بين هذه الأنماط؟ وما العوامل التي تؤثر في تحديد قيم الأراضي في مدينة عمان؟ وكيف تؤثر هذه العوامل؟ وما قوة تأثير كل من هذه العوامل في تحديد قيم الأراضي في مدينة عمان؟.

1- McCallum J.D and Economics, Vol.1, (1974) No 3, PP. 312-317

إن مثـل هـذه الدراسـة تفيـد في وضـع توقعـات معقولـة عـن أنـواع تطـور مواقع في المدينة، وتقدم أسساً واقعية لتوقعات مستقبلية لحاجات التطوير والاستثمار العـام، بعـد الأخـذ بعـين الاعتبـار ارتفـاع أثمـان الأراضي، كـما أن مثـل هـذه الدراسـة تساعد في إكمال الصورة لنظرية قيم الأراضي التـي اقتصرت سابقاً عـلى المدن الغربيـة فقط.

أسلوب الدراسة:

يقسم أسلوب الدراسة إلى قسمين: القسـم الأول يتعلـق بتحديـد نقـاط معينـة داخل حدود أمانة العاصمة (مدينة عمان)، ثم تحديد سـعر المتر المربـع في كـل نقطـة من هذه النقـاط، والقسـم الثاني بتحديـد العوامـل التـي تـؤثر في أثمـان الأراضي داخـل المدينـة واسـتعمال الأسـلوب الإحصـائي المعـروف بانحـدار متعـدد الخطـوات (Stepwise Regression) لتحديد قوة هذه العوامل في تفسير قيم الأرض.

أما فيما يتعلق بتحديد نقاط معينة داخل العاصمة عمان، فقد اعتمـد الباحث أسلوب المعاينة العشوائية النقطـي البسـيط Sampling Point نظـراً لعـدم تـوفر خريطـة أسـاس لمدينـة عـمان تقسـم فيهـا الخريطـة إلى منـاطق إحصائية أو ما يعـرف ب Census Tracts أو Areal Units يمكـن بواسـطتها تحديد عدد هذه النقاط، وبالتالي اختيـار عينـة مـن خـريطتين لمدينـة عـمان: إحداهما لعام ١٩٧٤ وتقع في ست لوحات وهي لدى المركـز الجغـرافي الأردني، والثانية لعـام ١٩٨٠ وهـي خريطـة تـرقيم عـمان، إلا أن هـاتين الخـريطتين لا تفيدان في أغراض هذه الدراسة، وذلك لاتساع المنـاطق وتبـاين خصـائص قـيم الأراضي في كل منطقة من هذه المناطق، لذلك فقد لجـأ الباحـث إلى الأسـلوب التالي لتحديد نقاط المشاهدة:

لقد استخدمت خريطة عمان ذات مقياس رسم ١:١٥،٠٠٠، ثم وضع على هذه الخريطة محوران أحدهما في أسفل الخريطة ليمثل المحور السيني (الأفقي) والثاني على الطرف الأيسر للخريطة يمثل المحور الصادي (الرأسي)، وقسم كل من هذين المحورين إلى عدد من المسافات المتساوية، كما تم ترقيم هذه المسافات على المحورين بحيث بدأ الترقيم من الصفر في الزاوية الجنوبية الغربية من الخريطة، وكان مجموع هذه الأرقام ٩٩ على كـل مـن المحورين، وباستعمال أرقام الجداول العشوائية فقد اختير عمودان من الأرقام العشوائية كل منهما يتكون من خانتين يمثل العمود الأول إحداثي النقاط عـلى المحور الأفقي، ويمثل العمود الثاني إحداثي النقاط على المحور الرأسي، فلو فرضنا أن الرقمين الأولين من هذين العمودين في جدول الأرقام العشوائية هما ١٧.٢٠

فمعنى ذلك أن تقاطع العمود المقام مـن المسافة ٢٠ عـلى المحور الأفقي مع الخط الأفقـي المرسـوم مـن المسافة ١٧ عـلى المحور الرأسي يمثل النقطة الأولى على الخريطة، وكما هو واضح في شكل رقم (٢)، وهكذا فقد تـم تحديد ما يزيد على مائتي نقطة على الخريطة، ثم حذفت النقاط التـي تقع خارج حدود المدينة على الخريطة وبقيـت (١٦٠) مائة وستون نقطة داخل حدود المدينة، وبهذه الطريقة فقد كان هناك احتمال لاختيار أية نقطة داخل المدينة لتكون إحدى نقاط المشاهدة (أفراد العينـة) وتظهـر نقاط المشاهدة المائة والستون موزعة داخل حدود مدينة عمان كما هو واضح في شكل رقم (٣).

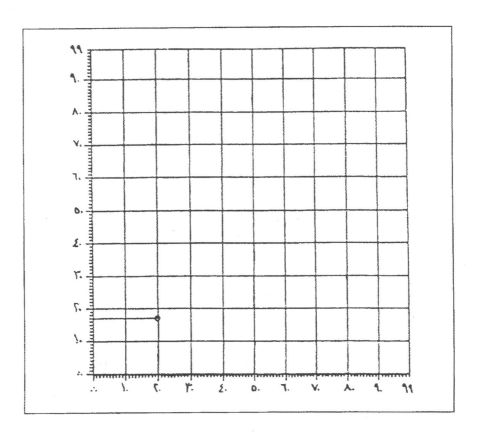

شكل (٢): رسم توضيحي يبين اختيار وتحديد النقاط
بطريقة عشوائية نقطية

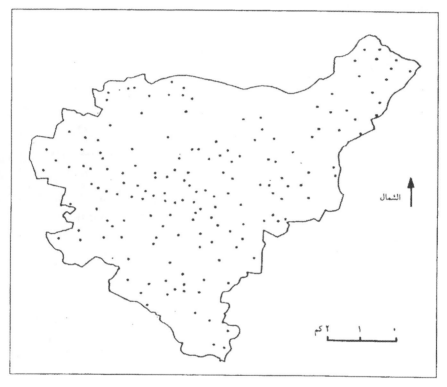

شكل (٣): خريطة تبين النقاط المختارة داخل حدود مدينة عمان

وقد تم بعد ذلك تحديد قيمة المتر المربع الواحد في كل نقطة من هذه النقاط، والمقصود بذلك ثمن الأراضي دون المنشآت المقامة عليها، وذلك بالاتصال مع المسؤولين في دائرة المساحة والأراضي، وهي الجهة الرسمية المسؤولة عن تسجيل الأراضي في الأردن والتي تقوم بتقدير أثمان الأراضي لاستيفاء مقدار الرسوم المستحقة عليها، وقد تم تحديد ثمن المتر المربع الواحد بالدينار في كل نقطة من هذه النقاط المختارة، وقد رُئي أن هذا الأسلوب الأمثل في تحديد أسعار الأراضي، وذلك لعدم توافر المعلومات الكافية عن الأسعار من جهات أخرى كما هو الحال في الدول الغربية، بالإضافة إلى أن تقدير موظفي هذه الدائرة لأثمان الأراضي يفترض أنه الموضوعي والشامل لجميع المناطق دون استثناء [١].

وبالنسبة لاختيار وتحديد العوامل المؤثرة في أثمان الأراضي فقد رأى الباحث إدخال العوامل التالية في الاعتبار:

١- البعد عن منطقة وسط المدينة.

٢- البعد عن الشوارع الرئيسية والدائرية داخل المدينة.

٣- البعد عن الشوارع الداخلية.

٤- البعد عن المؤسسات الحكومية.

٥- البعد عن المراكز التجارية المتناثرة داخل المدينة.

٦- البعد عن تجمعات السفريات الخارجية.

١- من أجل تسهيل تحديد ووضع النقاط على الخريطة وتتبع احداثيي النقاط فقد وضعت الخريطة على ورقة رسم بياني، ولمزيد من المعلومات عن أسلوب المعاينة النقطي يمكن الرجوع إلى :
فتحي عبد العزيز أبو راضي، الأساليب الكمية في الجغرافيا، دار المعرفة، الاسكندرية، ١٩٨٣، ص ٥٧-٥٨
وناصر عبد الله الصالح ومحمد السرياني، الجغرافيا الكمية والاحصائية، جدة ١٩٧٩، ص ٣٤-٣٧ و
Maurice Yeates, An Introduction to Quantitative Analysis in Human Geography, McGraw Hill, New York, 1974, PP. 48-50
S.Gregory, Statistical Methods And Geographer, London: 1963, PP. 93-94

٧- البعد عن مخيمات اللاجئين الفلسطينيين.

٨- البعد عن مشاريع الإسكان.

لماذا اختيرت المتغيرات السابقة الذكر؟

لقد تم اختيار المتغير الأول الذي تم قياسه بالبعد عن المنطقة التجارية في وسط المدينة لافتراض أن قيم الأراضي تبلغ ذروتها في هذه المنطقة، وأن هذه القيم تأخذ في الانخفاض كلما ابتعدنا عن منطقة وسط المدينة باتجاه الأطراف الخارجية لها، وقد تم تحديد النقطة المركزية للمنطقة التجارية في هذه الدراسة عند تقاطع شارع أمانة العاصمة (شارع الهاشمي) مع شارع الملك فيصل، أي المنطقة التي تقع أمام الجامع الحسيني، وهي تمثل قلب المنطقة التجارية في مدينة عمان، واعتبرت المسافة التي تفصل بين كل عن نقاط المشاهدة وهذه النقطة المتغير المستقل الأول.

وبما أن قيم الأراضي ترتفع كلما اقتربنا من مركز المنطقة التجارية الرئيسية في وسط المدينة، فإنه يفترض أيضاً أن ترتفع قيم الأراضي كلما اقتربنا من مراكز المناطق التجارية الثانوية التي توجد بعيداً عن وسط المدينة والتي تقع بشكل خاص على الميادين المختلفة، وعلى الشوارع الرئيسية التي تنطلق من مركز المدينة باتجاه المناطق أو الأحياء الخارجية، وتظهر هذه المراكز في الأحياء الغربية من المدينة بشكل أوضح، وقد تم قياس المسافة بين كل من نقاط المشاهدة وأقرب ميدان أو منطقة تجارية، واعتبرت هذه المسافة كمتغير مستقل ثان.

ونظراً لأن المدينة تظهر أنماطاً متغيرة لما يعرف بسهولة الوصول Accessibility إلى مناطق المدينة المختلفة، فإن الأنماط المتغيرة هذه تكون نتيجة للتغييرات التي تحدث في الاتصالات وطرق المواصلات مثل بناء وتوسيع الطرق واستخدام الوسائل المختلفة للمواصلات[1].

---

[1]- Yeates M, Some Factors, PP 57-59

والمعروف أن استخدام وسائل المواصلات المختلفة وبناء الطرق الحديثة يعملان على تسهيل حركة النقل والانتقال بين مراكز المدينة والمناطق البعيدة التي تقع على أطرافها وتشجع المستثمرين والراغبين على شراء قطع الأراضي فتزيد المنافسة وترتفع قيمة الأرض، ولذلك فقد اهتم الباحث بدراسة أثر المواصلات في قيمة الأرض حيث استخدم البعد عن الشوارع الرئيسة أو الداخلية الفرعية في المناطق المختلفة من المدينة كمتغيرين آخرين.

وبالنسبة لأهمية عامل المؤسسات والدوائر الحكومية، يفترض الباحث أن سهولة الوصول إلى هذه الدوائر قد تؤثر في قيمة الأرض داخل المدينة، لأن هذه الدوائر تقدم خدمات مباشرة للمواطنين كما تؤمن خدمات أخرى غير مباشرة تتوافر مع تواجد هذه المؤسسات، ويفترض الباحث أيضاً أن تجمعات السفريات الخارجية قد تؤثر في قيم الأراضي كذلك أو قد تفيد في تفسير هذه الظاهرة علماً بأنه هذا العامل قد أدخل في دراسات سابقة[1].

وقد أدخل في هذه الدراسة- بالإضافة إلى العوامل التي سبق ذكرها متغيران آخران هما: تجمعات مخيمات اللاجئين الفلسطينيين داخل المدينة ومشاريع الإسكان التي أقامتها مؤسسة الإسكان داخل حدود الأمانة (حدود المدينة)، لأنه يفترض أن هذين العاملين أيضاً قد يؤثران في قيم الأراضي انظر شكل رقم (٤).

وتلا ذلك قياس الأبعاد التي تفصل بين كل نقطة من نقاط المشاهدة وعددها (١٦٠) والتي تم تحديدها داخل المدينة وبين كل من النقاط التي تمثل العوامل السابقة الذكر، وقد تم حساب هذه الأبعاد بوساطة القياس على الخريطة، فللحصول على العامل الأول فقط وهو البعد عن وسط المدينة قيست المسافة بين نقاط المشاهدة المختلفة وبين نقطة محددة تم اختيارها في مركز المدينة كما سبق ذكره.

---

[1]- Yeates M, Ibid, P. 58

وكذلك تم قياس البعد عـن الشوارع الرئيسية والدائرية بوساطة قياس المسافة بين كل نقطة وأقرب شارع رئيسي أو دائري، وقد اتبع الأسلوب نفسـه فيما يخص الشوارع الداخلية والمراكز التجارية الثانوية والمؤسسات الحكومية ومشاريع الإسكان ومخيمات اللاجئين، حيث قيس البعد بـين كـل نقطة مـن نقاط المشاهدة وأقرب شارع داخـلي وأقرب مركز تجاري أو ميدان وأقرب مؤسسة حكومية أو مستشفى أو مدرسة أو معهد...الخ، وأقرب مشروع للإسكان وكذلك أقرب مخيم للاجئين الفلسطينيين.

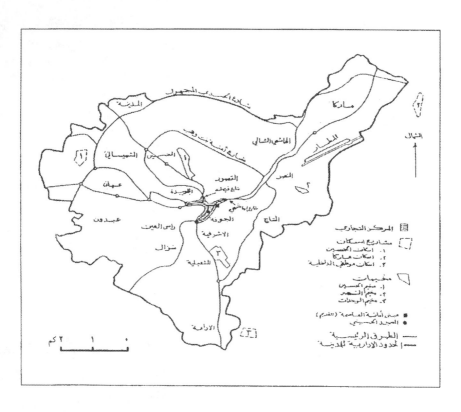

شكل (٤): خريطة مدينة عمان
تبين أسماء بعض المواقع والأمكنة المستعملة في الدراسة

وفيما يتعلق بالبعد عن مراكز تجمعات السفريات الخارجية، فقد اعتمدت أربعة مراكز هي (كراجات العبدلي) و (رأس العين)، وأمام (أمانة العاصمة) و (الوحدات)، وقد تم قياس أبعاد النقاط عن هذه المراكز بالطريقة ذاتها التي سبق ذكرها.

وكان الهدف من اختيار المتغيرات السابقة الذكر إدخال أكبر عدد من العوامل التي تساعد في تفسير قيم الأراضي داخل مدينة عمان، بعد أخذ الدراسات السابقة بعين الاعتبار وإدخال المتغيرات الأخرى في الحسبان التي يفترض أن لها آثاراً في تحديد قيم الأراضي، ولا بد من الإشارة هنا إلى وجود عوامل أخرى يصعب قياسها ولها آثار مهمة في تحديد قيم الأراضي، ومن هذه العوامل : العوامل الاجتماعية والنفسية كرغبات الأفراد واختياراتهم.

وبذلك فقد تكونت لدينا مصفوفة رياضية تتكون من (١٦٠) مائة وستين صفاً Raws ومن تسعة أعمدة يمثل كل صف من هذه الصفوف الأبعاد الثمانية لكل نقطة من نقاط المشاهدة داخل المدينة، العامود الأول يمثل ثمن المتر المربع من الأرض في كل نقطة، وتمثل الأعمدة الأخرى المسافات أو أبعاد هذه النقاط عن النقاط التي تمثل المتغيرات الثمانية التي سبق ذكرها.

ومن أجل قياس أثر العوامل السابقة الذكر في قيم الأراضي، فقد استخدم الأسلوب الإحصائي المعروف بالانحدار المتعدد الخطوات Stepwise Regression بحيث اعتبر ثمن المتر المربع كمتغير تابع Dependent Variable، والمتغيرات الثمانية الأخرى كمتغيرات مستقلة Independent Variables، لأن هذا الأسلوب الإحصائي هو الأسلوب الملائم لهذه الدراسة، وقد تم استخدامه في دراسات أخرى مشابهة [١] .

8- Yeates M.Some Factors

لمحة عن تطور مدينة عمان

كانت عمان قرية لا يتجاوز عدد سكانها ألف نسمة في الربع الأخير من القرن التاسع عشر، وفي عام ١٩٢١ أصبحت عاصمة لإمارة شرق الأردن، وبلغت مساحة المدينة داخل حدود البلدية عام ١٩٢٥ حوالي ٣ كم[٣] ، وأخذت المدينة تنمو نمواً تدريجياً بعد تلك الفترة استجابة لتعدد الوظائف التجارية الإدارية والاجتماعية، حتى أصبحت مساحتها عام ١٩٣٦ زهاء ٨كم[٢]، كما بلغ عدد سكانها قرابة ٣٠ ألف نسمة[١].

وفي عام ١٩٤٨ اتسعت حدود المدينة الإدارية فوصلت إلى ٢٠كم[٢] لاستيعاب الأعداد الكبيرة من الفلسطينيين الذين هاجروا إليها بعد احتلال فلسطين، وفي عام ١٩٥٠ أصبحت عمان عاصمة للمملكة الأردنية الهاشمية بضفتيها الشرقية والغربية، وتوسعت حدود الأمانة لتبلغ مسحتها ٨٤ كم[٢] لاستيعاب الأعداد الكبيرة المهاجرة إلى المدينة ولاستيعاب عناصر التطور والتقدم الحضاري الذي شهدته المدينة. (شكل رقم ٥ و ٦).

وفي عام ١٩٦٧ بلغ عدد سكانها مدينة عمان زهاء ٤٨٥ ألف نسمة، كان منهم قرابة ١٥٠ ألفاً قد قدموا من الضفة الغربية نتيجة لحرب ١٩٦٧ واحتلال الضفة الغربية من قبل الإسرائيليين.

ويبدو مما تقدم أن مدينة عمان قد شهدت نمواً وتطوراً بطيئاً في بداية القرن العشرين، إلا أن هذا النمو والتطور قد تزايد بمعدلات سريعة جداً بعد ذلك، ويعود ذلك إلى تزايد الأعداد القادمة إلى المدينة، بشكل خاص، بعد احتلال جزء من فلسطين عام ١٩٤٨ وبعد احتلال الجزء المتبقي عام ١٩٦٧(جدول رقم ١) و (شكل رقم ٥ و ٦) ، إن نمو المدينة وتطورها السريع قد أديا إلى اختلاط الوظائف واستعمالات الأرض داخل

١- أمانة العاصمة، دائرة الشؤون الفنية، هذه عمان، بلا تاريخ

المدينة وتعددها بشكل كبير بحيث وجدنا الوظيفة الصناعية تختلط أحياناً مع الوظيفة السكنية من أجل الحصول على الخدمات المتاحة [1].

جدول رقم (١)

يبين تطور عدد سكان مدينة عمان من حيث الكثافة السكانية والمساحة المبينة فيها

السنة	عدد السكان	المساحة المبينة (ألف دونم)	الكثافة (شخص/ دونم)
١٩٤٦	٤٥٠٠٠	٢.٥	١٨
١٩٥٦	١٥٣٤٤١	٤.٦	٣٣
١٩٦١	٢٤٦٤٧٥	١٠.٠	٢٥
١٩٧٢	٥٨٠٠٠٠	٢١.٠	٢٧
١٩٧٨	٦٤٨٥٨٧	٤٣.٠	١٥
١٩٨٢	٧٤٥٩٠٤	٥٣.٧	١٣.٩

(أمانة العاصمة،١٩٨٤)

ويتضح من الجدول السابق النمو السريع والتوسع الكبير في مساحة الأراضي المبنية في المدينة، كما تظهر حقيقة مهمة في الجدول وهي انخفاض الكثافة السكانية مع مرور الزمن، أي أن الزيادة في مساحة الأراضي المبنية في المدينة قد رافقها انخفاض عام في الكثافة، مما يفسر الانتشار السريع والتوسع الأفقي لمدينة عمان من أجل استيعاب الأعداد الكبيرة والمتزايدة في المدينة، هذا التوسع الذي أدى إلى استغلال مساحات كبيرة من الأراضي لأغراض البناء (شكل رقم ٥)

[1] أمانة العاصمة، المصدر نفسه

وقد نتج عن تزايد أعداد السكان وتعدد الوظائف داخل المدينة زيادة الطلب على الأراضي داخل حدود الأمانة، مما أدى إلى رفع قيم هـذه الأراضي بشكل عام، لكن هذه القيم قد تباينت تبايناً كبيراً بين مناطق المدينة المختلفة نظراً لاختلاط استعمالات الأرض السكنية بالاستعمالات الصناعية والتجارية وغيرها، ومعروف أن استعمالات الأرض تتأثر بالتنافس بين الوظائف المختلفة، إذ تستطيع الوظيفة التجارية (الرهان) دفع مبالغ أكبر مـما تدفعه الوظيفة السكنية مثلا مقابل استعمال قطعة من الأرض، وهناك عوامل أخرى قد أثرت دون شك في التباين والاختلاف في أسعار الأراضي وقيمها داخل المدينة، منها طبوغرافية المنطقة علماً بـأن المدينة تقع علـى عـدد مـن التلال والأدوية، بالإضافة إلى سهولة الوصول إلى الخدمات المختلفة داخل المدينة وتوافر طرق المواصلات والمراكز التجارية المتناثرة داخل المدينة، وتلعب عوامـل شخصية أخـرى آثـاراً مهمـة في تحديـد قيـم الأراضي وفي تباينهـا، وأبرزها العوامـل الاجتماعية والنفسية ورغبات الأفراد ودرجة تفضيلهم.

تحليل النتائج:

يظهر من الشكل رقم (٧) الذي يمثل خريطة للخطوط المتساوية لقيم الأراضي والشكل رقم (٨) الذي يمثل مجسماً لهـذه القيم في مدينـة عمان أن أعلى هذه القيم يوجد في المنطقة التجارية المركزية التي تقع في وسط البلد، وتشكل مركز المنطقة التجارية فيها، وبخاصة في المناطق المحاذية والقريبة من شارع الهاشمي الممتد من أمانة العاصمة إلى المناطق التي تقع مقابـل الجامع الحسيني، وفي المناطق التي تقع عند تقاطع شارع الهاشمي مـع شـارع الملك فيصل الذي ينطلق من وسط البلد باتجاه منطقة العبـدلي وجبـل اللويبـدة في الغـرب، ويبـدو مـن الشـكل رقـم (٦) التـدرج في انخفـاض قيـم الأراضي في المناطق الغربية، بينما تظهر قيمة متواضعة لهذه القيم في المنطقة القريبة من مطار عمان المدني.

ويظهر من الخريطة شكل رقم (٧،٨) أن قيم الأراضي تنخفض بشكل عام كلما ابتعدنا عن مركز المنطقة التجارية أو وسط المدينة، إلا أن هذا الانخفاض يكون بطيئاً نسبياً في المناطق الغربية من المدينة وبشكل خاص في مناطق جبل اللويبدة وجبل عمان وإلى حد ما في جبل الحسين بينما يكون الانخفاض حاداً نسبياً في المناطق المحاذية للمنطقة التجارية المركزية من جهة الشرق والجنوب والشمال.

ويبدو أيضاً أن الارتفاع النسبي في قيم الأراضي يميز المناطق التي تقع على الشوارع الرئيسية التي تنطلق من وسط المدينة (المنطقة التجارية المركزية) باتجاه المناطق الخارجية، ويظهر هذا الارتفاع بشكل خاص في المناطق التي تمتد بمحاذاة الشوارع الرئيسة في جبل عمان وجبل اللويبدة وجبل الحسين، كما ترتفع قيم الأراضي- ولكن بشكل أقل نسبياً من المناطق السابقة الذكر- بمحاذاة الشوارع الرئيسة التي تصل المنطقة المركزية التجارية في المدينة بمنطقة ماركا ثم مطار عمان المدني، وعلى طول الشوارع التي تربط وسط المدينة بالمناطق الجنوبية من المدينة شكل رقم (٤)، ويمكن تفسير ارتفاع قيم الأراضي في هذه المناطق التي تقع بمحاذاة الشوارع الرئيسة التي تنبعث من وسط البلد بسهولة الوصول إلى هذه المناطق نظراً لتوفر طرق المواصلات، ويمكن تفسيره أيضاً بوجود المراكز التجارية الفرعية على الميادين المختلفة في هذه المناطق وبشكل خاص في جبل عمان واللويبدة والحسين، حيث تبرز هذه الظاهرة بجلاء في ارتفاع قيم الأراضي في المناطق التجارية المحيطة بهذه الشوارع، وتجدر الإشارة هنا إلى التباين في قيم الأراضي بين النويات التجارية المختلفة، إذ ترتفع هذه القيم بالقرب من المراكز التجارية الثانوية وقيم تنخفض كلما ابتعدنا عن النقاط المركزية لهذه النويات.

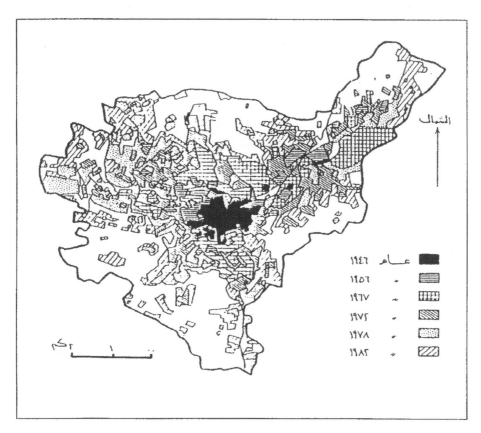

شكل (٥): خريطة تبين تطور المساحة المبينة
في مدينة عمان في الفترة ١٩٤٦-١٩٨٢

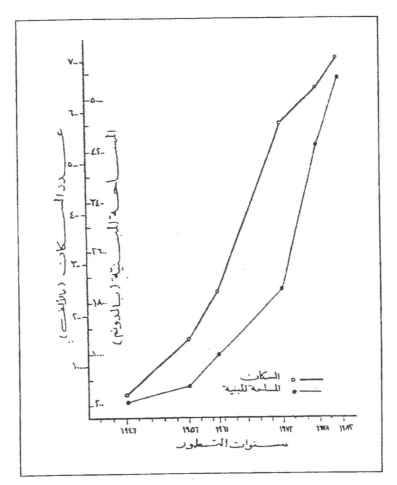

شكل (٦): تطور المساحة المبينة في مدينة عمان والأعداد السكانية فيها

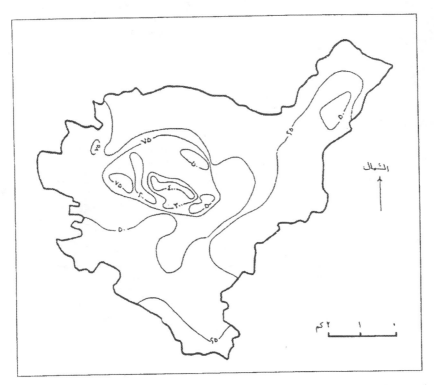

شكل (٧): خريطة تبين الخطوط المتساوية لقيم الأراضي في مدينة عمان

إن أعلى قيم للأراضي خارج المنطقـة التجاريـة المركزيـة يقـع بـالقرب من النويات التجارية الثانوية والتي تقع على الشوارع الرئيسة المنطلقـة مـن مركز المدينة في منطقتي جبل عـمان وجبـل اللويبـدة، ثـم تليهـا في الارتفاع المنـاطق التجاريـة والمنـاطق المحيطـة بالشـارع الرئيسي ـ في جبـل الحسـين والمعروف بشارع خالد بن الوليد والمناطق المحيطة بالميادين التي تقـع عـلى هذا الشارع مثل دوار فراس ودوار جمال عبد الناصر، ويلي ذلك الارتفاع في

المراكز التجارية التي تقع على الشارع الرئيسي الذي يمر بمنطقة ماركا وكذلك الذي يصل المناطق الجنوبية بوسط المدينة.

ويلاحـظ أيضـاً أن قـيم الأراضي ترتفـع نسـبياً في المنـاطق المحيطـة بالشوارع الدائرية التي تربط أطراف المدينة بعضها ببعض، مثل الشارع الـذي يصل ماركا مع المدينة الرياضية (شارع الجندي المجهول)، وكذلك في المناطق المحيطة بشارع آمنة بنت وهب المعروف (باوتوستراد النزهة) الـذي يربط ميدان جمال عبد الناصر بحي النزهة.

وتظهر المناطق القريبة من الدوائر الحكومية ارتفاعاً في قيم الأراضي إلا أن هذا الارتفاع أقل منه في المنـاطق أو المراكـز التجاريـة الفرعيـة، أو المنـاطق القريبة من طرق المواصلات.

أما فيما يتعلق بقيم الأراضي وأثر مراكز السفريات الخارجية الرئيسية الأربعـة في المدينة، وهـي موقـف سـفريات العبـدلي ورأس العـين والوحدات وأمانة العاصمة فيلاحظ ارتفاع قيم الأراضي في المناطق المحيطة بها، ولا بد من الإشارة أيضاً إلى أن هذه المواقف تقع على الطرق الرئيسة في المدينة وتشكل في معظم الأحيان نويات لمراكز تجارية   ثانوية.

وأما مشاريع الإسكان داخل المدينة فهي نوعان: مشاريع عامة أقامتها مؤسسة الإسكان الحكومية ويوجد منها داخل المدينة ثلاثة هـي: ضاحية إسكان الحسين وإسكان ماركا القريب من معهد البوليتكنيك (يقع في منطقة نائيـة بـالقرب مـن طريـق عمـان- الزرقـاء)، ومشـروع إسـكان مـوظفي وزارة الداخلية الذي يقع بالقرب من الطريق الذي يربط مدينة عمان مـع سـحاب وهو يقع على طرف حدود الأمانة، بالإضافة إلى مشروع صغير أقيم في منطقـة ماركا لاستيعاب الـذين فقدوا مسـاكنهم نتيجـة تطـوير منطقـة "السـيل" في المدينة.

وهناك مشاريع إسكانية فردية أقامتها شركات خاصة أو أفراد متناثرة داخل المدينة ومن الصعب تحديدها و تتبعها، لكن آثار هذه المشاريع واضحة في ارتفاع قيم الأراضي في المناطق القريبة منها.

أما فيما يتعلق بأثر المؤسسات الحكومية في قيم الأراضي، فقد اعتبرت المباني العامة كالدوائر الحكومية والمؤسسات والمستشفيات والمدارس وغيرها ضمن هذه المجموعة، إلا أن أثر هذه الدوائر لم تظهر على الخريطة التي تبين الأنماط المكانية لها، وربما يعود ذلك لارتباط أثر هذا العامل بعوامل أخرى كالطرق الرئيسية والمراكز التجارية الثانوية.

ويلاحظ أيضاً أن قيم الأراضي في مخيمات اللاجئين الفلسطينيين المقامة داخل حدود الأمانة منخفضة نسبياً، وقد يعود ذلك إلى طبيعة ملكية الأرض في هذه المخيمات وعدم إمكانية بيع هذه الأراضي، والمخيمات التي تقع داخل المدينة هي: مخيم الحسين والوحدات والنصر، غير أنه يتوقع أن ترتفع قيم الأراضي القريبة من هذه المخيمات لتوافر الخدمات والمرافق العامة.

ويتضح مما تقدم ارتفاع قيم الأراضي في المنطقة التجارية المركزية، حيث تبلغ القيم أعلاها في هذه المنطقة، وتوجد قمم ثانوية أخرى لقيم الأراضي خارج هذه المنطقة، إلا أن هذه القمم والتي يمكن تسميتها بالقمم الثانوية تتباين وتختلف من منطقة لأخرى كما سبق شرحه وتفسيره، شكل رقم (٧).

وهناك ملاحظة أخرى تبدو من الخريطة شكل رقم (٧،٨) وهي أن قيم الأراضي في القطاع الغربي من المدينة تتميز بشكل عام بارتفاع ملحوظ، ويشمل هذا القطاع أحياء جبل عمان واللويبدة والحسين والشميساني، أما قيم الأراضي في القطاعات الأخرى الشرقية فهي أقل منها في القطاع الغربي ، وعلى الرغم من انخفاض قيم الأراضي التي تقع على هوامش المدينة الغربية يكون أقل ، وبذلك نجد أن قيم الأراضي

التي تقع على الهـوامش في المدينـة الغربيـة أعـلى مـن تلك التي تقـع عـلى الهوامش الأخرى في الجهات الأخرى.

وفي محاولة أخرى لإظهار قمـم قيم الأراضي والأنماط المكانيـة لهـا في مدينة عمان فقد تم حساب نسبة قيم الأراضي للنقاط المختارة في المدينة إلى قيـم الأراضي في المنطقـة التجاريـة المركزيـة، بحيـث اعتـبرت قيمـة الأرض في المنطقة التجارية مساوية لـ ١٠٠%، وتظهر الخريطـة شكل رقم (٧) خطـوط التساوي لهذه النسب وتؤكد هذه الخريطة ما ظهـر في الأشكال السابقة مـن قمم ثانوية لقيم الأراضي في مناطق تقع خارج المنطقة التجارية المركزية، كـما تظهر أيضاً القمة الرئيسية في قيم الاراضي والتي تقع في وسط المدينة (المنطقة التجارية المركزية).

التحليل الاحصائي:

وقد تبـين بفحـص التوزيـع التكراري للبيانات المتعلقـة بقيم الأراضي (المتغير التابع) أن توزيع هذه البيانات قريب جداً من التوزيع المعتدل، لـذلك فقد اعتمدت الأرقـام المطلقـة في التحليـل الإحصائي دون اللجـوء إلى تحويـل هذه الأرقام إلى شكل معبر، قد استخدم سعر المتر المربع الواحد مـن الأرض في النقاط المختلفة المختارة داخل المدينة كمتغير تـابع Dependent Variable، وبعد كل نقطة من النقاط التي سبق ذكرها كمتغـير مستقل Independent Variables، وقد استخدمت معادلة الانحـدار المتعـددة الخطـوات[1] مـن أجـل إظهار أثر العوامل المستقلة في العامل التابع وهو قيمة الأرض، والمعادلة هـي:

---

[1] لمزيد من المعلومات يمكن الرجوع إلى ما يلي كأمثلة فقط

Yeates M. An Introduction To Quantitative Analysis in Human Geography, Mcgraw Hill, New York, 1974, PP. 98-120

George W. Snedecor and William G. Cochran, Statistical Methods , The Lowastate University Press, Ames , 1973, PP. 381-416

Norman H. Handlai Hull, and Others, Statistical Package for the Social Sciences (SPSS). McGraw Hill, New York, 1975, PP. 320-342

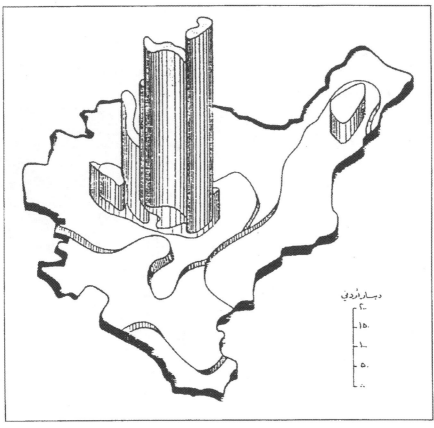

شكل (٨): مجسم يبين قيم الأراضي في مدينة عمان

$$Y=A+B_1X_1 + B_2X_2+B_3X_3+B_4X_4+B_5X_5+B_6X_6+B_7X_7+B_8X_8$$

Y = سعر المتر المربع الواحد من الأرض

X_1 = بعد النقطة عن مركز المنطقة التجارية

X_2= بعد النقطة عن أقرب طريق رئيسي أو دائري.

X_3= بعد النقطة عن أقرب دائرة حكومية

X_4 = بعد النقطة عن أقرب شارع داخلي

X_5= بعد النقطة عن أقرب مخيم للاجئين الفلسطينيين.

X_6 = بعد النقطة عن أقرب مشروع للإسكان

X_7= بعد النقطة عن أقرب مركز تجاري ثانوي

X_8= بعد النقطة عن تجمع للسفريات الخارجية.

E = الخطأ [1]

ونتيجة لتطبيق هذا النموذج Model ظهر الارتباط السلبي الذي يبـين العلاقة السلبية بين قيم الأراضي وجميع المتغيرات المستقلة باستثناء البعد عـن مشاريع الإسكان، وتظهر العلاقة السلبية بين المسافات وقيم الأراضي أنه كلـما اقتربنا من هذه العوامل تأخـذ قيـم الأراضي بالارتفاع والعكس صـحيح، وقد أيـدت هـذه النتيجـة مـا توصـل إليـه ييتـس (Yeates) في دراسـته لقيم الأراضي في مدينة شيكاغو، أما بالنسبة للعلاقة الايجابية أو الطردية بـين قيم الأراضي ومشاريع الإسكان داخل مدينة عمان ، فيبدو للوهلة الأولى

---

[1] إن نموذج الانحدار المتعدد الخطوات التي استخدم في هذه الدراسة هو النموذج المقصود Additive Model وذلك لعدم وجود الارتباط بين المتغيرات المستعملة أو عدم وجود Multicollinearity علماً بأن المتغيرات في العلوم الإنسانية لا تخلو من درجة معينة من الارتباط.

أن هذه النتيجة تتناقض مع المفاهيم التي ظهرت من الدراسات السابقة، إلا أن مشاريع الإسكان التي استخدمت في هذه الدراسة تقع بشكل عام على أطراف المدينة، وفي مناطق تتميز بقيم أراض منخفضة نسبياً، باستثناء مشروع إسكان ضاحية الحسين، كما أن قيم الأراضي تتناسب طردياً مع المسافة باتجاه المدينة، وهذه النتيجة صحيحة تماماً لأنه كلما ابتعدنا عن مشاريع إسكان باتجاه المدينة تأخذ قيم الأراضي في المناطق المحيطة بها، وإذا نظرنا إلى جدول رقم (٢) وجدنا أن معامل الارتباط البسيط السلبي الذي يبين هذه العلاقة بين المتغير التابع والمتغيرات المستقلة يظهر باستثناء معامل الارتباط الايجابي بين قيم الأراضي والبعد عن مشاريع الإسكان وحجمه (٠.٣٨)، وتبين لنا أيضاً أن معاملات الارتباط هذه تتفاوت في مقاديرها من ٠.١٣ إلى ٠.٤٤ ، وهذا يعتمد على حجم العلاقة بين كل من المتغيرات المستقلة والمتغير التابع.

وتظهر من الجدول أهمية العوامل المستقلة حسب تسلسلها ودخولها في المعادلة، وقد كان أهمها العامل الأول المتعلق بالمسافة أو البعد عن مركز المنطقة التجارية ثم تلاه في الأهمية (بحسب الترتيب) البعد عن الطريق الرئيسة، فالبعد عن مشاريع الإسكان، فالبعد عن الدوائر الحكومية، فالبعد عن المخيمات فالبعد عن الشوارع الداخلية ثم البعد عن المراكز التجارية الثانوية، ويبدو أن العامل المتعلق بالبعد عن مراكز تجمعات السفريات الخارجية لم يدخل في المعادلة، ولم يظهر له أثر في تفسير قيم الأراضي من ناحية إحصائية، وحسب الجدول السابق فإن المعادلة الإحصائية تكون على الشكل التالي:

$$Y = 104.98 - 3.2X_1 + 5.4X_6 - 8.7X_2 + 3.2X_5 - 7.8X_3 - 6.1X_4 + X_7$$

جدول رقم (٢)

يبين معالم نموذج الانحدار متعدد الخطوات [1]

معامل الارتباط العام R	R Square Change	R Square التراكمية	معامل الارتباط	B	قيم ف	المتغير حسب دخوله في معادلة الانحدار
٠.٤٤	٠.١٩	٠.١٩	-٠.٤٤	-٣.١٩	١٠.٣٤	١- البعد عن مركز المنطقة التجارية
٠.٥٠	٠.٠٦	٠.٢٥	٠.٣٨	-٥.٣٥	١٨.٣١	٢- البعــد عـــن الطرق الرئيسية
٠.٥٦	٠.٠٦	٠.٣٢	-٠.٢٩	-٨.٧	٦.١٢	٣- البعــد عـــن مشاريع الإسكان
٠.٥٨	٠.٠٣	٠.٣٣	-٠.١٦	٣.١٥	١٠.٣٩	٤- البعــد عـــن الدوائر الحكومية
٠.٦١	٠.٠٤	٠.٣٨	-٠.٣٢	-٧.٨	١٠.٣٠	٥- البعــد عـــن المخيمات
٠.٦١	صفر	٠.٣٨	-٠.١٣	-٦.٠٨	٠.٤٢	٦- البعــد عـــن الشوارع الداخلية
٠.٦١	صفر	٠.٣٨	-٠.٣٥	١.٠١	٠.٢١	٧- البعــد عـــن المراكز التجارية

قيمة a   ١٠٤.٩٩

[1] - لقد تم بناء هذا الجدول من جدول الخلاصة وجدول المتغيرات الداخلة في المعادلة والتي أمكن الحصول عليها بواسطة استخدام الـ SPSS

أي أن قيم الأراضي = ١٠٤.٩٨- ٣.١٩ البعد عن مركز المدينة + ٥.٤ البعد عـن مشروع الإسكان ٨.٧ البعد عن الطريق الـدائري أو الرئيسيـ + ٣.٢ البعـد عـن أقرب مخيم -٧.٨ البعد عن الدوائر الحكومية ٦.١ البعد عن الشوارع الداخلية + ١.٠١ البعد عن المراكز التجارية.

ويظهر الجدول رقم (٢) أن نسبة التباين المشروح أو المفسرـ The Explained Variation (R2) الذي يضيفه العامل الأول وهو البعد عن مركز المنطقة التجارية تبلغ (٠.١٩) ويضيف المتغير الثاني الذي يليه في الأهمية وهو البعـد عـن الشوارع الرئيسية ٠.٠٦٣، كما يضيف العامل الثالث المتعلق بالبعد عـن مشاريع الإسكان ٠.٠٦ والعامل الرابع المتعلق بالبعد عن المخيمات زهاء ٠.٠٢ فقط من نسبة التغير المفسر أو المشروح (R2)، وبذلك يبلغ مجموع نسبة التغير الـذي تفسره العوامـل الخمسة التي دخلت المعادلة حوالي ٠.٣٨ فقط، وأما المتغيران الآخران، وهما البعد عن الشوارع الداخلية والبعد عن المراكز التجارية الثانوية فلم يضيفا شيئاً إلى هذه النسبة، في حين لم يدخل العامل المتعلق بالبعد عن السفريات الخارجية في المعادلة أصلاً، وبذلك فإننا نستطيع أن نتبين أن هذه العوامل الثلاثة غير مهمـة (إحصائياً) في تفسير قيم الأراضي في مدينة عـمان، وربما نستطيع تفسير هـذه النتيجـة بـأن جميع النقاط التي تـم تحديدها (نقاط مشاهدة) تقع بـالقرب مـن الشوارع الداخلية، فالمسافات على الخريطة كانت إما ١/٢ سم أو صـفر وبالتالي فلا يوجد تباين في المسافات التي تربط بين النقاط والشوارع الداخليـة وبـذلك لم يظهر أثر لهذا العامل من ناحية إحصائية.

وفيما يتعلق بمجموع نسبة التغير المشروح (R2) والبالغة حـوالي ٠.٣٨ فهي مقبولة لأغراض الدراسة لا سيما إذا عرفنا أن هناك عوامل أخرى تـؤثر في قيمة الأرض في مدينة عمان ويصعب قياسها، منها عوامل شخصية واجتماعيـة مثل رغبات الأفراد ودرجات تفضيلهم لقطعة معينة دون غيرها، وكذلك نجد أن القوة الشرائية للأفراد وقوة الطلب عـلى الأرض تـؤثران في قيمتهـا، كـما أن درجة استعمال الأرض والكثافة السكانية في المنطقة المعينة قد تؤثران أيضاً في قيم الأراضي داخل المدن.

وقد أظهرت دراسات أخرى أن قيم الأراضي في المدينة ترتبط ارتباطاً ايجابياً مع كثافة السكان، إلا أن هذه العلاقة لم تتأكد في هذه الدراسة، حيث يظهر أحياناً وجود علاقة سلبية بين كثافة السكان وقيم الأراضي، إذ ترتفع قيم الأراضي في المناطق قليلة الكثافة السكانية.

ونظراً للتقدم الذي حصل في وسائل المواصلات وشق الطرق المعبدة التي تسهل الوصول إلى جميع المناطق واستخدام وسائط النقل بشكل أوسع، وبخاصة السيارات، فقد انخفضت أهمية بعض العوامل وبخاصة المنطقة التجارية المركزية، فلم يعد مركز المدينة هو المنطقة الوحيدة التي يمكن الوصول إليها بسهولة، والتي تتجمع فيه الوظائف والخدمات ويمكن الوصول إليها بأقل مسافة وأقل تكلفة وأقل جهد، وأصبح من الممكن الوصول بسهولة - إلى جميع المناطق داخل المدينة.

وقد لاحظ ييتس انخفاض أثر هذا العامل في دراسته في مدينة شيكاغو، وبلغ مجموع التغير المشروح للعوامل الأربعة التي استخدمها في سنة ١٩١٠، وهي البعد عن مركز المدينة والبعد عن المراكز التجارية والبعد عن بحيرة متشيغان والبعد عن محطات المواصلات تحت الأرض Subway حوالي ٠.٧٦ في حين انخفضت هذه النسبة للعوامل نفسها إلى ٠.١١ فقط في عام ١٩٦٠، ويعود السبب الرئيسي- إلى تناقص أثر هذه العوامل في تفسير قيم الأراضي نظراً لسهولة الوصول إلى جميع مناطق المدينة، وبفحص قيم (ف) تبين أنها كانت ذات دلالة إحصائية وبمستوى ثقة ٠.٩٩ للمتغيرات التي دخلت في الخطوة الأولى والثانية والثالثة والرابعة والخامسة، وهي المتغيرات نفسها التي أضافت إلى التباين المفسر- The Explained Variation، أما درجات ف للمتغيرين نفسها التي أضافت إلى التباين المفسر تكون لها دلالة إحصائية، كما أن هذين المتغيرين لم يضيفا شيئاً للتباين المفسر- جدول رقم (٢).

الخاتمـــة

لقد كانت قيم الأراضي في المدن والأنماط المكانية لها موضع اهتمام من قبل بعض الجغرافيين والاقتصاديين، وقد تركز هذا الاهتمام في المدن الغربية بشكل عام والمدن في أمريكا الشمالية بشكل خاص، وكان الهدف من ذلك وضع نظري خاصة لقيم الأراضي في المدن، إلا أن المدن غير الغربية أو المدن العربية لم تحظ بمثل هذا الاهتمام.

وقد جاءت هذه الدراسة لتظهر الأنماط المكانية لقيم الأراضي في مدينة عمان تحديد بعض العوامل التي قد تؤثر في هذه القيم، وقياس آثار هذه العوامل.

وقد أظهرت هذه الدراسة نمطاً مشابهاً لتلك الأنماط التي ظهرت في دراسات سابقة، من حيث ارتفاع قيم الأراضي في المنطقة المركزية التجارية وانخفاضها كلما ابتعدنا عن المركز باتجاه الأطراف الخارجية للمدينة، كما أظهرت قمماً ثانوية لقيم الأراضي في المناطق التي تقع خارج المنطقة التجارية المركزية، وبخاصة في المناطق التي تقع بالقرب من الطرق الرئيسة أو بالقرب من المراكز التجارية المنتشرة داخل المدينة.

أما فيما يتعلق بتحديد العوامل المؤثرة في قيم الأراضي وآثار هذه العوامل، فقد أظهرت الدراسة وجود علاقة سلبية بين قيم الأراضي والبعد عن المنطقة المركزية وكل من المراكز التجارية الثانوية والمؤسسات الحكومية والشوارع الرئيسية ومخيمات اللاجئين الفلسطينيين ومراكز السفريات الخارجية، وقد اتفقت هذه النتيجة مع بعض نتائج الدراسات الأخرى، أما عن العلاقة بين قيم الأراضي والبعد عن مشاريع الإسكان فقد أظهرت الدراسة وجود علاقة طردية وقد سبق توضيح ذلك.

وقد استخدم الأسلوب الإحصائي - الانحدار المتعدد الخطوات - من اجل قياس آثار العوامل في قيم الأراضي، وقد ظهر من الدراسة الأثر الأقوى للبعد عن

المنطقة التجارية المركزية حيث فسر هـذا العامـل حـوالي ١٩% مـن مجمـوع التغير المشروح، ثـم تبعتـه العوامـل التاليـة مـن حيـث الأهميـة: البعـد عـن الشوارع أو الطرق الرئيسية، البعد عن مشاريع الإسكان، البعـد عـن الـدوائر الحكومية، البعد عن مخيمات اللاجئين الفلسطينيين، ولم تظهر أهمية إحصائية للعوامل الأخرى، وقد بلغ مجموع ما تفسره العوامل السابقة الذكر من مجموع التغير المشروح حوالي ٣٨%، وهذا يشير إلى وجود عوامل أخرى قد تسهم في تفسير هذا التغير، مثل العوامل النفسية والاجتماعية كرغبات الأفراد ودرجات تفضيلهم أو طبوغرافية المنطقة وغيرها.

وقد يعود الانخفاض في مجموع نسبة التفسير المشروح إلى تناقص أهمية هذه العوامل، لأن الوصول إلى جميع المناطق داخل المدينة أصبح ممكناً وبخاصة بعد التقدم في وسائل المواصلات وشيوع استخدام السيارات وشق الطرق المعبدة التي تصل جميع المناطق في المدينة.

وقد تساعد هـذه الدراسة في إكمال الصورة لنظرية قيم الأراضي في المدن، ويوصي الباحث بإجراء دراسات أخرى مماثلة وخاصة في المدن العربية إسهاماً في وضع نظرية متكاملة لقيم الأراضي في المدن بشكل عام، وتحديد العوامل التي تؤثر في ذلك.[١]

[١] استخدمت ارقام الأشكال والجداول كما هي في الدراسة.

الفصل الثالث

توزيع السكان في المدن

من المعروف أن أول المفاهيم التي يسعى الجغرافي دوماً للبحث عنها، هو توزيع الظاهرة الجغرافية، والبحث عـن النـمط أو الهيئة التـي تنتظم بها هـذه الظاهرة، بخاصة إذا تميز انتظام الظاهرة بنمط معين، ثم يحاول الكشف عـن الأسباب والعوامل التـي تسـاعد في تفسير النـمط الذي تنتظم بموجبه الظاهرة الجغرافية.

وكان توزيع السكان في المدن أحد الموضوعات التـي حظيت بمعالجة جغرافية كبيرة من قبل العديد من الباحثين والدارسين، إلا أن جل هذه الأعمال تركزت في المدن الأمريكية، شأنه شأن الموضوعات الأخرى في جغرافية المدن، ولعل السبب في ذلك، يعـود إلى تـوافر البيانـات اللازمـة لهذه الدراسـات في المدن الأمريكية، وتوافر الخرائط المتنوعة اللازمـة، أيضاً، وإلى الاهتمام الكبير بالمشكلات التي تعاني منها المدن، بالإضافة إلى الأهمية الاقتصادية والسياسية للمـدن بعامة، وللمـدن الأمريكيـة في المجتمع الأمريكي بخاصـة، إلا أنه عـلى الرغم من ذلك، فإن دراسة المدن الأمريكية يساعد في فهم المـدن غـير الغربية أو الأخرى، ومحاولة الكشف عن خصائصها وبيـان مـدى الاقتراب أو الابتعـاد عن خصائص ومشكلات المدن الغربية بعامة والمدن الأمريكية بخاصة.

هذا، ويتوزع السكان في المدن، بشكل غير منتظم، ويحاول الجغرافي، وكما ذكرنا سابقاً، الكشف عن النمط الذي يتوزع حسبه السكان في المدن، كما يحاول الإجابة عـن مجموعة أسئلة مثل، ما النمط الذي يتوزع حسبه السكان في المدن؟ كيف يختلف هـذا النمط عن التوزيع المنتظم؟ أين توجد المناطق في المدينة، التي تتميز بـأعلى الكثافات السكانية، وأين توجد مناطق الكثافات السكانية المنخفضة؟ هل يوجد انتظام معـين في اختلاف الكثافات السكانية؟ ما العوامل التي تفسر أنماط الكثافات السكانية؟ هل يتأثر

نمط الكثافات السكانية بالعوامل الثقافية أو الطبيعية؟ هل يؤثر حجم المدينة أو عمرها في نمط الكثافات السكانية؟ هل تختلف أنماط الكثافات السكانية في مدن الحضارة غير الغربية عنها في مدن الحضارة الغربية؟

ولعله من المفيد، قبل محاولة الإجابة عن الأسئلة السابقة، توضيح مفهوم الكثافة السكانية، فالكثافة السكانية، بشكل عام، هي عدد السكان في وحدة المساحة، وهناك نوعان رئيسيان للكثافة هما:

الكثافة الخام أو الحسابية، ويمكن حسابها بقسمة $\frac{\text{مجموع السكان}}{\text{جملة المساحة}}$

والنوع الثاني: الكثافة الصافية، وهي عبارة عن عدد السكان في وحدة المساحة للاستخدام المعين في المدينة، مثل عدد السكان في وحدة المساحة المبنية أو المطورة التي تشغلها الوظيفة السكنية، وتحسب بقسمة: $\frac{\text{مجوع السكان}}{\text{مجموع مساحة الأرض السكنية}}$

ويفضل استخدام الكثافة الصافية، لأنها توضح علاقة أدق بين عدد السكان والاستخدام المعين، إلا أن هناك صعوبة في توفير البيانات الخاصة بحسابها، وعادة توجد علاقة بين الكثافة الخام والكثافة الصافية، فتتراوح هذه العلاقة بين ١:٢ إلى ١:٤ أي إذا كانت الكثافة الخام تقاس بوحدة واحدة، فإن الكثافة الصافية تتراوح بين ٢:٤ وحدات.

وتختلف الأنماط المكانية للكثافات السكانية بين المدن المختلفة، وتتأثر بعدة عوامل مثل الخلفية الثقافية للمجتمع بشكل عام، وعمر المدينة والوظائف الاقتصادية التي تقدمها المدينة، وحجم سكان المدينة والخصائص الطبيعية لموضع المدينة أو موقعها الجغرافي (Northam R, 1979, P. 337) .

وعلى الرغم من ذلك، فقد أثبت باحثون وجود تشابه وانتظام معين في أنماط الكثافات السكانية في المدن، وبخاصة العلاقة بين الكثافات السكانية وبعدها عن المنطقة التجارية المركزية للمدينة.

بعض النماذج الرياضية للكثافات السكانية في المدن:

قدمت أول محاولة لتفسير توزيع السكان في المدن من قبل كولين كلارك عام ١٩٥١، حيث قام بجمع بيانات عن السكان في مدن مختلفة عبر العالم، وخلص إلى أن الكثافات السكانية في المدن ترتبط بعلاقة منتظمة مع البعد أو سهولة الوصول إلى مركز المدينة، وتحديداً، اقتراح أن الكثافة السكانية في المدن تتناقص بمعدل أسي Exponential Gradiant أي يتناقص معدل الانخفاض في الكثافة السكانية مع زيادة البعد عن مركز المدينة أو المنطقة المركزية التجارية في المدينة، وتظهر هذه العلاقة في المعادلة التالية:

$$dx = doe^{-bx}$$

حيث أن الكثافة السكانية d عند المسافة x من مركز المدينة = dx

معامل انخفاض الكثافة السكانية _درجة الانحدار) = b

الكثافة المركزية، عند مسافة صفر من مركز المدينة = do

الخطأ = e

وتشير العلاقة إلى تناقص أو انخفاض الكثافة السكانية كلما ابتعدنا عن مركز المدينة، أولاً بسرعة، ثم بعد ذلك يأخذ معدل الانخفاض في التناقص، وعند تحويل قيم الكثافات السكانية المطلقة إلى قيم لوغارتمية، تظهر العلاقة على شكل خط مستقيم شكل ٢٩.

وقد طور نموذج آخر من قبل تينر وشيرات J. Tanner and G.Sherratt ويقترح هذا النموذج تناقص الكثافات السكانية ببطء في المنطقة القريبة من المركز التجاري للمدينة، ثم بعد ذلك بتسارع الانخفاض في الكثافات حتى نصل إلى هامش المدينة أو أطرافها، حيث يتناقص معدل الانخفاض ثانية (Northam R. 1979, P.337)

وفي عام ١٩٦٩، قام نيولنغ Newling بتعـديل نمـوذج كـلارك، وتطويـر لنمـوذج تانـر وسيتـرات، ويقتـرح نموذج نيولنغ، وجود كثافـة سكانيـة منخفضـة نسبياً بالقرب من مركز المدينة، مع ارتفاع الكثافة السكانية في المناطق القريبة من المركز بحيث تصل إلى أقصى ارتفاع لها عند مسافة قريبة من مركز المدينـة شكل ٣٠.

وتوجد خار ج المنطقة التجارية المركزية حافة أو قمة للكثافات السكانية Density Rim or crest تحيط بفوهـة الكثافة في المنطقـة التجاريـة المركزيـة Density Crater، ثم تنخفـض الكثافة السكانية في جميع الاتجاهات نحو أطراف المدينة، فقـد تـم تشبيـه الكثافة السكانية في المنطقـة التجاريـة المركزيـة بفوهـة البركان، ثم حافة الفوهة التي تتميز بارتفاع الكثافة السكانية.

وقـد قيـل بـأن نمـوذج كـلارك يفسـرـ نمـط الكثافـة السكانيـة في المـدن الغربيـة، ولا ينطبـق على المـدن غير الغربيـة، حيـث تتميـز المـدن الأخيـرة بـأن معدل انخفاض الكثافة السكانية يكون ثابتاً، وعنـد مقارنـة أنمـاط الكثافـات السكانية بين المـدن الغربيـة وغير الغربيـة، تظهـر فـروق جوهريـة، ففـي الوقـت الذي تظهر فيه المدن الغربية تناقصاً وانخفاضاً في الكثافة السكانية فكلـما ابتعدنا عن مركز المدينة، تُظهر المدن غير الغربية ارتفاعاً في الكثافة السكانية في مركز المدينة مع مرور الزمن.

فأظهرت أنمـاط الكثافة السكانية في مدينـة كلكـوتـة ارتفاعـاً ثابتاً في الكثافة السكانية المركزية، خلال الفترة من ١٨٨١-١٩٥١، على الرغم من توسـع المدينة مساحياً، وبقاء معدل الزيادة في الكثافة ثابتاً تقريباً.

ويعود السبب في ذلك إلى استمرار تركز السكان في المـدن وفي المناطق المركزيـة بشكل خاص، وربما يظهر هـذا الاتجـاه في المـدن غير الغربيـة بشكل عام.

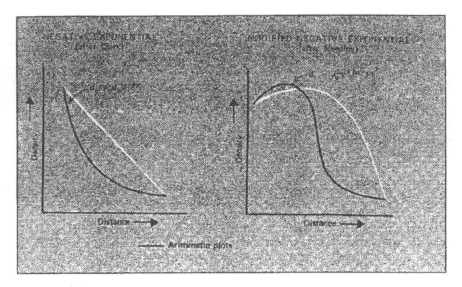

شكل (٢٩): معامل انحدار الكثافة السكانية

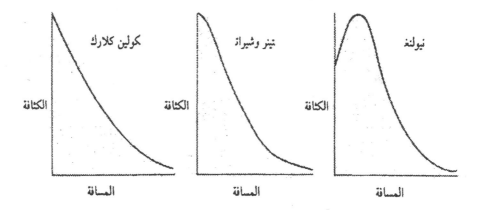

شكل (٣٠): نماذج نظرية لأنماط الكثافة السكانية

وأظهـرت دراسـة أن أغنيـاء يسـكنون هـامش المدينـة الغربيـة حيث مساحة الأرض المتوافرة أكبر، وكذلك توافر الأراضي الأرخص ثمناً، وبالتالي تتميـز الكثافة السكانية عند هامش المدينة الغربية، بالانخفـاض، بالمقارنـة مـع مركـز المدينة، حيث يسكن الفقراء، لأنهم يفضلـون السـكن في المنـاطق التـي تتميـز بسهولة الوصول وهي المنطقة التجارية المركزيـة، حيـث يمكـن الحصـول عـلى الأشياء بأقل كلفة نقل أو جهد، لأن الفقراء، غالباً ما يستعملون وسـائل النقـل الجماعية، في حين يمتلك الأغنياء سيارات تمكنهم من الوصول إلى المناطق التـي يرغبون فيها، وعلى الرغم من انخفاض كلفة المواصلات في المدن غـير الغربيـة، يجتمع الناس حيث تكون إمكانية التوفير في كلفة التنقل أكبر.

وتختلـف المـدن الغربيـة وغـير الغربيـة في الطريقـة التـي تتغـير فيهـا الكثافات السكانية في المـدن، مـع تغـير في متغـيري الكثافـة المركزيـة ومعامـل انخفاض الكثافة السكانية مع تغير البعد عن مركز المدينـة، في المـدن الغربيـة، ترتفع الكثافة السكانية ثم تتناقص بالابتعاد عن مركز المدينـة، مـع تنـاقص في معدل الانخفاض، ومـع تطـور المـدن، تـنخفض الكثافـة السـكانية المركزيـة، في الوقت الذي تتطور فيه الضواحي على أطراف المدن، التي تظهر انخفاضاً نسبياً في الكثافة السكانية، شكل ٣١.

أما المدن غير الغربية فتظهـر زيـادة مسـتمرة في الكثافـة السـكانية في مركز المدينة وتستمر الزيادة بمعدل ثابـت تقريبـاً. (Northam R, 1979, P. 345).

تناقص الكثافة السكانية مع مرور الزمن:

ظهر مـن البيانـات التـي جمعهـا كـلارك عـن عـدة مـدن في العـالم، أن منحنى الكثافة السكانية يكون أكثر انحداراً لبيانات ١٩٠٠ عنه لبيانـات ١٩٤٠، فقد تناقصت قيمة b التي تمثل درجة الميل، وتشير إلى معدل انخفاض الكثافة السكانية ، كلما ابتعدنا عن مركز المدينة، تناقصت مع مرور الزمن.

وأكد نيولنغ ١٩٦٦ العلاقة الرياضية التي قدمها كلارك، بين الكثافة السكانية والبعد عن مركز المدينة، واستنتج أن معدل انخفاض الكثافة ثابت ومنتظم، وأشار إلى أن معدل الانخفاض يكون سريعاً في أول الفترة الزمنية، ثم يتناقص معدل الانخفاض بعد ذلك. .Yeates M.and Other, 1976, P) (233.

وفي حقيقة الأمر، فإن سبب انخفاض الكثافة السكانية مع مرور الزمن، يعود إلى العمليات التي تتم خلال الفترة الزمنية المعينة، مثل تطور وسائل المواصلات، وقد أيد هذه الفكرة كلارك الذي ربط انخفاض معدل الكثافة السكانية بالتطور في وسائل المواصلات، وبشكل خاص الاستخدام الواسع للسيارة، كما أظهرت دراسات أن الكثافة السكانية في مركز المدينة تتزايد خلال فترة زمنية محددة، ثم تتناقص بعد ذلك في الآونة الأخيرة، كما أظهرت دراسات أخرى ثبات الكثافة السكانية في مركز المدينة.

أما أثر تطور المواصلات في انخفاض الكثافة، فيظهر من خلال انتشار السكان من مركز المدينة باتجاه أطراف المدينة، وقد جعل تطور المواصلات أمر الانتشار السكاني ممكناً وظهر أن الكثافة السكانية تكون منخفضة في المركز، نتيجة، لأن الوظيفة التجارية تسود في المركز ويبتعد السكان والوظيفة السكنية إلى أطراف المدينة.

وقد تظهر النماذج الثلاثة السابقة الذكر لأنماط الكثافات السكانية التباين المكاني لتوزيع السكان في المدينة، بحيث يمثل كل نموذج توزيع السكان في المدن خلال فترة زمنية محددة من تطورها وأنماط توزيع السكان فيها، ويظهر التطور الحضري وجود أربع مراحل، تتميز كل منها بنمط مختلف لتوزيع السكان فيها، فتوصف المرحلة الأولى بمرحلة الشباب Youth، حيث ينحصر ــ السكان في منطقة محددة مكانياً في المدينة، ويشبه نمط الكثافة السكانية في هذه المرحلة نموذج كلارك، لأن السكان يتركزون بالقرب من مركز المدينة، لأن المدينة كانت تفتقر إلى وسائل المواصلات.

أما المرحلة الثانية، فتسمى بمرحلة النضج المبكرة Early Maturity، وتميـزت المـدن بالتوسـع المسـاحي، خـارج حـدودها الأولى، وتكون الكثافـة السكانية المرتفعة في المناطق المجاورة للمنطقة التجارية المركزية، ويقترب هذا النمط من نموذج تانر وشيرات.

وفي وقت متأخر، تظهر مرحلة النضج المتأخرة Late Maturity، تميـزت هذه المرحلة بوجود قمة الكثافات السكانية، وانتشار السكان مكانياً، ويتميـز نمط الكثافة السكانية بوجود فوهة في المنطقة التجارية، نتيجـة لعـدم سكن النـاس في هـذه المنطقـة، وسـيطرة الوظيفـة التجاريـة علـى المنطقـة، وعـدم استطاعة الوظيفة السكانية منافسة الوظيفة التجارية في المنطقة المركزية، وتظهر قمة الكثافة السكانية على أطراف الفوهة لمنحنى الكثافة السكانية، أو في المناطق القريبة من المركز.

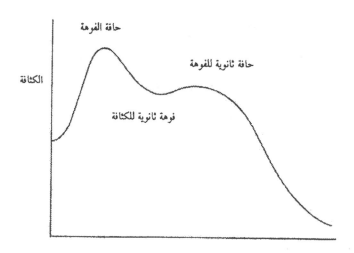

شكل (٣١): نمط الكثافة السكانية حسب نورثام

وتظهر مرحلة متأخرة من النمو الحضري، تتميز بنمط مختلف، حيـث امتداد المدينة وتوسعها مساحياً، يصاحب زيادة تعمق فوهة الكثافة السكانية وانخفاضها في المنطقة التجارية المركزية، وإزاحـة أطراف الفوهة إلى مناطق أبعد عـن المركز التجاري، وصـفت هـذه المرحلـة بالمرحلة القديمـة للتطور الحضري، The Old Stage Of Urban Development، ويقترب هذا النمط من نموذج نيولنغ.

الخصائص الأساسية لأنماط الكثافة السكانية في المدن:

١- وجود علاقة خطية سالبة أو قريبة منها بين الكثافات السكانية من جهـة والبعد عن مركز المدينة من جهة ثانية.

٢- وجـود علاقـة منحنيـة أسـية Exponential Curvilinear، بـين الكثافة السكانية والبعد عن مركز المدينة.

٣- ظهور انخفاض في الكثافة السكانية في المنطقة التجاريـة المركزيـة، تشبه فوهه البركان، وارتفاع للكثافة في أطراف الفوهـة، في فـترة زمنيـة لاحقـة، مع توسع المدينة وامتدادها مكانياً.

٤- تحرك مستمر لحافة الكثافة السكانية مع اتساع وتعمـق فوهـة الكثافة السكانية (Northam R. 1979, P. 343).

ومع توسع المدينة مكانياً ونموها للخارج، ترتفع الكثافة السكانية في مناطق، تشكل نويات للتجمعات السكانية الريفية الموجودة أصلاً، كما تظهـر على أطراف المدينة، تطورات سكنية في نمط متخلخل الكثافة السكانية، الأمر الذي يؤدي في النهاية إلى وجود مناطق تتميز بارتفاع الكثافة السكانية على أطراف وهوامش المدن، شكل ٣١.

الأنماط المكانية لتوزيع السكان في مدينة عمان: "دراسة حالة"

كايد أبو صبحة، " الأنمـاط المكانيـة لتوزيـع السكان في مدينـة عمـان"، مجلة دراسات، المجلد ١٣، العدد الثالث، ١٩٨٦، ص ٢٤١-٢٩١.

مقدمة:

يهدف هذا البحث: إلى دراسة توزيع السكان في مدينة عمان، وإبراز نمط هذا التوزيع، ومحاولة تفسير هـذا النمط، وستحاول الدراسة في سبيل ذلك، الإجابة عن الأسئلة التالية: كيف يتوزع السكان في مدينة عمان؟، وهل يتوزع السكان حسب نمط معين؟، وإذا ظهر نمط، فما هو هذا النمط؟ وكيف يتباين توزيع السكان مكانياً داخل المدينة؟، وهل يتفق هذا النمط مع أنمـاط توزيع السكان التي ظهـرت في دراسات سابقة، وفي مـدن مختلفـة مـن مـدن الحضارة الغربية أو في المدن غير الغربية؟ ثم ما هي أوجه التشابه والاختلاف بين أنماط التوزيع السكاني في المدن المختلفة؟.

وقد اختيرت عمان لهذه الدراسة، لأنها عاصمة المملكة والمدينة الأولى فيها، ويسكنها حوالي ٣٠% مـن سكان القطر، وقد شهدت هذه المدينة تزايداً كبيراً في أعداد السكان والمساحة خلال العقود المتأخرة بشكل خـاص، فقـد ارتفع عدد السكان فيها مـن (٤٥.٠٠٠) نسـمة إلى (٧٤٥.٩٠٥) نسمة خلال الفترة بين عامي ١٩٤٦ و ١٩٨٢، كما أن المساحة المبنيـة في المدينة قد خلال الفترة ذاتها من (٢٥٠٠) دونم إلى (٥٣٧٠٠) دونم، وقد رافق النمـو السكاني والتوسع الأفقـي في مدينـة عمـان تنـاقص في الكثافـة السكانية العامة، حيـث انخفضت خلال الفترة السابقة الذكر مـن ١٨ نسـمة /للـدونم إلى حوالي ١٣.٩ نسمة/ للدونم [٢].

---

[٢] لمزيد من التفاصيل عن نمو وتوسع مدينة عمان يمكن الرجوع إلى: أمانة العاصمة، دائرة الشؤون الفنية، هذه عمان، بلا تاريخ.

ويبدو من هذا النمو في السكان والمساحة أنه قد أثر بشكل كبير على توزيع السكان وتركزهم داخل المدينة، كما أن الظروف الخاصة التي مر بها الأردن بشكل عام، وعمان بشكل خاص، واستقبال المهاجرين من أبناء فلسطين بعد نكبتي عام ١٩٤٨و ١٩٦٧، وكان لها الأثر الأكبر في التركيب السكاني للأردن بعامة ولمدينة عمان بخاصة، بالإضافة إلى الأعداد الكبيرة، التي انتقلت من القرى والمدن الأردنية الأخرى، والتي كان لها أثر مهم في توزيع السكان فيها.

وقد استخدمت في هذه الدراسة الكثافة السكانية الخام (عدد السكان في الدونم داخل المدينة) مقياساً للتركز السكاني [٣]، ودليلاً لإظهار العلاقة بين السكان والمساحة، بالإضافة إلى مقاييس أخرى استخدمت من أجل تحديد مستويات التركيز السكاني، والتباين المكاني في توزيع السكان داخل المدينة، ومن هذه المقاييس نسبة التركز السكاني، ومنحنى لورنز، ومركز الثقل السكاني أو نقطة التوازن السكاني، كما اعتمدت الدراسة على بيانات تعداد عام ١٩٧٩.

تعتبر دراسة توزيع السكان وكثافاتهم في المدن ذات أهمية خاصة، وذلك لأثر هذا التوزيع في الأنشطة الاقتصادية والحياة الاجتماعية داخل المدينة، فالأنشطة الاقتصادية المختلفة والخدمات الاجتماعية والمرافق تتأثر بدرجة كبيرة بنمط توزيع وتركز السكان داخل المدينة، كما أن لمعرفة توزيع السكان في المدن أهمية أخرى من أجل المساعدة في توجيه عملية التخطيط الحضري.

والمدينة عبارة عن مزيج مركب ومعقد ومنظم للمنشآت من مبان وطرق وسكان، والإنسان هو الذي يقيم المنشآت والمباني، وهو الذي يقوم بممارسة الفعاليات والأنشطة الاقتصادية المختلفة، وهو الموجه لاقتصاد المدينة بشكل عام، فهو الذي يزود المؤسسات الإنتاجية بالأيدي العاملة اللازمة داخل المدينة وخارجها ، وهو المستهلك

---

[٣] تقاس الكثافة عادة، بعدد السكان في الميل المربع أو الكيلو متر المربع، ولكن بفضل استخدام وحدات مساحية أصغر كالفدان أو الدونم عند دراسة توزيع السكان في المدن، ولمزيد من المعلومات يمكن الرجوع إلى :
Gibbs,J,P,ed, Urban Research Methods, Van Nostrand: Princeton, 1946, P.87

للسلع والخدمات، لذلك ليس من الممكن عدم إعطاء الإنسان ما يستحقه من بحث ودراسة.

ويبدو أن دراسة السكان داخل المدن ظهرت في وقت متأخر نسبياً يعود إلى عام ١٩٥٣، لأن موضوع دراسة السكان بشكل عام لم يتحدد مجالها وميدانها إلا في وقت متأخر، وقد كان أول الجغرافيين الذين أسهموا في تحديد مجال جغرافية السكان هو الجغرافي الأمريكي تريوارثا (G.Trewartha) [٤].

لقد كان موضوع توزيع السكان في المناطق الحضرية موضع اهتمام من قبل المختصين بالمدن في الميادين المختلفة كالاقتصاد والجغرافيا والاجتماع، وقد ظهرت معظم الأعمال المتعلقة بتوزيع السكان في المدن خلال العقدين اللذين أعقبا الحرب العالمية الثانية[٥] .

النماذج التقليدية وبعض الدراسات المتعلقة بتوزيع السكان في المدن :

لقد وجد المهتمون بدراسة أنماط الكثافات السكانية في المدن تشابهاً وانتظاماً لأنماط هذه الكثافات، وقد طور هؤلاء نماذج، أو نظريات للتعبير عن العلاقة الإحصائية بين الكثافات السكانية والمسافة، وتظهر هذه النماذج وجود علاقات وأنماط عامة قد لا تصدق في كل مدينة في العالم وكان أول هذه النماذج[٦] ما قدمه الاقتصادي كولين كلارك (Colin Clark) سنة ١٩٥١[٧]، حيث درس عدداً كبيراً من المدن في مناطق مختلفة من العالم ، وتوصل إلى وجود علاقة عكسية بين كثافة السكان والبعد عن مركز المدينة ، أي أن الكثافة تصل أعلاها في المركز ، ثم تبدأ بالتناقص السريع وبمعدل ثابت، ثم تبدأ بعد ذلك بالانخفاض التدريجي باتجاه أطراف المدينة ، وقد اعتبر بعض الدارسين والباحثين نموذج

---

[4] Glenn Trewartha, American Geographers, 43, 71, 1953

[5] Yeates M, And Garner, The North American City, San Francisco:Harper And Row, 1980, P. 222, This References will be referred to later as: Yeates and Garner , The North

[6] Yeates and Garner, Ibid, P. 223

[7] Clark Colin, Urban Population Densities, Journ Royal Statis, Soc, Ser, A, Vol, 114, 1951, PP, 490-496

كلارك هذا قانوناً لتفسير التباين في الكثافات السكانية داخل المدن، وتفسر المعادلة التالية نمط توزيع الكثافات السكانية داخل المدن:

$$Dx = Doe^{-bx}$$

حيث أن :

Dx= كثافة السكان عند المسافة × من مركز المدينة

Do= الكثافة في مركز المدينة

B= معدل انخفاض الكثافة (درجة الميل)

E= أساس اللوغاريتم الطبيعي

D= المسافة عن المركز

أما النموذج الثاني فقد اقترحه نيولنغ (Bruce Newling) سنة ١٩٦٩[٨] وهو يظهر كثافة منخفضة نسبياً في مركز المدينة، ثم ارتفاعاً بعد ذلك بالقرب من هذا المركز، ثم انخفاضاً في الكثافة باتجاه أطراف المدينة الخارجية، وتصل الكثافة السكانية أعلاها بعد حافة المنطقة التجارية المركزية، ويمكن تفسير انخفاض الكثافة السكانية في مركز المدينة بأن الوظيفة التجارية هي التي تسود هذه المنطقة، كما أن الوظيفة السكنية لا تستطيع منافسة الوظيفة التجارية فيها، في حين يتركز السكان في المناطق المجاورة، للمنطقة التجارية المركزية أو على أطرافها.

ويربط نيولنغ نمط الكثافة السكانية بمرحلة نمو وتطور المدينة، إذ تتميز المرحلة المبكرة لتطور المدينة بوجود كثافة سكانية منخفضة في المركز، كما يربط وجود ما يسميه قمة الكثافة بمراحل لاحقة من تطور المدينة، وقد أظهر نيولنغ أن النموذج الأفضل لتفسير توزيع السكان في المدن هو نموذج معادلة الدرجة الثانية.

---

[8] Bruce Newling , the Spatial Variation of Urban Population Densities, Geographical Review, Vol. 59, No, 2, April, 1969, PP. 242-252

وقد قدم تينر وشيرات (Tanner and Sherratt)، وبشكل مستقل، نموذجاً ثالثاً لوصف نمط توزيع السكان داخل المدن، ويتميز هذا النموذج بتناقص بطيء في الكثافة السكانية، كلما ابتعدنا عن المركز لمسافة محددة، ثم يتسارع هذا التناقص باتجاه الأطراف، إلا أن معدل التناقص هذا يأخذ في الانخفاض مع تزايد المسافة عن المركز[٩].

ويقول نورثام (Ray Northam)[١٠]، إن النماذج السابقة الذكر تكمل بعضها بعضاً لتكون مفهوماً متكاملاً لوصف التباين المكاني لكثافات السكان داخل المدن، ويضيف إلى ذلك قوله إن كل نموذج يفسر توزيع السكان في مرحلة من مراحل نمو وتطور المدينة، حيث تنمو وتتوسع مساحة المدينة في حين يعاد توزيع السكان فيها.

ويحدد أربع مراحل لتطور المدينة، تتميز كل مرحلة منها بنمط معين في الكثافة السكانية، وهذه المراحل هي:

أولاً: مرحلة الشباب: وتتصف بزيادة الكثافة السكانية في مركز المدينة، وتكون هذه المرحلة حيث تكون طرق المواصلات نادرة أو غير متوافرة ويمثل هذه المرحلة نموذج كلارك.

ثانياً: مرحلة النضج المبكرة: وترتفع فيها الكثافات السكانية في المناطق المجاورة من المركز نتيجة لتوسع وامتداد المنطقة التجارية، وتغلغلها داخل المنطقة السكنية، ويمثل هذه المرحلة نموذج تينر وشاريت (Tanner And Sherratt).

ثالثاً: مرحلة النضج المتأخرة: وفيها تتفق قمة التركز السكاني مع التوسع أو النمو السكاني للمدينة، كما تنمو فيها وتتوسع المنطقة التجارية لتكون فوهة تنخفض فيها الكثافة السكانية (Crater)، وذلك نتيجة للرغبة في عدم الاستقرار في المنطقة التجارية، كما أن الوظيفة السكنية لا تستطيع منافسة الوظيفة التجارية في المركز.

---

9 Newling, Ibid, P, 224

10 Northam Ray, Urban Geography, New York: Kohn Wiley And Sons, 1979, PP. 341-342

رابعاً: المرحلة الأخيرة: وتتميـز بتوسـع مكـاني للمدينـة وتعمـق لفوهـة كثافـة السكان وزحزحة لقمة الكثافة السكانية (Rim)، ويمثـل هـذه المرحلـة نمـوذج نيولنغ.

وقد ظهرت دراسات أخرى من أجل فحص النماذج السابقة، ومن هذه الدراسات تلك التي قام بها أدامز [11](John Adams) والتي ربط فيهـا مـا بـين التباين في كثافة السكان من جهة وحجوم المدن وأعمارها من جهـة أخـرى، إذ تتميز الكثافات في المدن الكبيرة بزيادة التركز في المركز، كما يتميز تركز السكان في المدن الصغيرة بشدة الانخفاض إذا ما قورن بالمدن الكبيرة سواء أكانت هذه المدن قديمة أم حديثة، كما أظهر وجـود علاقـة بـين تطـور وسـائل المواصلات وتوسع المدن من جهة وبين التباين في الكثافات السكانية من جهة أخرى.

كما حاول بيري (Brain Berry) [12] المقارنة بين أنماط توزيع السـكان في المدن الغربية وغير الغربية وبشكل خاص مدن جنوب شرق آسـيا، وتوصـل إلى وجود علاقة سلبية بين الكثافة والبعد عـن المركـز في النـوعين مـن المـدن، مـع وجود فرق في معـدل انخفـاض الكثافـة في هـذين النـوعين، وقـرر أن الكثافـة السكانية في مركز المدينة في مدن الحضارة الغربيـة كانـت منخفضـة في القـرن التاسع عشر ثم ارتفعت هذه الكثافة في القرن العشرين، وأن معدل الانخفاض في الكثافة قد تناقص مع مرور الزمن وانتشار الضواحي.

أمـا في المـدن غـير الغربيـة فقـد اسـتمرت الكثافـة المركزيـة بالارتفـاع ومعدل التناقص أو الانخفاض التدريجي من المركز باتجاه الأطراف وبقي ثابتـاً مع مرور الزمن، ويفسر ذلـك لعـدم وجـود المرونـة في أنظمـة ووسـائل النقـل وتنظيم المجتمع، ورغبة الطبقة الغنية في الاستقرار بـالقرب مـن المركـز، إلا أن هذه الأساليب لا يمكن تأييدها في الوقت الحاضر.

---

[11] Adams John, Residential Structure of Mid Westerns Cities, Annals of the Association of American Geographers, Vol. 60, 1970, PP.

[12] Berry Brian, Urban Population Densities: Structure and Change, Geographical Review, Vol.53, 1963

أما فيما يتعلق بالمدن العربية فقد ظهرت دراستان، إحداهما في مدينة النجف في العراق لمحسن المظفر سنة ١٩٧٥[١٣]، وأظهرت هذه الدراسة أن نمط توزيع السكان في هذه المدينة كان يتميز بارتفاع الكثافة في المدينة القديمة لمسافة نصف كيلو متر من المركز، ثم بانخفاض شديد وسريع لهذه الكثافة في نصف الكيلو متر الثاني، ثم بانخفاض بطيء لمسافة كيلو متر آخر، وانكسار لمسافة خمسة كيلومترات حتى تصل إلى صفر.

أما الدراسة الثانية فقد أجريت في مدينة الإسكندرية وقام عليها فتحي أبو عيانة، ولم تتعرض هذه الدراسة للنماذج التقليدية سالفة الذكر بشكل مباشر، على الرغم من أنها قد استخدمت نسبة التركز ومنحنى لورنز، وقد أظهرت أن توزيع السكان في مدينة الإسكندرية غير متساو، إذ بلغت نسبة التركز حوالي ٦٨%[١٤].

وبشكل عام فإن هناك خصائص عامة لتوزيع السكان في المناطق الحضرية، مع العلم بأن هناك تبايناً ما بين بعض هذه الخصائص من مدينة لأخرى، وهذه الخصائص هي:

١- ارتفاع الكثافة في مركز المدينة.

٢- انخفاض في الكثافة كلما ابتعدنا عن المركز.

٣- تتميز المناطق التجارية في المركز بأنها أقل ارتفاعاً في الكثافة.

٤- تبلغ الكثافة السكانية أقصى ـ حد لها عند أطراف المنطقة التجارية المركزية.

٥- توجد مناطق أخرى في المدينة ترتفع فيها الكثافة السكانية، بالقرب من طرق المواصلات والسكك الحديدية المؤدية إلى مركز المدينة.

---

[١٣] محسن عبد الصاحب المظفر، مدينة النجف الكبرى، دراسة في نشأتها وعلاقاتها الإقليمية، رسالة ماجستير غير منشورة قدمت إلى قسم الجغرافيا، بكلية الآداب، جامعة بغداد، سنة ١٩٧٥

[١٤] فتحي أبو عيانة، سكان الاسكندرية: دراسة ديموغرافية منهجية، مؤسسة الثقافة الجامعية، الاسكندرية، ١٩٨٠، ص ٨٧

ويفسر التناقص في الكثافة السكانية كلما ابتعدنا عن المركز بانخفاض مستوى الوصول (Accessibility)، بالنسبة لأي موقع من مركز المدينة، أي أن سهولة الوصول التي يتميز بها المركز تؤدي إلى تركز الأنشطة والوظائف المختلفة، ويبقى مركز المدينة هو المكان الذي يمكن الحصول فيه على الأشياء بأقل تكلفة، وأقل جهد وأقل مسافة، وذلك على الرغم من التقدم الذي حصل في وسائل المواصلات والاتصالات المختلفة والذي جعل الوصول إلى بعض المناطق الواقعة خارج مركز المدينة أمراً سهلاً، وبالتالي فإن أسعار الأراضي في المركز تكون أعلى منها في المناطق الأخرى، ويكون استغلالها كثيفاً، وقد يفضل الناس الإقامة في أماكن مرتفعة الكثافة والأسعار وتكاليف المواصلات منها وإليها منخفضة، وقريبة من المركز على الاستقرار في مناطق منخفضة الكثافة وأقل أسعاراً، وأعلى في تكاليف المواصلات[١٥].

أسلوب الدراسة:

لقد استخدمت في هذه الدراسة نتائج تعداد عام ١٩٧٩ المتعلقة بأعداد السكان في أحياء مدينة عمان، كما اعتمد تقسيم المدينة إلى تسعة قطاعات، أو مناطق، والقطاعات إلى أحياء، بحيث كانت الأحياء هي الوحدات المساحية المستخدمة في هذه الدراسة، ولما كانت الأحياء في المدينة هي أصغر المناطق التي يتوافر عنها بيانات سكانية، وكانت مساحة هذه الأحياء كبيرة نسبياً، فقد كان من الضروري اعتماد وحدات مساحية أصغر من أجل بناء خريطة لتوزيع السكان في المدينة، لأنه كلما كانت مساحة المناطق أصغر كان التوزيع أكثر دقة، وساعد ذلك في إظهار نمط التوزيع بشكل أكثر واقعية أيضاً. (وتظهر أسماء القطاعات والأحياء في مدينة عمان، وعدد السكان ومجموع المساحة، ونسبة المساحة المبنية، وكثافة السكان في هذه القطاعات والأحياء في جدول ١).

---

[15] Yeates and Garner, The North, P. 223

ومن أجل بناء خريطة لتوزيع السكان في مدينة عمان، واعتماد مساحات أصغر من الأحياء، فقد تم ما يلي:

١- اعتمدت خريطة لمدينة عمان ذات مقياس رسم ١:٢٥٠٠٠، كأساس لهذه الغاية، وتظهر على هذه الخريطة حدود القطاعات والأحياء في المدينة، كما تظهر عليها بعض الطرق والميادين أيضاً (شكل ١).

٢- نظراً لأن مساحة المناطق المبنية تتفاوت ما بين الأحياء والقطاعات، ونظراً لوجود مناطق غير مبنية وبالتالي غير مأهولة بالسكان في هذه الأحياء، فقد تمت الاستعانة بخريطة أخرى للمناطق المبنية في المدينة وذات مقياس رسم ١:٢٥٠٠٠[١٦]، وهو المقياس نفسه للخريطة الأولى لعام ١٩٧٩ من أجل تحديد المناطق المبنية في المدينة بشكل عام، وفي القطاعات والأحياء بشكل خاص، على الخريطة الأساس، بحيث تستبعد المناطق غير المبنية حين وضع النقاط التي تمثل السكان، وأن يتم وضعها ضمن حدود المنطقة المبنية، وبعيداً عن الطرق والميادين (شكل ٢).

٣- وضعت نقاط على الخريطة تمثل عدد السكان في كل حي من أحياء المدينة، وكانت كل نقطة مثل ٥٠٠ نسمة، وقد وضعت هذه النقاط ضمن المنطقة المبنية وبعيداً عن الطرق والميادين، كما ذكر سابقاً، وبذلك فقد حصلنا على خريطة نقطية لتوزيع السكان في المدينة (شكل ٣).

وتلا ذلك رسم شبكة من المربعات الصغيرة على الخريطة ذاتها، وكان ضلع كل مربع ١ سم، (وقد تمت الاستعانة بورق الرسم البياني في ذلك)

[١٦] المركز الجغرافي الأردني، خريطة لتطور مدينة عمان، ١٩٨١.

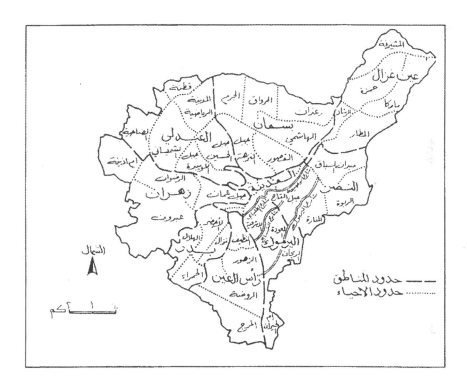

شكل (١): القطاعات والأحياء وبعض الطرق في مدينة عمان

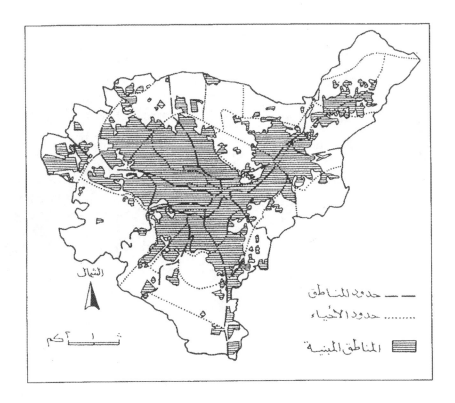

شكل (٢): المناطق المبينة في مدينة عمان لعام١٩٧٩

جدول (١)

يبين المنطقة (القطاع) والحي وعدد السكان والمساحة والكثافة ونسبة المساحة المبنية ونسبة مساحة كل حي إلى مجموع مساحة المدينة وكذلك نسبة عدد سكان كل حي إلى مجموع عدد سكان المدينة

المنطقة (القطاع)	الحي	عدد السكان عام ١٩٧٩	(س) نسبة عدد سكان الحي إلى عدد سكان المدينة	المساحة بالدونم	(ص) نسبة مساحة الحي إلى مجموع مساحة المدينة	(س-ص) الفرق بين نسبة المساحة ونسبة السكان	نسبة المساحة المبنية	الكثافة في المساحة الكلية شخص/دونم
مركز المدينة		٣٣٤٨٢	٥.٥	٢٣٣١	٢,٧	٢,٨	١٠٠	١٤,٠٠
بسمان		١٣٣٢٧٣		١٤٦٨٠			٤٦,١	٩,٠٠
	النزهة	٧٥٨١٠	١٢,٦	٢٥٦٢	٣,٠	٩,٦	٨٦,٩	٣٠,٠٠
	القصور	١٠٣٤٧	١,٧	٢١٠٣	٢,٤	٠,٧	٥٠,٤	٥,٠٠
	الهاشمي	٣٨٩١٨	٦,٥	٣١٧٨	٣,٧	٢,٨	٥٢,٨	١٢,٠٠
	الجرن	٤٨٥٨	٠,٨	٢٢١٩	٢,٦	١,٨	٢٤,١	٢,٠٠
	الرواق	٧٤٨	٠,١	٢٢٨٠	٢,٧	٢,٦	٢.٢	٠,٣٢
	رغدان	٢٥٩٢	٠,٤	٢٢٣٨	٢,٦	٢.٢	١٤,٦	١,٠٠
عين غزال		٣٦٩٧١		١٢٣٨٤			٣٩,٧	٣,٠٠
	الرشا	٦١٧٥	١,٥	٨٧٥	١	٠,٥	٣٢,٦	٧,٠٠
	المطار	٢٩٨٧	٠,٥	٣٤٢٢	١,٠	٣,٥	٢٥,٦	٠,٩٠
	حمزة	١٧٨٦٥	٣,٠	٣٢٧٠	٣,٨	٠,٨	٥١,٣	٥,٠٠
	ماركا	٩١٦٠	١,٥	٣٣١٧	٣,٨	٢,٣	٤٢,١	٣,٠٠
	المشيرفة	٧٨٤	٠,١	١٥٠٠	١,٧	١,٦	٢٢,٦	٠,٥٠

تابع الجدول رقم (١)

المنطقة (القطاع)	الحي	عدد السكان عام ١٩٧٩	(س) نسبة عدد سكان الحي إلى عدد سكان المدينة	المساحة بالدونم	(ص) نسبة مساحة الحي إلى مجموع مساحة المدينة	(س-ص) الفرق بين نسبة المساحة ونسبة السكان	نسبة المساحة المبنية	الكثافة في المساحة الكلية شخص/دونم
النصر		٨٥٤٨٩		٨٥٩٣			٤٣,٨	١٠,٠٠
	التاج	٤٤٢١٥	٧,٤	١٩٥٩	٢,٣	٥,١	٧٩,٥	٢٣,٠٠
	ميدان							
	السباق	٣٢٧٩٩	٥.٥	٢١٩٢	٢,٥	٣,٠	٦٩,٦	١٥,٠٠
	المنارة	٥٨٩٣	١,٠	٢١٥٧	٢,٥	١,٥	٢٣,١	٨,٠٠
	الربوة	٢٥٨٢	٠,٤	٢٢٨٥	٢,٦	٢.٢	٨,١	١,٠٠
اليرموك		١١٥١٨٤		٥٧٩٢			٦١,٥	٢٠,٠٠
	الأشرفية	٤٦١٧١	٧.٧	١٣٠٩	١,٥	٦,٢	١٠٠,٠	٣٥,٠٠
	العودة	٥٢٣٦٦	٨,٧	٢٠٤٢	٢,٤	٦,٣	٧١,٠	٢٥,٠٠
	الريحان	١٤٩٠٢	٢,٥	١٥٨٩	١,٨	٠,٧	٣٦,٤	٩,٠٠
	أم الحيران	١٧٤٥	٠,٣	٨٥٢	١,٠	٠,٧	٢١,٥	٢,٠٠
راس العين		٥٥٢٠٩		٩٤٩٣			٢٣,٧	٦,٠٠
	النظيف	٣٧٦٦٠	٦,٣	١٢٠٠	١,٤	٤,٩	٩١,٧	٣١,٠٠
	الزهور	٩٣٦٩	١,٥	٢٠٩٠	٢.٤	٠,٨	٢٥,٠	٤,٠٠
	الروضة	٨١٨٠	١,٤	٣٤٠٣	٣,٩	٢,٥	١٨,٥	٢,٠٠
	المرج			٢٨٠٠	٣,٢	٣,٢	٤,٢	٠٠

تابع الجدول رقم (١)

المنطقة (القطاع)	الحي	عدد السكان عام ١٩٧٩	(س) نسبة عدد سكان الحي إلى عدد سكان المدينة	المساحة بالدونم	(ص) نسبة مساحة الحي إلى مجموع مساحة المدينة	(س-ص) الفرق بين نسبة المساحة ونسبة السكان	نسبة المساحة المبنية	الكثافة في المساحة الكلية شخص/دونم
بدر		٤٣٣٤٩		٥٦٩٩			٤٥,٢	٨,٠٠
	نزال	١٥٠٦٢	٢,٥	١٢٢٥	١,٤	١.١	٦٤,٧	١٢,٠٠
	الجبل الأخضر	٢٨١٤٤	٤,٦	١٨٧٠	٢.٢	٢,٥	٨٩,٠	١٥,٠٠
	الحمراء	١٤٣	٠,٠٢	٩٩٩	١,٢	١,٢	٧.٧	٠,١٤
	الهلال			١٦٠٥	١,٩	١,٩	٤,٦	٠٠٠
زهران		٣٨٦٥١		١٣٥٢٥			٤٩,١	٩,٠٠
	جبل عمان	٢٥٨٣٦	٤,٢	١٨٤٠	٢,١	٢.٢	٩٢,٣	١٤,٠٠
	عبدون	٣٥٣٧	٠,٦	٦٦٠٥	٧.٧	٧,١	٩٠,٠	٠,٥٠٠
	الرضوان	٥٩٩٦	١,٠	٢٦٢٠	٣,٠	٢,٠	١٠٠,٠	٢,٠٠
	الصويفية	٢٥٣	٠,٠٤	٢٨٥	٠,٣	٠,٣	٤٨,١	٠,٩٠
	أم اذينة	٣٠٢٩	٠,٥	٢١٧٥	٢,٦	٢,٠	٧٢,٣	١,٠٠

تابع الجدول رقم (١)

المنطقة (القطاع)	الحي	عدد السكان عام ١٩٧٩	(س) نسبة عدد سكان الحي إلى عدد سكان المدينة	المساحة بالدونم	(ص) نسبة مساحة الحي إلى مجموع مساحة المدينة	(س-ص) الفرق بين نسبة المساحة ونسبة السكان	نسبة المساحة المبنية	الكثافة في المساحة الكلية شخص/دونم
العبدلي		٥٨٦٧٦		١٣٨٣٣			٧٠,٨	٤,٠٠
	جبل اللويبدة	١٦١٢٥	٢,٧	٢٢١٨	٢,٦	٠,١	٩٧,٠	٧,٠٠
	جبل الحسين	٢١١٧١	٥,٢	٢٥٥٩	٣,١	٢,١	٨١,٤	١٢,٠٠
	الشميساني	١٤٩٣	٠,٢	٣٥٦٠	٤,١	٣,٩	٨٦,٦	٠,٤٠
	المدينة الرياضية	١٤١٦	٠,٢	٢٣٤٤	٢,٧	٢,٥	٨,٢	٠,٦٠
	ضاحية الحسين	٤٠١٣	٠,٧	٢١٦٨	٢,٥	١,٨	٣٣,١	٢,٠٠
	قطنة	٤٤٥٨	٠,٧	٩٨٤	١.١	٠,٤	٧٠,١	٥,٠٠

ثم حسب عدد النقاط في كل مربع من هذه المربعات، وبالتالي عـدد السـكان، كما حسبت مساحة المربع بالـدونمات، وبقسـمة عـدد السـكان، كـما حسـبت مساحة المربع بالدونمات، وبقسمة عدد السكان في كـل مربـع عـلى مسـاحته أمكن الحصول على الكثافة السكانية في كل مربع وهي عدد السكان في الدونم الواحد [١٧] .

وكانت المرحلة التي تلتها هي تحديد نقطة تمثل مركز لها مربع مـن المربعـات التي تقع داخل حدود المدينة، ووضع الكثافات السكانية التـي تمثلهـا، وبـذلك فقد حصلنا على خريطة تبين الكثافات السكانية داخل المدينة، وكـان مجمـوع النقاط مائتي نقطة (شكل ٤)، وبالاعتماد على هذه الخريطة، فقد أمكن عمل خريطة لتوزيع الكثافات السكانية كخريطة خطوط التساوي (شكل ٥،٦).

ولإبراز التباين في التركز السكاني داخل المدينة، وبـين القطاعـات المختلفـة، تـم حساب نسبة التركز السكاني في المدينة بشكل عام، وفي كل قطاع من القطاعات التسعة بشكل خاص، وذلك بتطبيق المعادلة التالية:

نسبة التركز السكاني= ½مج (س-ص)

حيث أن: مج = مجموع

س = نسبة عدد السكان الحي إلى مجموع عدد السكان في المدينة.

ص = نسبة مساحة الحي إلى مجموع المساحة الكلية للمدينة.

[17] Prothero R.M (Problems Of Population Mapping in an Under-Developed Territory (Northern Nigeria), Nigerian Geographical Journal, Vol.3, Ibadan: 1960

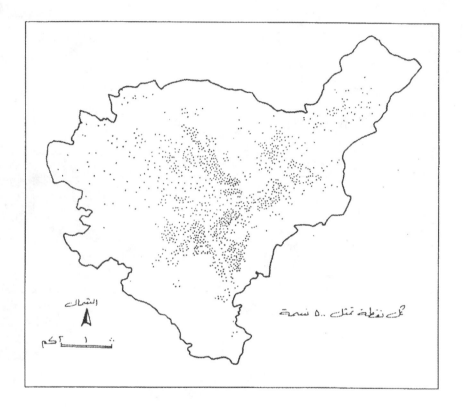

شكل (٣): توزيع السكان في مدينة عمان

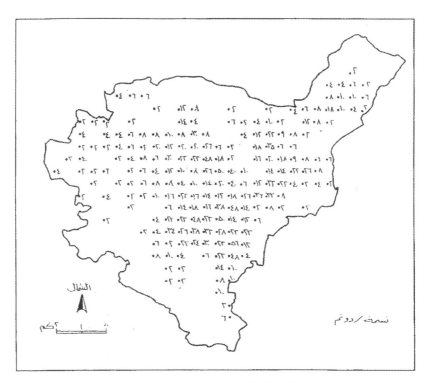

شكل (٤): الكثافات السكانية في مدينة عمان

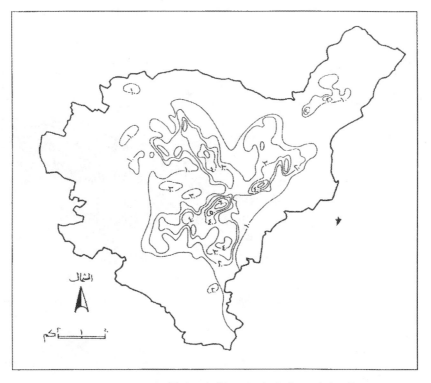

شكل (٥): خطوط التساوي للكثافة السكانية في مدينة عمان

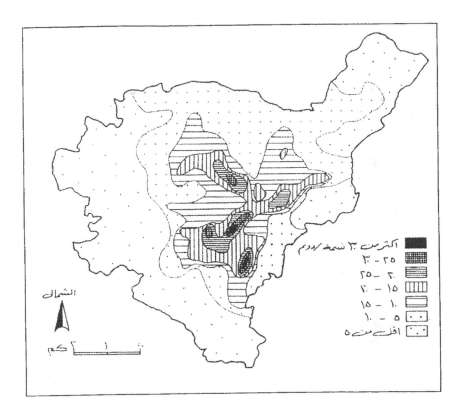

(شكل ٦): خطوط التساوي (مظللة) للكثافات السكانية في مدينة عمان

وتتضح النسب سابقة الذكر والفروق بينها في كل حي مـن أحيـاء المدينـة مـن خلال جدول رقم (١،٢).

وقد استخدم منحنى لورنز كوسيلة أخرى من أجل إظهار مدى التركـز السـكاني في مدينة عمان، ومن أجل ذلك تم وضع جدول رقم (٢) من جدول رقم (١).

جدول رقم (٢)

يبين نسبة السكان في كل حي، إلى مجموع السكان في كل منطقة، وكذلك نسبة مساحة كل حي، إلى مجموع مساحة المنطقة، والفرق بين هاتين النسبتين، ونسبة التركز السكاني فيها

الحي	نسبة السكان	نسبة المساحة	الفرق بين النسبتين
منطقة بسمان			
النزهة	٥٦.٩	١٧.٤	٣٩.٩
القصور	٧.٨	١٤.٣	٦.٥
الهاشمي	٢٩.٢	٢١.٦	٧.٦
الجرن	٣.٦	١٥.١	١١.٥
الرواق	٠.٦	١٥.٥	١٤.٩
رغدان	١.٩	١٥.٩	١٤.٠
		المجموع	٩٤.٤
		نسبة التركيز	٤٧.٢
منطقة عين غزال			
الرشا	١٦.٧	٧.١	٩.٦
المطار	٨.١	٢٧.٦	١٨.٥
حمزة	٤٨.٣	٢٦.٤	٢١.٩
ماركا	٢٤.٨	٢٨.٨	٢.٠
المشيرفة	٢.١	١٢.١	١٠.٠
		المجموع	٦٢.٠
		نسبة التركيز	٣١.٠

الحي	نسبة السكان	نسبة المساحة	الفرق بين النسبتين
منطقة النصر			
التاج	٥١.٧	٢٢.٨	٢٨.٩
ميدان السباق	٣٨.٤	٢٥.٥	١٢.٩
المنارة	٦.٩	٢٥.١	١٨.٢
الربوة	٣.٠	٢٦.٦	٢٣.٦
		المجموع	٨٣.٢
		نسبة التركيز	٤١.٦
منطقة اليرموك			
الأشرفية	٤٠.١	٢٤.١	١٦.٠
العودة	٤٥.٥	٣٢.٣	١٣.٢
الريحان	١٢.٩	٢٧.٤	١٥.٥
ام الحيران	١.٥	١٤.٧	١٣.٢
		المجموع	٥٧.٩
		نسبة التركيز	٢٨.٩
منطقة راس العين			
النظيف	٦٨.٢	١٢.٦	٥٥.٦
الزهور	١٧.٠	٢٢.٠	٥.٠
الروضة	١٤.٨	٣٥.٨	٢١.٠
المرج	صفر	٢٩.٤	١٩.٤
		المجموع	١١١.٠
		نسبة التركيز	٥٥.٥
منطقة بدر			
نزال	٣٤.٧	٢١.٤	١٣.٢
الجبل الأخضر	٦٤.٩	٣٢.٨	٣٢.١
الحمراء	٠.٣	١٧.٥	١٧.٢
الهلال	صفر	٢٨.٢	٢٨.٢
		المجموع	٩٠.٨
		نسبة التركيز	٤٥.٤

الحي	نسبة السكان	نسبة المساحة	الفرق بين النسبتين
منطقة زهران			
جبل عمان	٦٦.٨	١٣.٦	٥٣.٢
عبدون	٩.١	٤٨.٨	٣٩.٧
الرضوان	١٥.٥	١٩.٤	٣.٩
الصويفية	٠.٦	٢.١	١.٥
ام أذينة	٧.٨	١٦.١	٨.٣
		المجموع نسبة التركيز	١٠٦.٦ ٥٣.٣
منطقة العبدلي			
جبل اللويبيدة	٢٧.٤	١٦.٠	١١.٤
جبل الحسين	٥٣.١	١٨.٥	٣٤.٦
الشميساني	٢.٥	٢٥.٧	٢٣.٢
المدينة الرياضية	٢.٤	١٦.٩	١٤.٥
ضاحية الحسين	٦.٨	١٦.٠	٩.٢
قطنة	٧.٦	٧.١	٠.٥
		المجموع نسبة التركيز	٨٩.٥ ٤٤.٨

بحيث اشتمل العمود الأول على أسماء الأحياء في المدينة، واشتمل العمود الثاني على نسبة السكان في كل حي إلى مجموع سكان المدينة،واشتمل العمود الثالث على نسب مساحة كل حي إلى مساحة المدينة الكلية، كما احتوى العمودان الآخران على النسبة التراكمية للسكان والنسبة التراكمية للمساحة، ثم رتبت الأحياء ترتيباً تنازلياً، حسب كثافة السكان فيها، وقسمت حسب هذه الكثافة إلى أربع مجموعات:

- المجموعة الأولى: وتضم الأحياء التي تزيد الكثافة السكانية فيها عن ٣٠ نسمة/ دونم.

- المجموعة الثانية: وتضم الأحياء التي تتراوح فيها الكثافة السكانية ما بـين ٢٠ إلى أقل من ٣٠ نسمة/دونم

- المجموعة الثالثة: وتضم الأحياء التي تتراوح فيها الكثافة السكانية ما بـين ١٠ إلى أقل من ٢٠ نسمة/دونم.

- المجموعة الرابعة: وتضم الأحياء التي تقل فيها الكثافة السـكانية عـن ١٠ نسمة/دونم.

وقد استخدمت النسب التراكمية المتجمعة للسكان، والمساحة، المسـتمدة مـن جـدول رقـم (٣) في إنشاء منحنـى لـورنز، ويتكـون هـذا المنحنـى، مـن محورين، أحدهما: رأسي، ويمثل النسـب التراكميـة للمساحة، وثانيهـما أفقـي ويمثل النسب التراكمية للسكان، كما هو واضح في شكل (٧).

وكانت النسب التراكمية للسكان و المساحة في هذه المجموعات كما يلي:

النسب التراكمية للمساحة	النسب التراكمية للسكان	المجموعة
٥.٩	٢٦.٦	١
١٠.٦	٤٢.٧	٢
٢٨.٣	٧٦.٨	٣
١٠٠.٠	١٠٠.٠	٤

بعد ذلك، تم تحديد أربع نقاط علـى المنحنـى، تمثـل التقـاء النسبة التراكميـة للسكان، مع النسبة التراكمية للمساحة للمجموعات الأربع سـابقة الـذكر، ثـم وصلت هذه النقاط لتكون ما يسمى بمنحنى لورنز، ومعروف أن حالة توزيـع السكان تقاس بقرب المنحنى مـن الخط القطري، أو المحـور الأفقـي، فيكـون توزيـع السكان مثاليـاً، أي يتـوزع السـكان توزيعـاً متساويـاً، إذ انطبـق المنحنـى على الخط القطري، ويكون هذا التوزيع شديد التركز إذا انطبق المنحنـى علـى المحور الأفقي، وفي أي مكان بينهما، يوضح درجة التركز السكاني.

جدول رقم (٣)

يبين نسبة السكان والمساحة في كل حي في مدينة عمان إلى مجموع عدد السكان والمساحة
في المدينة، كما يبين النسب التراكمية للسكان والمساحة

الكثافة السكانية	الحي	نسبة السكان	نسبة المساحة	النسبة التراكمية للسكان	النسبة التراكمية للمساحة
أكثر من ٣٠ نسمة للدونم	الأشرفية	٧,٧	١,٥	٧,٧	١,٥
	النظيف	٦,٣	١,٤	١٤,٠	٢,٩
	النزهة	١٢,٦	٣,٠	٢٦,٦	٥,٩
من ٢٠-أقل من ٣٠/للدونم	العودة	٨,٧	٢,٤	٣٥,٣	٨,٣
	التاج	٧,٤	٢,٣	٤٢,٧	١٠,٦
من ١٠-أقل مـــن ٢٠ نسمة	ميدان				
	السباق	٥,٥	٢,٥	٤٨,٢	١٣,١
	الجبل الأخضر	٤,٦	٢,٢	٥٢,٨	١٥,٣
	جبل عمان	٤,٣	٢,١	٥٧,١	١٧,٤
	مركز المدينة	٥,٥	٢,٧	٦٢,٦	٢٠,١
	الهاشمي	٦,٥	٣,٧	٦٩,١	٢٣,٨
	نزال	٢,٥	١,٤	٧١,٦	٢٥,٢
	جبل الحسين	٥,٢	٣,١	٧٦,٨	٢٨,٣
أقل من ١٠	الريحان	٢,٥	١,٨	٧٩,٣	٣٠,١
	المنارة	١,٠	٢,٥	٨٠,٣	٣٢,٦
	جبل اللويبدة	٢,٧	٢,٦	٨٣,٢	٣٥,٢
	الرشا	١,٥	١,٠	٨٤,٥	٣٦,٢
	القصور	١,٧	٢,٤	٨٦,٢	٣٨,٦
	حمزة	٣,٠	٣,٨	٨٩,٤	٤٢,٤
	قطنة	٠,٧	١,١	٨٩,٩	٤٣,٥
	الزهور	١,٥	٢,٤	٩١,٤	٤٥,٩
	ماركا	١,٥	٣,٨	٩٢,٩	٤٩,٧
	الجرن	٠,٨	٢,٦	٩٣,٧	٥٢,٣
	أم الحيران	٠,٣	١,٠	٩٤,٠	٥٣,٣

تابع الجدول (٣)

الكثافة السكانية	الحي	نسبة السكان	نسبة المساحة	النسبة التراكمية للسكان	النسبة التراكمية للمساحة
	الروضة	١,٣	٣,٩	٩٥,٣	٥٧,٢
	الرضوان	١,٠	٣,٠	٩٦,٣	٦٠,٣
	ضاحية الحسين	٠,٧	٢,٥	٩٧,٠	٦٢,٧
	رغدان	٠,٤	٢,٦	٩٧,٤	٦٥,٣
	الربوة	٠,٤	٢,٦	٩٧,٨	٦٧,٩
	أم أذينة	٠,٥	٢,٦	٩٨,٣	٧٠,٤
	المطار	٠,٥	٤,٠	٩٨,٨	٧٤,٤
	الصويفية	٠,٠٤	٠,٣	٩٨,٨	٧٤,٧
	المشيرفة	٠,١	١,٧	٩٨,٩	٧٦,٤
	عبدون	٠,٦	٧,٧	٩٩,٥	٨٤,٩
	المدينة الرياضية	٠,٢	٢,٧	٩٩,٧	٨٦,٦
	الشميساني	٠,٢	٤,١	٩٩,٠	٩٠,٩
	الرواق	٠,١	٢,٧	١٠٠,٠	٩٣,٦
	الحمراء	٠,٠٢	١,٢	١٠٠,٠	٩٤,٨
	الهلال	صفر	١,٩	١٠٠,٠	٩٦,٤
	المرج	صفر	٣,٢	١٠٠,٠	١٠٠,٠

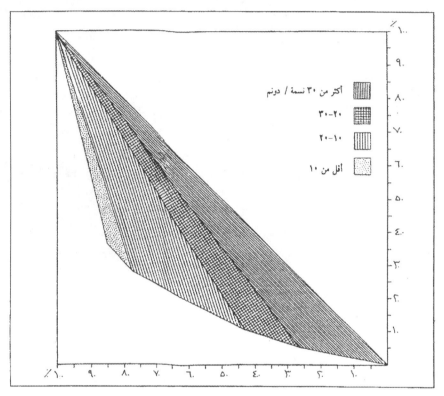

شكل (٧): منحنى لورنز لتوزيع السكان في مدينة عمان

وقد تم تحديد النقطة المركزية للسكان في المدينة، والتي يطلق عليها أحياناً مركز السكان (Center Of Population)، أو نقطة الجاذبية، أو التوازن السكاني، وهي النقطة التي يكاد أن يتوزع السكان حولها توزيعاً عادلاً في جميع الاتجاهات داخل المدينة، وهي بالتالي، تختلف عن المركز المساحي، أو الهندسي للمدينة، إن هذه النقطة يمكن أن تلخص كثيراً من خصائص التوزيع السكاني، وتظهر هذه النقطة في (شكل ٨)، وقد تم تحديد هذه النقطة باتباع الخطوات التالية:

١- استخدمت لهذا الغرض خريطة لمدينة عمان، تظهر عليها حدود الأحياء والمناطق.

٢- رسم محوران، أحدهما رأسي، والآخر أفقي، وقد تقاطع هذان المحوران بزاوية قائمة إلى الجنوب الغربي من حدود المدينة مباشرة، بحيث لم تترك مسافة إلى الجنوب، أو الغرب ما أمكن.

٣- حددت مراكز الأحياء على الخريطة، ثم قيست المسافة بين كل مركز من هذه المراكز وبين المحور الأفقي أولاً ثم المحور الرأسي ثانياً.

٤- تم بناء جدول رقم (٤)، بحيث كتب في العمود الأول اسم الحي، وفي العمود الثاني عدد السكان في كل حي، وفي العمود الثالث المسافة بين نقطة مركز الحي والمحور الأفقي، وفي العمود الرابع المسافة بين نقطة المركز ذاتها والمحور الرأسي، وكتب في العمود الخامس حاصل ضرب عدد سكان الحي في المسافة

٥- بين نقطة المركز ذاتها والمحور الرأسي، وكتب في العمود الخامس حاصل ضرب عدد السكان في الحي والمسافة بين مركز الحي والمحور الأفقي، كما كتب في العمود السادس وحاصل ضرب عدد سكان الحي في المسافة بين نقطة المركز والمحور الرأسي.

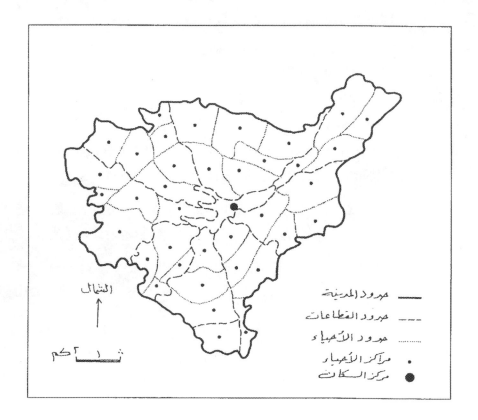

شكل (٨): نقطة مركز السكان في مدينة عمان

جمع حاصل الضرب في كل من العمودين، ثم قسم كل منهما على مجموع سكان المدينة، فحصلنا بقسمة مجموع حاصل الضرب الأول ومجموعـه(٤٠٥٥٠٥٢) على عدد سكان المدينة (٥٧٣٥٢١) على رقم يساوي ٧.١، وهذا يمثل المسافة إلى المحور الأفقي، وهي في حد ذاتها إحداثي نقطة المركز عـلى المحور الرأسي، كما حصلنا أيضاً، بقسمة حاصل ضرب الثاني وهو (٤٣٧٤١٤٢) على عدد السكان (٥٧٣٥٢١) على رقم يساوي (٧.٦)، وهـو بعـد النقطـة عـن المحور الرأسي، أو إحداثيي النقطة على المحور الأفقي، إن نقطة تقاطع هـذين الإحداثيين هي نقطة التعادل أو المركز السكاني المطلوبة (شكل ٨).

ولدراسة التباين المكاني للكثافة السكانية داخل المدينة، ولإبراز نمط توزيع هذه الكثافة، ولتحديد أثر البعد عن مركز المدينة، أو المسافة في هـذا الـنمط، فقد استخدم أسلوب إحصائي معروف وبسيط هو خط الانحدار العام، وقـد طبق من خلال طريقتين هما:

- الطريقة الأولى وهي المعروفة بتحليل اتجاه السطح (Trend Surface Analysis)، لإظهار سطح الكثافة من المركز باتجاه الأطراف، ولهذا الغـرض فقد تم رسم محورين متعامدين في نقطة مركز المدينة، ثم قياس بعـد كـل نقطة من نقاط الكثافة عن هذين المحورين، وحسـاب الاحداثي السـيني، والاحداثي الصادي لكل نقطة.

وتم بعد ذلك تنظيم جدول يتكون من أربعة أعمدة هي:

العمود الأول أرقام النقط، والعمود الثاني الكثافات السكانية عند هـذه النقط، والعمود الثالث المسافة عن المحور الأفقي، والعمود الرابع المسافة عـن المحور الـرأسي، وقـد اعتـبرت الكثافـة متغيراً تابعـاً (Dependent Variable)، والمسافتين متغيرين مستقلين (Independent Variables)

جدول (٤)

يبين الأحياء في مدينة عمان وعدد السكان فيها والمسافة بين مركز كل حي وكل من المحورين الأفقي والعمودي وحاصل ضرب عدد السكان لكل حي في كل من المسافتين إلى المحورين سالفي الذكر

اسم الحي	عدد السكان	المسافة بين مركز كل حي والمحور الأفقي (س)	المسافة بين مركز كل حي والمحور الرأسي (ص)	حاصل ضرب عدد السكان في (س)	حاصل ضرب عدد السكان في (ص)
المركز	٣٣٤٨٢	٧,٠	٧,٥	٢٣٤٣٧٤	٢٥١١١٥
المرج	صفر	١,٢	٧,١	صفر	صفر
الروضة	٨١٨٠	٢,٤	٧,٠	١٩٦٣٢	٥٧٢٦٠
الزهور	٩٣٦٩	٣,٥	٦,٥	٣٢٧٩٢	٦٠٨٩٩٠
نزال	١٥٠٦٢	٤,٥	٥.٥	٦٧٧٧٩	٨٢٨٤١
النظيف	٣٧٦٦٠	٥,٠	٦,٥	١٨٨٣٠٠	٢٤٤٧٩٠
الأخضر	٢٨١٤٤	٥,١	٥,٠	١٥٤٧٩٢	١٤٠٧٢٠
الهلال	صفر			صفر	صفر
عبدون	٣٥٣٧	٦,٠	٢,٦	٢١٢٢٢	٩١٩٦
الرضوان	٥٩٩٦	٧,٥	٣,٥	٤٤٩٧٠	٢٠٩٨٦
الصويفية	٢٥٣	٧,٥	١,٧	١٨٩٨	٤٣٠

تابع الجدول (٤)

اسم الحي	عدد السكان	المسافة بين مركز كل حي والمحور الأفقي (س)	المسافة بين مركز كل حي والمحور الرأسي (ص)	حاصل ضرب عدد السكان في (س)	حاصل ضرب عدد السكان في (ص)
اللويبدة	١٦١٢٥	٨,٠	٤,٥	١٢٩,٠٠٠	٧٢٥٦٣
أم أذينة	٣٠٢٩	٨,٤	١,٨	٢٥٤٤٠	٥٤٥٢
الشميساني	١٤٩٣	٩,٥	٣,٥	١٤١٨٤	٥٢٢٦
جبل الحسين	٣١١٧١	٨.٨	٥,٠	٢٧٤٣٠٤	١٥٥٨٥٥
المدينة	١٤١٦	١٠,٠	٤,٧	١٤١٦٠	٦٦٥٥
قطنة	٤٤٥٨	١٢,٠	٤,٥	٥٣٤٩٦	٢٠٠٦١
النزهة	٧٥٨١٠	٩,١	٦,٧	٦٨٩٨٧١	٥٠٧٩٢٧
الجرن	٤٨٥٨	١٠,٥	٦,٠	٥١٠٠٩	٢٩١٤٨
الضاحية	٤٠١٣	١٠,٠	٢,٠	٤٠١٣٠	٨٠٢٦
الرواق	٧٤٨	١٠,٥	٨,٠	٧٨٤٥	٦٢٧٢
القصور	١٠٣٤٧	٨,٥	٨,٠	٨٧٩٥٠	٨٢٧٧٦
الهاشمي	٣٨٩١٨	٩,٠	٩,٠	٣٥٠٢٦٢	٣٥٠٢٦٢
رغدان	٢٥٩٢	١١,٠	١٠,٣	٢٨٥١٢	٢٦٦٩٨

تابع الجدول (٤)

اسم الحي	عدد السكان	المسافة بين مركز كل حي والمحور الأفقي (س)	المسافة بين مركز كل حي والمحور الرأسي (ص)	حاصل ضرب عدد السكان في (س)	حاصل ضرب عدد السكان في (ص)
الرشا	٦١٧٥	٨,٧	١٠,٠	٥٣٧٢٣	٦١٧٥٠
حمزة	١٧٨٦٥	١١,٠	١٢,٥	١٩٦٥١٥	٢٣٣٣١٣
ماركا	٩١٦٠	١١,٠	١٤,٠	١٠٠٧٦٠	١٢٨٢٤٠
المطار	٢٩٨٧	٩,٥	١٢,٣	٢,٨٣٧٧	٣٦٧٤٠
السباق	٣٢٧٩٩	٨,٠	١١,٢	٢٦٢٣٩٢	٣٦٧٢٤٩
التاج	٤٤٢١٥	٦,٥	٩,٠	٢٨٧٣٩٨	٣٩٧٩٣٥
الربدة	٢٥٨٢	٦,٣	١١,٥	١٦٢٦٧	٢٩٦٩٣
المنارة	٥٨٩٣	٦,٩	١٠,٠	٤٠٦٦٢	٥٨٩٣٠
الأشرفية	٤٦١٧١	٥.٥	٧,٥	٢٥٣٩٤١	٣٤٦٢٨٣
العودة	٥٢٣٦٦	٤,٢	٨,٠	٢١٩٩٣٧	٤١٨٩٢٨
الريحان	١٤٩٠٢	٤,١	٩,٠	٦١٠٩٨	١٣٤١١٨
أم الحيران	١٧٤٥	١,٢	٩,٠	٢٠٩٤	١٥٧٠٥
المجموع	٥٧٣٥٢١			٤٠٥٥٠٥٢	٤٣٧٤١٤٢

شكل (٩): القيم المقدرة للكثافة السكانية في مدينة عمان
حسب المعادلة التربيعية لخط الانحدار العام

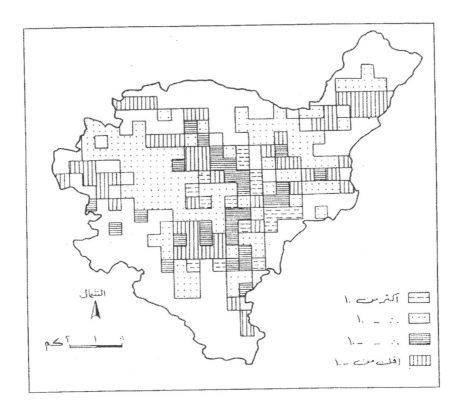

شكل (١٠): بواقي سطح الانحدار حسب المعادلة التكعيبية

وتم بعد ذلك استخدام أسلوب الانحدار العـام (Regression) مـن خـلال نماذج أو معادلات من الدرجة الأولى (البسيطة)، والدرجة الثانيـة والثالثـة، وقد اعتمد نموذج الدرجة الثالثة، لأنـه يعطـي أكـبر قيمـة لتفسـير التبـاين (R2)؛ حيث بلغت هذه القيمـة ٠.٣٨ بعـد ذلـك وضـعت القـيم المقـدرة للكثافات، بدلاً من القيم الأصلية على خريطة توزيـع الكثافـات السـكانية، ثم أنشئت خريطة الخطوط المتساوية لهـذه القـيم (شـكل٩)، تظهـر فيهـا اتجاه السطح في الكثافـات السـكانية داخـل عـمان، كـما رسـمت خريطـة أخرى للبقايا أو (Residuals)؛ لتظهـر مـدى ابتعـاد نمـط الكثافـة حسـب النموذج المعتمد عن الواقع (شكل ١٠).

- وفي الطريقة الثانية، تم قياس المسافة على الخريطة بين كـل نقطـة مـن نقـاط الكثافة، ونقطة المركز التي تم تحديدها، واستخدمت المسافات في هذه متغـيراً مستقلاً، في حين استخدمت الكثافات متغيراً تابعاً، وبالطريقة ذاتها، التي سـبق ذكرها، تم تطبيق أسلوب الانحدار العام، ومن خلال النماذج التالية:

(١) $bx + a = Y$

(٢) $bx^2 + bx + a = Y$

(٣) $bx^3 + bx^2 + bx + a = Y$

حيث أن : Y= الكثافة عند نقطة معينة

X= بعد هذه النقطة عن المركز

X^2= مربع المسافة

X^3= المسافة المرفوعة إلى القوة الثالثة (المكعبة)

A= ثابت (Intercept)

B= ثابت يمثل درجة الميل أو الانحدار

وتبين أن المعادلة الثالثة تعطي اكبر قيمة لتفسير التباين، ومقداره (٠.٣٦) إلا أن نسب (ف) لم تكن ذات دلالة إحصائية، كما أن نسبة التباين المفسر التي أضيفت على ما أضافته المعادلة الثانية كانت طفيفة جداً، لذلك فقد اعتمدت معادلة الدرجة الثانية رقم (٢)، حيث بلغت نسبة تفسير التباين (٠.٣٥٨)، وكانت قيمة (ف) ذات دلالة إحصائية بمستوى ثقة ٩٩%.

نتائج الدراسة:

يظهر توزيع السكان في مدينة عمان من خلال خرائط ثلاث هي : خريطة نقطية، (شكل ٣)، والتي تمثل كل نقطة فيها ٥٠٠ نسمة، وقد تمت الاستعانة في إنشاء هذه الخريطة، بحدود المناطق المبينة داخل المدينة، كما سبق شرحه في أسلوب الدراسة، أما الخريطة الثانية (شكل ٥)، فتظهر الخطوط المتساوية للكثافة Isopleth Map، وتظهر الخريطة الثالثة (شكل ٦) خطوط التساوي للكثافة بالتظليل، وقد قسمت فئات كثافة السكان داخل المدينة إلى فئات أعلاها أكثر من ٣٠ نسمة/دونم، وأدناها دون ٥ نسمة/دونم، وتكمل هذه الخرائط بعضها بعضا في توضيح النمط العام لتوزيع السكان، والتباين المكاني لكثافات السكان وتركزهم داخل المدينة،ويظهر من الخريطة النقطية كثرة عدد النقاط، وازدحامها بشكل خاص في الأحياء الشعبية، كبعض المناطق في جبل الأشرفية، والتاج، والقصور، وجبل النظيف، والزهور، ونزال، وفي بعض المناطق من حي النزهة، وتكون النقط أكثر ازدحاماً في المناطق القريبة من منطقة مركز المدينة بشكل خاص، ويقل عددها كلما ابتعدنا عن المركز باتجاه الأطراف، كما يظهر من هذه الخريطة ازدحام أقل نسبياً في أحياء جبل عمان، واللويبدة، وبخاصة في الأجزاء القريبة إلى مركز المدينة، بالإضافة إلى ازدحام النقاط في حي السباق من منطقة ماركا.

وبفحص الخريطتين (شكل ٣ و ٤) يمكن ملاحظة نمط توزيع السكان في كل من المناطق التسع، التي تقسم مدينة عمان حسبها كما يلي: توجد قمة الكثافة السكانية في منطقة اليرموك في حي الأشرفية، وبشكل خاص في المنطقة التي تقع بين شارع الأحنف بن قيس من جهة، وبين شارعي التاج والجزائر من جهة أخرى ، إن هذه المنطقة هي التي

تقع على طرف مركز المدينة، وتشتمل مناطق "وادي السرور" و "شارع الطلياني" وتنخفض كثافة السكان كلما ابتعدنا عن مركز المدينة في المنطقة ذاتها بشكل عام، حتى نصل إلى حي العودة "الوحدات"، حيث تشكل القمة الثانية للكثافة السكانية التي تصل الكثافة فيها إلى أكثر من ٥٠ نسمة/دونم، ولعل نظام المساكن في حي العودة، الذي هو مخيم يسكنه اللاجئون الفلسطينيون، هو السبب الرئيسي في ارتفاع الكثافة السكانية، وازدحام السكان فيه، وتتدرج الكثافة بالانخفاض باتجاه الريحان، وأم الحيران بعيداً عن حي العودة.

أما نمط توزيع السكان في منطقة رأس العين، فيتمثل في وجود قمة للكثافة في حي جبل النظيف حيث تصل الكثافة فيه إلى أكثر من ٤٠ نسمة/دونم، ثم تنخفض الكثافة كلما ابتعدنا عن القمة باتجاه الأطراف لتصل إلى حوالي ٢٠ نسمة/دونم في حي جبل الزهور والروضة، كما تتراوح الكثافة ما بين ٢٠-٤٠ نسمة/دونم في أحياء جبل نزال والجبل الأخضر.

وفي منطقة زهران كانت الكثافة أقل نسبياً منها في الأحياء السابقة الذكر، إذ تصل القمة فيها إلى ٣٠ نسمة/دونم في أحياء المعتصم، وخرفان، من جبل عمان، وهي المناطق القريبة من مركز المدينة، ثم تنخفض الكثافة بعد ذلك إلى حوالي ١٠ نسمة/دونم في الأجزاء الأخرى من هذه المنطقة.

أما في منطقة العبدلي، فتوجد قمة الكثافة السكانية في المناطق القريبة إلى مركز المدينة، من جبل الحسين، وبشكل خاص في منطقة شارع خالد بن الوليد، وحي الصناعة، وتنخفض الكثافة إلى أقل من ١٠ نسمة/دونم، في بقية الأجزاء في منطقة العبدلي، باستثناء حي المدينة الرياضية، حيث تصل الكثافة إلى ١٠ نسمة/دونم.

وفي منطقة بسمان، تبلغ قمة الكثافة السكانية أكثر من ٤٠نسمة/دونم في بعض أجزاء حي النزهة،وبشكل خاص في تلك الأجزاء القريبة من مركز المدينة،وهي منطقة وادي الحدادة وما يجاورها ، وفي معظم مناطق النزهة الأخرى ، تتراوح الكثافة بين ٢٠-

٣٠ نسمة/دونم تقريباً، كما تتراوح الكثافة بـين ١٠-٣٠ في حي جبل القصور، وتنخفض في الأطراف وبشكل خاص في مناطق التوسع العمراني الحديث.

وتتميز الكثافة في منطقة عين غزال الانخفاض النسبي باستثناء وجود جزيـرة في حـي ماركـا الشـمالية حيـث تـتراوح الكثافة فيهـا مـا بـين ١٠-٢٠ نسمة/دونم، وتوجد في منطقـة النصر قمـة الكثافة السكانية في حي جبل التاج، وبشكل خاص في المنطقة التي تقع بين شارع (أبو حنيفة)، وشارع التاج، حيث تصل الكثافة إلى أكثر من ٥٠ نسمة/دونم، وتصل الكثافة في حـي ميدان السباق إلى حوالي ٤٠ نسمة/دونم.

ويمكن تلخيص المزايـا التاليـة لتوزيـع السكان في المدينة، ومـن خـلال الخرائط الثلاث السابقة الذكر:

إن منطقة مركز المدينة، وهي المنطقة التي تشمل المنطقـة التجاريـة المركزية، لا تتميز بأعلى كثافة سكانية.

توجد قمة الكثافة السكانية في المدينـة، في الأحيـاء القريبـة مـن مركز المدينة من حي الأشرفية، حيث تزيد الكثافة عن ٦٠ نسمة/ دونم.

توجد قمم أخرى للكثافة السكانية في المناطق المختلفـة مـن المدينـة، وبشكل خاص في المنطقتين، الشرقية، والجنوبية، وفي الأحياء القريبة مـن مركز المدينة، حيث تتراوح الكثافة فيها بين ٤٠ إلى أكثر من ٥٠ نسمة/دونم.

إن المنـاطق والأحيـاء التـي تتميـز بالكثافات السكانية المرتفعـة هـي المناطق الشعبية في المدينة.

تتميز المناطق الغربية من المدينة بكثافات سكانية منخفضة نسبياً.

توجد قمة أخرى للكثافة السكانية في حي النزهة، وبخاصة في المناطق القريبة من مركز المدينة في وادي الحدادة، وفي بعض مناطق جبل النزهة.

يمكن وصف النمط العام للكثافات السكانية بوجود نطاقات دائرية تقريباً لهذه الكثافات، وتنطلق من المناطق القريبة مـن مركز المدينة باتجاه الأطراف فتحيط بالمنطقة المركزية، مباشرة، قمم الكثافات السكانية، أو المناطق مرتفعة الكثافة، ثم تتدرج بالانخفاض كلما ابتعدنا عن المركز باتجاه الأطراف.

تتميز المناطق البعيدة عن المركز بكثافات سكانية منخفضة.

إن المناطق التـي تتميـز بالكثافات السكانية المرتفعة، هـي المناطق القديمة والتي تم بناؤها في فترات سابقة، أما المناطق الحديثة، فتتميز بكثافات منخفضة، ويتفق تدرج الكثافات السكانية مع تطور ونمو المدينة إلى حد كبير.

إن وجود قمة الكثافة السكانية على أطراف المنطقة المركزية يتفق مع نمـوذج نيولنغ لتفسير أنماط توزيع السكان، حيث زحزحت قمة الكثافة السكانية إلى أطراف المنطقة التجارية، كما أن تناقص الكثافة كلما ابتعدنا عـن مركز المدينة يتفق أيضاً مع النماذج والدراسات السابقة، التي أشير لها سابقاً.

ويمكن تفسير ارتفاع الكثافة في هذه المناطق بعدة أسباب منها طول الفترة الزمنية لتطوير هذه المناطق، وقربها من مركز المدينـة، لأن هـذا القرب يوفر سهولة في الوصول إلى منطقة المركز، إذ إن المناطق التـي تتميز بارتفاع الكثافة هي المناطق القديمة، ويمكن إضافة سبب آخر يعود إلى ملكية الأراضي، أو حجم الحيازة، حيث تزيد المساحة، كلما ابتعدنا عن المركز، وبالتالي ينخفض التركز السكاني، كما تزيد كثافة استعمال الأرض في المناطق القريبة مـن المركز وترتفع قيم الأراضي في هذه المناطق، الأمر الذي يؤدي إلى زيادة أعداد السكان فيها، ويرتبط بهذا السبب عامل آخر يتعلق بطبيعـة البناء، حيـث أن معظم المسـاكن في المناطق البعيـدة هـي عبارة عـن مساكن مستقلة، تحيط بها الحدائق، أما المساكن في المناطق القريبة فتتميـز في معظمها بمبان متعددة الطوابق، أما الانخفاض النسبي للكثافة في منطقة مركز المدينة، فقد يعـود إلى سيطرة الوظيفـة التجاريـة في المركز، كما أن الأفراد لا يرغبون في السكن أو الاستقرار في منطقـة مركـز المدينـة، حيث الازدحـام والاكتظاظ والتلـوث أو

الضجيج، وهنـاك عامـل آخـر يتعلـق بالسياسـة المتبعـة في تنظيم المدينـة، وتقسـيمها إلى مناطق، وتحديـد المسـاحة المسـموح بهـا في البنـاء في المناطق المختلفـة، كتنظيـم المدينـة إلى مناطـق أ، ب، ج، د، وتظهـر بعـض النسـب للمساحات المبنية حسب تنظيمها في جدول (٥)، ويبدو مـن هـذا الجـدول أن المناطق المزدحمة، والمرتفعة الكثافة تقع ضمن تنظيم د ،ج بشكل رئيسي، كما أن المناطق المنخفضة الكثافة تقـع ضـمن تنظيم أ أو ب، وبعضها يقـع مـن تنظيـم ج (١)،وتظهـر هـذه النتيجـة أيضاً مـن خـلال الخريطـة شكل (١١)، لاستعمالات الأرض في مدينة عمان.

وقد استعمل أسلوب آخر لقياس شدة التركز السكاني في المدينة بشكل عام، وفي كل منطقة أو قطاع بشكل خاص، كما استخدم هذا الأسلوب من أجل اظهار مدى التفاوت في توزيع السكان، وشدة تركزهم بين القطاعات المختلفة، فقد استعملت نسب التركز السكاني في المدينة، وفي القطاعات المختلفة لهذا الغرض (جدول رقم ٢)، وكانت نسب التركـز السـكاني في المدينـة بشكل عام تساوي ٤٩.٨%، وتدل هذه النسبة علـى وجـود تركـز سكاني في مناطق دون غيرها، حيث إن شدة التركز السـكاني تقاس بمـدى ابتعـاد هـذه النسبة عـن الصفـر، إذ تعني قيمة الصفـر أن توزيع السـكان يتميـز بأنـه توزيـع مثالي أو متساوٍ، ولا توجد فيه تركزات سكانية شديدة، وقد كانت النسبة أقل مـن تلك التي حسبها أبوعيانة لمدينة الإسكندرية، حيث بلغت حوالي ٦٨%.

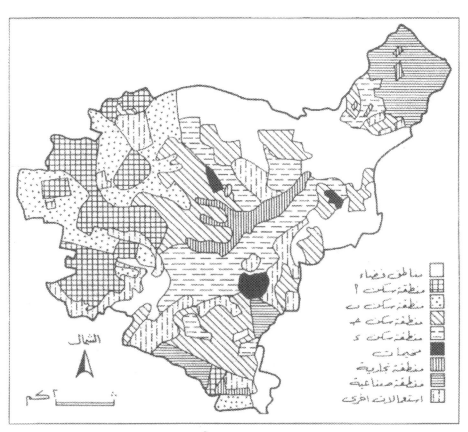

شكل (١١): بعض استعمالات الأراضي في مدينة عمان

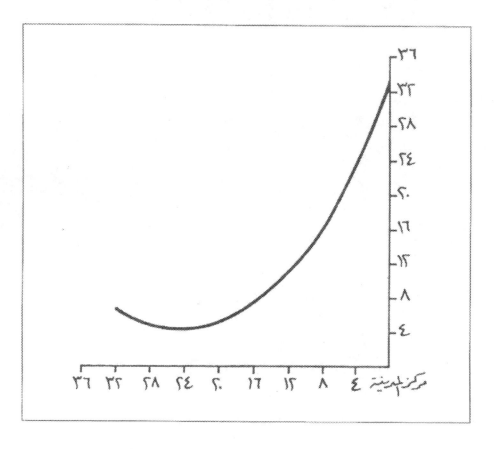

شكل (١٢): مقطع للكثافة السكانية من المركز إلى الأطراف

جدول رقم (٥)

المساحة المبنية حسب تنظيمها في بعض أحياء مدينة عمان لعام ١٩٧٨.

الحي	تنظيم أ	تنظيم ب	تنظيم ج	تنظيم د	مخيمات	صناعي
مركز المدينة			%١٢	%٣٠		
النزهة			%١٢	%٧٢		
القصور				%٣٤		
الهاشمي			%١٩	%٩		
عين غزال			%١٣	%١٩		%٣٩
حمزة				%٥١		%٤٧
ماركا			%٣٩	%٥٨		
النصر			%١٣	%٨٦		
التاج			%٢٠	%٨٠		
السباق				%٩٥		
المنارة				%١٠٠		
العودة				%٦٢		
الاشرفية				%١٠٠		%٢٨
النظيف				%١٠٠		
الزهور			%٩٤	%٦		
نزال			%٥٩	%٤١		
الأخضر				%١٠٠		
جبل عمان	%٦		%٩٣			
عبدون	%٥		%٣٥			

تابع جدول رقم (٥)

الحي	تنظيم أ	تنظيم ب	تنظيم ج	تنظيم د	مخيمات	صناعي
الرضوان	%١٠٠					
الصويفية	%٤٩	%٥١				
أم أذينة	%٣٣	%٥٨				
النويبدة	%١٢		%٢٦	%٥٨		*
جبل الحسين	%١٠	%٢٩	%٦١			
الشميساني	%٥٥	%٤٥				
المدينة الرياضية	%٤٥					
قطنة	%١٠٠					

أما نسب التركيز السكاني للمناطق المختلفة في مدينة عمان، فقد تراوحت بين ٢٨.٩% إلى ٥٥.٥%، وكانت هذه النسب كما يلي: (كما يبدو من خلال جدول رقم ٢).

المنطقة	نسبة التركيز
بسمان	٤٧.٢%
عين غزال	٣١.٠%
النصر	٤١.٦%
اليرموك	٢٨.٩%
رأس العين	٥٥.٥%
بدر	٤٥.٤%
زهران	٥٣.٣%
العبدلي	٤٤.٨%

وقد كانت أعلى نسبة للتركز في منطقة رأس العين، حيث أحياء جبل النظيف، والزهور، ثم تلتها منطقة زهران، حيث أحياء جبل عمان، وعبدون، والصويفية، وهذا يعني أن السكان في هاتين المنطقتين يتركزون في مساحات محدودة، ويتبعثرون في بقية المساحة، وقد وجدت أقل نسبة للتركز في منطقة اليرموك التي تشمل أحياء الأشرفية، والعودة، والريحان، وأم الحيران، وهذا يعني أن السكان يتوزعون في معظم المساحة، وهذا يتفق مع ارتفاع الكثافة في هذه المناطق، وتلي هذه المنطقة منطقة عين غزال، حيث أحياء ماركا الشمالية، والسباق، والمطار، إذ تتفاوت نسب المساحة ونسب السكان فيها، أما المناطق الأخرى فقد كانت نسب التركز السكاني فيها في حدود ٤٠%، وتعني هذه النسب وجود تركز سكاني في الأحياء المختلفة لهذه المناطق، إذ يتوزع السكان بدرجات متفاوتة، فترتفع الكثافة السكانية في مناطق دون غيرها، وهي الميزة العامة لتوزيع السكان في معظم مناطق وأحياء المدينة.

ويمكن استخلاص نتيجة واضحة مما تقدم، وهي أن توزيع السكان في مدينة عمان، يتميز بنوع من التركز، كما ان توزيع السكان في كل منطقة من مناطق المدينة يتميز، أيضا، بدرجة من التركز، إلا أن شدة التركز بين المناطق المختلفة تتفاوت من منطقة إلى أخرى، ولعل السبب في ذلك يعود إلى تقارب نسب السكان، ونسب المساحة في أحياء

المناطق التي تميزت بدرجة أقل من التركيز، وابتعاد هذه النسب عن بعضها في المناطق التي أظهرت درجة أعلى للتركز.

وقد اشتملت هذه الدراسة على أسلوب آخر، استعمل لتفسير شـدة التركز السكاني في المدينة، وهو منحنى لورنز، وقد سبقت الإشارة إلى شرح خطوات إنشاء المنحنى الذي يظهر توزيع السكان في مدينة عمان مـن خلال شكل (٧)، وتظهر على هذا الشكل نسب مجموعات الأحياء التي تزيد فيها الكثافة عن ٣٠ نسمة/دونم، ويظهر من الجدول أن مجموع السكان ٢٦.٦%، أي أكثر مـن ¼ السكان في المدينـة يتركزون في ثلاثة أحياء هـي: الأشرفيـة، والنظيف، والنزهة التي بلغت نسبة مساحتها ٥.٩% فقط من مساحة المدينة، وبلغت نسبة السكان في الأحياء التي تتراوح الكثافة السكانية فيها ما بين ٢٠، وأقل من ٣٠ نسمة/دونم حوالي ١٦.١%، في حين بلغت نسبة المساحة لهذه الأحياء حوالي ٤.٧% فقط، كما بلغت نسبة السكان في الأحياء التـي تتراوح الكثافة فيها من ١٠ وأقل من ٢٠ حوالي ٣٤.١%، في حين بلغت نسبة المساحة لهذه الأحياء حوالي ١٧.٧%، أي أن أكثر مـن ثلـث سكان المدينـة يعيشون في حوالي ١٧% من مساحتها.

وإذا نظرنا إلى الجدول رقم (٢)، وإلى النسـب التراكميـة للسكان فيـه، بشكل خاص، فإنه يبين لنا أن حوالي ٥٢.٨% مـن سكان المدينـة يعيشون في الأحياء الثلاثة التي سبق ذكرها، التي تزيد الكثافة فيها عـن ٣٠ نسمة/دونـم، بالإضافة إلى أحياء العودة،والتاج، وميدان السباق، والجبل الأخضر، وأن حـوالي ٢٣% من السكان، يعيشون في مناطق تقل الكثافة فيها عـن ١٠ نسمة/دونم، وتبلغ نسبتها حوالي ٧٢% من مساحة المدينة، أي حـوالي ¼ السكان في المدينـة يتركزون في حوالي ¾ مساحتها تقريباً.

وبشكل عام؛ فإنه يمكن تفسير توزيع السكان، وشـدة تركزهم مـن خلال هـذا المنحنى كما يلي: فإذا انطبق المنحنى مـع الخط القطري فإن ذلك يعنـي أن السكان يتوزعون توزيعاً مثالياً، أو متساوياً في جميع الأحياء، ولا تظهر أية تركزات للسكان، أما

إذا انطبق هذا المنحنى مع المحور الأفقي، فهذا يعني أن توزيع السكان يتميز بتركز شديد في مناطق دون سواها.

وقد تم تحديد نقطة مركز السكان، أو نقطة توازن السكان المعروفة (Center Of Population)، أو (The Balancing Point)، وهي النقطة التي يكاد أن يتوزع السكان حولها توزيعاً عادلاً في كل اتجاه في المدينة، وتكمن أهمية هذه النقطة في أنها تكاد تختزل توزيع السكان في مركز واحد، وفي فترة زمنية واحدة، وتزداد أهميتها لمعرفة تحرك مركز السكان، مع مرور الزمن، لأن هذه الحركة تعتمد على حركة السكان وانتقالهم داخل المدينة، وتظهر هذه النقطة في شكل (٨)، حيث تقع في طرف مركز المدينة القريب من المناطق، التي تتميز بأعلى كثافة للسكان في جبل الأشرفية، أو في المنطقة القريبة من حي وادي سرور، وحي شارع الطلياني.

نتائج التحليل الإحصائي:

يظهر من النماذج التقليدية لوصف نمط توزيع السكان في المدن، ومن الدراسات التي أشرنا إليها سابقاً، أن هذه الدراسات جميعها حاولت تحديد أثر المسافة، أو البعد عن مركز المدينة على التباين في الكثافة السكانية، ومن أجل هذا الغرض، فقد استخدم في هذه الدراسة الأسلوب الإحصائي المعروف بتحليل سطح الانحدار (Trend Surface Analysis)، وخط الانحدار العام Regression.

ويمكن تفسير النتائج الإحصائية من خلال الطريقتين الإحصائيتين اللتين سبق ذكرهما، ولنبدأ في تفسير نتائج تحليل سطح الانحدار، حيث استخدمت ثلاث معادلات، وهي: معادلة الدرجة الأولى أو البسيطة، ثم المعادلة التربيعية، أو معادلة الدرجة الثانية، فالمعادلة التكعيبية، أو معادلة الدرجة الثالثة، وتبين أن المعادلة التكعيبية هي التي تعطي أكبر قيمة لتفسير التباين، حيث بلغت هذه القيمة حوالي ٣٨%، وكانت الدلالة الإحصائية لقيم (ف) قوية وبمستوى ثقة ٩٩% باستثناء آخر متغيرين في المعادلة اللذين تم اشتقاقهما، ولم تظهر لهما دلالة إحصائية ، في حين أن المعادلة التربيعية لم تفسر إلا ٠.٢٥،

وبذلك فإننا نستطيع القول إن نموذج المعادلة التكعيبية هـو الـذي يقـدم أحسـن تفسير لسطح الكثافة السكانية في مدينة عمان، وهذا يعني وجود طيتين أو قمتـين للكثافة كلما ابتعدنا عن المركز، أي أن الكثافة ترتفع بالقرب من مركز المدينـة، ثـم تأخذ بالانخفاض الشديد، كلما ابتعدنا عن المركز، بعدها ترتفع الكثافة مـرة ثانيـة، لتشكل الطية الثانية، ثم تنخفض باتجاه أطراف المدينة، ويبدو أن الطية الثانية، أو القمة الثانية هي أقل ارتفاعاً من القمة الأولى، وهذا يتفق إلى حد بعيد مع تفسير الخرائط لتوزيع السكان، والتي سبق شرحها.

وقد تم توقيع قيم الكثافة المقدرة بـدلاً مـن قـيم الكثافـة الحقيقيـة عـلى الخريطة شكل (٩)، كما تم رسم خطوط التساوي لهذه القيم على الخريطة ذاتهـا، ويبدو بشكل واضح أن قمة الكثافة السـكانية المقـدرة حسـب المعادلـة التكعيبيـة لسطح الانحدار تقع خارج منطقة مركز المدينة، وفي حي جبـل الأشرفيـة، وبخاصـة المنطقة القريبة، من المركز، وقد بلغ قمة الكثافة المقـدرة حـوالي ٢٤، ثـم تـدرجت هذه الكثافة بالانخفاض باتجـاه أطراف المدينـة، حيـث ظهـرت أقـل الكثافـات في مناطق التوسع العمراني الجديد، كما وقعت قيم " البقايـا" (Residuals) الخريطـة شكل (١٠)، وقد قسمت هذه القيم إلى أربع مجموعات: مجموعتان للقيم الموجبة ومجموعتان للقيم السالبة.

وتعني القيم الموجبة أن المناطق التي تتميز بها توجد بها كثافات أكثر مـما يتضمنه نموذج المعادلة التكعيبيـة، وأمـا القـيم السـالبة، فتعنـي أن المنـاطق التـي تتميز بها توجد بها كثافات سكانية أقل مما يتضـمنه النمـوذج، أو المعادلـة. وتميـز القيم الموجبـة، والتـي تزيـد عـلى (١٠) منـاطق، جبـل الأشرفيـة، والعـودة، وجبـل النظيف، والزهور، وبعض مناطق جبل التاج، والمناطق القريبة، مـن مركـز المدينـة من حي النزهة.

وأما المناطق التي تتميز بقيم تتراوح بين صفر و ١٠، فتضم بعض المناطق من جبل الزهور، وجبل الحسين، وبعض المناطق من ماركا الشمالية، وميدان السباق.

أما بقية المنـاطق مـن المدينـة فهـي تلـك التـي يميـز بعـض المنـاطق القريبـة مـن الأطراف.

وتتفق نتائج هذا الأسلوب الإحصائي، وخرائطه مع النتائج التي استخلصت من خرائط توزيع السكان والكثافات السكانية في المدينة والتي سبق شرحها.

ولتحديد أثر المسافة أو البعد عن مركز المدينة على التباين في الكثافة داخل مدينة عمان، استخدم أسلوب خط الانحدار العام الـذي سبق شرحـه، حيث اعتبرت الكثافة متغيراً تابعاً والمسافة متغيراً مستقلاً، وقد طبقت ثلاثة معدلات هي:

١- المعادلة البسيطة - أو من الدرجة الأولى، على الشكل التالي [١٨] :

$$Y= a + bx$$

حيث إن:

Y= الكثافة

X= المسافة

b= درجة الانحدار أو الميل

a= مقدار المسافة على المحور الرأسي، التي يتقاطع معها خط الانحدار.

٢- المعادلة التربيعية (الدرجة الثانية) وهي :

$$Y= a + b1 \times 1 + b2 \times 2$$

٣- المعادلة التكعيبية (الدرجة الثالثة)، وهي:

$$Y= a + b1x1 + b2x2 + b3x 3$$

حيث إن : $X2$= مربع المسافة $X3$= مكعب المسافة

---

[١٨] يبدو من الشكل العام لمعادلة الـ Polynomial Regression ذات المتغير المستقل الواحد في:
Norman H. Hadlai Hull and Others, Statistical Package for Social Sciences (SPSS), 2nd, edition, McGraw Hill, New York, 1975, P. 372

وظهـر أن المعادلـة الأولـى تقـدم تفسـيراً للتبايـن (R2)، مقـداره ٣٠% ودرجـة (ف) تسـاوي ٨٨، وهـي ذات دلالـة إحصائيـة بمسـتوى ١%، أمـا في المعادلـة الثانيـة فقـد وصلـت نسـبة تفسـير التبايـن إلى ٠.٣٥٨ أي حـوالي ٣٦%، وكانت قيم (ف) = ٣٩.٢ و ١٥.٠٨، وهـي ذات دلالـة إحصائيـة بمسـتوى ثقـة ٩٩%، وقـد وصلـت نسـبة تفسـير التبايـن في المعادلـة التكعيبيـة إلى ٠.٣٦٥، أي حـوالي ٣٦.٥%، إلا أن قيـم (ف) قـد تناقصـت فأصبحـت ٠.٩٦، ٢.٣، ٠.٧١، وهـي لا تتميـز بدلالـة إحصائيـة، لذلـك فقـد اسـتبعدت المعادلـة التكعيبيـة، واعتمـدت المعادلـة التربيعيـة لتفسـير أثـر المسـافة علـى نمـط الكثافـة في مدينـة عمـان، وقـد رسـم مقطـع للكثافـة في المدينـة حسـب المعادلـة التربيعيـة، ويظهـر هـذا مـن خـلال شـكل (١٢)، حيـث تظهـر بوضـوح وجـلاء العلاقـة العكسـية، بيـن قيـم الكثافـة والمسـافة، أو البعـد عـن المركـز، كـما يظهـر معـدل التناقـص السـريع، في الكثافـة، ولمسـافة محـدودة، بعـدها ينخفـض معـدل التناقـص، وهـذه النتيجـة قريبـة جدا مـن النتائـج السـابقة التـي أشـير إليهـا، بعـد ذلـك وضعـت الكثافـات المقـدرة Expected Ys، بـدلاً مـن الكثافـات الحقيقيـة، علـى الخريطـة شـكل (١٣)، ورسـمت خطـوط التسـاوي لهـذه القيـم، وتظهـر مـن هـذه الخريطـة أن قمـة الكثافـة السـكانية تقـع في المناطـق نفسـها، التـي ظهـرت في الخرائـط السـابقة وفي المناطـق القريبـة مـن مركـز المدينـة، ولـم تظهـر هـذه القمـة في منطقـة المركـز، حيـث المنطقـة التجاريـة المركزيـة، كـما يظهـر مـن هـذه الخريطـة التناقـص في الكثافـة، مـع ازديـاد المسـافة، أو مـع الابتعـاد عـن المركـز وباتجـاه الأطـراف، أي أن أطـراف المدينـة تميـزت بكثافـات منخفضـة، ويظهـر مـن هـذه الخريطـة أيضـاً التتابـع الحلقـي، أو الدائـري في الكثافـات السـكانية، انطلاقـاً مـن المناطـق المرتفعـة الكثافـة والقريبـة مـن المركـز.

خاتمـــــة

لقد أجريت هذه الدراسة، من أجل تحقيق هدفين رئيسيين هما:

أولاً: اظهار نمط توزيع السكان في مدينة عمان، وذلك باستخدام مقياس بسيط ومعروف وهو الكثافة السكانية (عدد السكان في الدونم) ومقياس مدى التركز السكاني في المدينة بشكل عام، وفي المناطق أو القطاعات بشكل خاص، وقد استخدم من أجل هذه الغاية منحنى لورنز ونسبة التركيز السكاني.

وقد ظهر من خلال هذه الدراسة أن توزيع السكان في مدينة عمان يتركز في مناطق معينة بشكل أكثر من غيرها، وكانت المناطق المرتفعة الكثافة هي تلك المناطق القريبة من مركز المدينة، أو المناطق القديمة، التي تدخل ضمن تنظيم د أو ج . كما ظهر أم المنطقة التجارية أو المركز لم تتميز بأعلى الكثافات السكانية، وبشكل عام؛ فإن الكثافة السكانية تتناقص كلما ابتعدنا عن المركز باتجاه الأطراف. وقد حاولت هذه الدراسة تفسير ذلك.

ثانياً: إظهار أثر البعد عن مركز المدينة على الكثافة السكانية، وفي سبيل ذلك تم فحص النماذج التقليدية الثلاثة التي تفسر توزيع السكان في المدن، وهي: نموذج كلارك، ونيولنغ، وتينر، وشيرات، ومقارنة نتائج هذه الدراسة مع الدراسات السابقة. وقد اتفقت نتائج هذه الدراسة مع نتائج دراسة نيولنغ إلى حد بعيد، من حيث أن أعلى قيمة للكثافة السكانية وقعت على أطراف المنطقة التجارية، ثم الانخفاض في الكثافة كلما ابتعدنا عن المركز باتجاه الأطراف. وقد استخدم في هذه الدراسة، ومن أجل هذا الغرض، أسلوب تحليل سطح الانحدار، وخط الانحدار العام، وتبين أن المعادلة التكعيبية لسطح الانحدار تقدم أعلى تفسير للتباين وبالتالي فقد تم اعتمادها في الدراسة لإظهار سطح الكثافة السكانية في المدينة. كلما اعتمدت المعادلة التربيعية (معادلة الدرجة الثانية) لخط الانحدار العام من أجل إظهار أثر المسافة، أو البعد عن المركز على التباين في الكثافة السكانية داخل المدينة.

وبشكل عام فإن نمط الكثافة السكانية في مدينة عمان، يتميز بوجود أعلى قمة في المناطق القريبة من المنطقة التجارية، ثم بانخفاض في هذه القيم، كلما ابتعدنا عن المركز باتجاه الأطراف وتتناقص الكثافة تناقصاً سريعاً في المناطق القريبة، ثم يأخذ معدل التناقص بالانخفاض كلما ابتعدنا عن المركز، كما ظهرت بوادر لوجود بعض القمم الصغيرة للكثافة السكانية في بعض مناطق أطراف المدينة، وربما يعود ذلك إلى تركز السكان الوافدين في مناطق الأطراف هذه.

ويمكن اعتبار نتائج هذه الدراسة استكشافية، تحتاج إلى مزيد من الدراسات في المدن الأخرى، سواء أكانت في الأردن، أم في أقطار الوطن العربي الأخرى.

العلاقة بين الكثافة السكانية وحجم المدينة وعمرها:

تنطبق نماذج الكثافة السكانية في المدن التي سبقت مناقشتها، على المدن الكبرى التي شهدت توسعاً ونمواً مساحياً في جميع الاتجاهات، بعيداً عن مركز المدينة، إلا أنه لم يؤخذ بعين الاعتبار التباين في أعمار المدن، لأنها تتطور وتنمو في فترات زمنية مختلفة وفي ظروف متباينة حتى في المدن التي تتطور في منطقة ثقافية واحدة.

ويؤثر حجم المدينة وعمرها على الأنماط المكانية للكثافات السكانية في المدن، فيوجد تباين واختلاف في الكثافات السكانية المركزية بين المدن الكبرى والصغرى، حتى لو كانت تنتمي إلى ثقافة واحدة، كذلك يحدث التباين ذاته بين المدن القديمة والحديثة، فتميز المدن الأكبر بكثافات سكانية أعلى في المركز منها في المدن الأصغر حجماً إلا أن المدن الأصغر، تتميز بدرجة ميل أو انحدار أسرع منها في المدن الكبرى. شكل ٣٢: العلاقة بين نمط الكثافة السكانية وعمرها.

ويمكن القول إن النماذج الثلاثة تطبق، بشكل عام، على أنماط الكثافات السكانية في المدن المختلفة، إلا أن هذه الأنماط تختلف في شدة الانحدار أو الميل مع الابتعاد عن مركز المدينة. كما يظهر ارتباط مهم بين أنماط الكثافات السكانية في المدن، وأعمار هذه المدن، وفترات تطورها وكذلك مع تطور وسائل المواصلات، بحيث أنه

تحدث زيادة في بناء المساكن في المدن، وبخاصة في مناطق بعيدة عـن مركـز المدينـة، مـع كـل تطور مهـم في وسـائل المواصـلات، لأنهـا تمكـن الوصـول إلى المناطق البعيدة، وتجعل أمر السكن فيها ممكناً.

وخلاصة القول، إن عمر المدينة وحجمهـا السكاني يـؤثران عـلى أنمـاط الكثافة السكانية في المدن، كما أن الهيئة التـي تتوسـع وتنمـو المدينـة حسـبها تكون استجابة لتحسين وسائل المواصلات وتطورها، ويؤثر ذلك جوهرياً عـلى طبيعة أنماط الكثافات السكانية في المدن (Northam R. 1979, P. 347)

الفصل الرابع

المنطقة التجارية المركزية (CBD)

تعـرف المنطقـة التجاريـة المركزيـة بـ The Central Business District وتختصر بالحروف الثلاثة الأولى من الكلمات الثلاث CBD ، وتسمى مركز المدينـة أحياناً وقد يشمل هـذا الاصطلاح مناطق أخرى بالإضافة إلى المنطقة التجارية المركزية، وتحتـل مركـز المدينة، وتشمل في المـدن الغربيـة العمارات الشاهقة Skyscrapers والمكاتب بشكل عام ومكاتب العقارات، والمناطق التي تتميز بقمة قيم الأراضي في المدينة، وتحتل وسط المنطقة التجارية المركزية العمارات الشاهقة، وترمز هذه المنطقة إلى الحيوية الاقتصادية والاجتماعية للمدينة، كما تمثل قوتها. وتتميز هذه المنطقة بالحيوية والديناميكية نتيجة للعلاقات المتبادلة بين الأشخاص والمهنيين، وقامت هذه المنطقة بأدوار مختلفة تغيرت وتطورت مع مرور الزمن.

التطور التاريخي لـ CBD :

تطور مركز المدينة، في الحواضر الكبرى، من منطقة تسود فيها تجارة "التجزئة أو المفرق" retail ، في مطلع القرن العشرين إلى مجمع تجاري تشغله المكاتب التجارية، في منتصف القرن إلى مركز ترفيهي وسياحي ورياضي في الأونة الأخيرة، في حين بقيت في المدن الأصغر حجماً تمثل مراكز لتجارة التجزئة. وقد تميزت في المدن الكبرى بزيادة حجم التشغيل في قطاع الخدمات والقطاع الحكومي، مما أدى إلى تنوع التركيب الوظيفي في هذه المـدن. وتشيـر الـدلائل إلى تغير مستقبلي في وظيفة هذه المنطقة نحو الاتجاه إلى كونها منطقة تجارية ثقافية ترفيهية، ويعمل انتشار الأنشطة باتجاه المناطق المجاورة إلى التغير في التركيب الوظيفي وأنماط الحياة للسكان في هذه المنطقة.

وربما يعود أصل هذه المنطقة إلى المنطقة الفراغ التي كانت قد خصصت لالتقاء الناس ولأعمال البيع والشراء، التي عرفت بالأغورا agora ، كما أنه ربما كان تأسيس The Royal Exchange في مدينة لندن عام ١٥٦٠ النواة الأولى للمنطقة المركزية ، وقد

خصصت هذه المنطقة بتجارة السلع الفاخرة والبهارات والتوابل. وقد اقتصرت هذه المنطقة، في المدن الأمريكية على منطقة السوق التجارية أو على مربع أو ال Park التي انتشرت بين المساكن، وكانت تفتقر هذه المنطقة للتخصص في استخدامات الأرض، نظراً لأن المواصلات كانت محدودة آنذاك، وكان يسكن التجار في الأدوار العليا أو خلف محلاتهم التجارية، ونتيجة لتطور وسائل المواصلات والتصنيع حدث تخصص في استعمالات الأرض في وقت متأخر.

وفي الموانئ انفصلت تجارة الجملة عن تجارة التجزئة، وتركزت تجارة الجملة بالقرب من طرق المواصلات، وبخاصة السكك الحديدية وعقد المواصلات، في حين تركزت تجارة التجزئة بالقرب مع الأسواق المحلية واحواض بناء السفن أو الارصفة. وظهرت في هذه المنطقة الأسواق المالية، وتركزت تجارة التجزئة بمحاذاة الشارع الرئيس بالقرب من محطات المواصلات. وتركزت بعض الأنشطة الأخرى حيث تسود تجارة التجزئة، نظراً لحركة السكان وتواجدهم في مطلع القرن العشرين، كما تركزت العمارات الشاهقة التي تشغلها مكاتب الخدمات حول مراكز التسوق، بشكل عام، مستفيدة من قربها من طرق المواصلات العامة.(Hartshorn T. 1972, P. 325).

هذا، وتعتبر منطقة ال CBD من أكثر المناطق الوظيفية في المدن الغربية وضوحاً، وتشغلها الأنشطة التي تحتاج إلى مواقع مركزية، ويمكن الوصول إليها بسهولة، كما تطورت فيها مناطق وظيفية متخصصة مثل تجارة الجملة وتجارة التجزئة والمكاتب الحكومية ومكاتب مهنية. (Herbert D. 1972, P. 115)

موقع المنطقة التجارية المركزية

تقع المنطقة التجارية المركزية، عادة في أقدم مناطق المدينة، ويتميز مظهرها العام بالتباين الكبير في ارتفاع المباني في الوقت الحاضر، وبشكل كبير منه في الأوقات السابقة، حيث كان مظهر المدينة متساوياً من حيث الارتفاع تقريباً. وتتعرض المنطقة إلى إزالة بعض مظاهرها، في العصر ـ الحاضر، كما تتعرض إلى ضغط كبير من أجل إعادة تطويرها، الأمر الذي يعرض تاريخها ومبانيها ووظيفتها للتهديد .

وتتوسع المنطقة التجارية المركزية، على حساب المناطق المجاورة ببطء شديد، ويتطلب ذلك مساحات إضافية مـن الأرض باستمرار، ويكـون معـدل التوسع الأفقي في المدن الكبرى صغيراً، في حين يكون التوسع الرأسي كبيراً.

وتتميز المنطقة بارتفاع كثافة استغلال الأرض، بشكل عام، إلا أن كثافة الاستغلال تعتمد على الفترة الزمنية التي تطورت فيها المدينة، فقد تميـزت مـدن القرن التاسع عشر بارتفاع كثافة استخدام الأرض في مناطق مركز المدينـة، في حين انخفضت كثافة الاستغلال هذه في مراكز المدن الأحدث، فعلى سبيل المثال، تميزت مدينة مونتريال في كندا بارتفاع كثافة استخدام الأرض، وتميزت مدينة سان دييغو San Diago بانخفاض في كثافة الاستغلال، نظراً لتخصيص مسـاحات واسعة مـن الأرض فيها مواقف للسيارات (Herbert D. 1972, P. 115)

مركزية المنطقة التجارية المركزية :

تتميـز هـذه المنطقة بدرجـة عاليـة مـن المركزيـة، نتيجـة لالتقاء طـرق المواصلات المختلفة فيها، فتوجد فيها محطات السكك الحديديـة، ومراكـز انطلاق الحافلات، الأمر الذي أدى إلى تركز الأعمال والأنشطة التجاريـة المختلفة، ودخـول أعداد كبيرة من السكان، يومياً . أما للعمل أو للزيارة. وتتميـز بعلاقات قويـة بين الأنشطة المختلفة التي تمارس فيها، كما تطورت المنطقة مع مرور الـزمن، فتحولـت إلى مركز للأعمال والخدمة، وتركزت فيها القوى العاملة المختلفة وبخاصـة أصحاب الياقات البيضاء والعمال غير الماهرين وانصاف المهرة.

بالإضافة إلى كونها أصبحت مركزاً للمكاتب الحكومية ومركزاً للسياحة والترفيه والرياضة. وتظهر العلاقة واضحة بين كثافة استخدام الأرض وسهولة الوصول، الأمر الذي أدى إلى ارتفاع كثافة الاستخدام نتيجة زيادة الطلب عـلى استخدام الأرض فيهـا، وتتميـز المـدن الصغيرة بتنـوع الوظائف واختلاطهـا وبخاصة في مراكزها، حيث تختلط المساكن المستقلة المخصصة للأسرة الواحـدة مع المساكن المخصصة للأسر المتعددة، مع الأنشطة التجاريـة والصناعية في العصر الحاضر .

هذا وقد استمرت وظيفة تجارة التجزئة في المنطقة المركزية من المدن الأمريكية بعد الحرب الأولى وزادت قوة وحيوية، إلا أنها ضعفت وتناقصت بعد الحرب الثانية، نتيجة لانتشار الضواحي، التي تبعها انتشار الأعمال والأنشطة المختلفة، وقد انخفض حجم تجارة التجزئة، بشكل كبير، في المدن الأصغر حجماً، وتميزت المدن الأسرع نمواً بتطور أضعف في مناطقها التجارية المركزية، كما انخفض حجم المبيعات في مراكز المدن الأحدث.

كما تميزت المنطقة المركزية بانخفاض في حجم التشغيل وبوجود علاقات متباينة بين الأنشطة المختلفة المتشابهة، وعلاقات تكميلية بين أنشطة أخرى مثل العلاقة بين البنوك ووكالات الاعلان.

وتستفيد الأنشطة المختلفة نتيجة لتجمعها في هذه المنطقة، ونتيجة لوجود علاقات مباشرة بين الأنشطة والأعمال من جهة وبين المستهلكين من جهة أخرى، كما تتميز المنطقة بمزايا أخرى ترتبط بالمستوى العالي من المركزية الذي تتمتع به والذي يساعد في تجميع الأنشطة التي تستفيد مركزية هذه المنطقة. وتقدم المنطقة المركزية فوائد يمكن تصنيفها في تسع مجموعات ترتبط جميعها بالفوائد التي تقدمها هذه المنطقة، وهذه الفوائد.

١- سهولة الوصول: تشكل المنطقة التجارية المركزية المنطقة التي يمكن الوصول إليها بسهولة أكثر من غيرها من مناطق المدينة المختلفة، فهي المنطقة التي يمكن الحصول على جميع الأشياء بسهولة وأقل كلفة، لأنها تشكل المركز وملتقى طرق المواصلات المختلفة، وتوجد فيها المؤسسات الحكومية والثقافية والرياضية لتستفيد من هذا العامل أيضا.

٢- تقدم المنطقة الموقع الأفضل للتفاعل والاتصال، حيث تسهل الاتصال الشخصي ـ وتعمل التليفونات ونظم المعلومات على تسهيل عملية التفاعل، كما تعمل المواقع المركزية على تقوية تيارات المعلومات .

٣- توفر المنطقة بيئة للعمل أو للأداء نتيجة سهولة الوصول إلى الأشخاص المساعدين للأعمال والأنشطة المختلفة.

٤- الوصول إلى سوق العمل، نتيجة مركز الأعمال وتطور وسائل المواصلات وتركزها في هذه المنطقة.

٥- نشاط الترويج والترفيه والرياضة، حيـث يوجـد المسرح والأوبـرا وفرقـة الموسيقى والمتاحف والمعارض والمطاعم والملاعب الرياضية.

٦- توافر الخبرة المهنية والإرشادية من قبل الأخصائيين مـن أطبـاء ومحامين ورجال مال وأعمال وموظفي حكومة وإداريين.

٧- وجود الأسواق المالية.

٨- توافر محلات تجارية مـن مستوى رفيـع، نتيجـة لتوافر البنيـة التحتيـة المطلوبة.

٩- إمكانيـة الوصـول إلى فـرص التعليـم، تـوافر مـدارس تجاريـة وكليـات ومكتبات متخصصة ومراكز إعلام.

وتتداخل العوامل السابقة مع بعضها، لتؤهل المنطقـة المركزيـة لتشكل مركزاً رئيسياً للعمل، وتحتل مباني المكاتب مكانـة مهمـة فيهـا بالإضافة إلى حجـم الاتصالات الشخصية وحجم الموارد التي تجعل المنطقة التجارية المركزيـة في المدن ذات أهمية خاصة.

تحديد المنطقة التجارية المركزية :

يعتبر موضوع تحديد حدود المنطقة التجارية المركزية، وتحديد حـدود المناطق الوظيفية داخلها أمراً صعبا. ويمكن البدء بتحديد النقطة التـي تتميـز بقمة قيم الأراضي، أو نقطة تقاطع القيمة الأعلى PLVI التـي سـبقت الإشارة إليها عند مناقشة قيم الأراضي في المدن، ويفترض ان تكون قيم الأراضي وكثافة استغلال الأرض الأعلى في هذه المنطقة، وتحتل المنطقة التي تتميز بأعلى قيمة للأرض وأعلى كثافة للاستغلال قلب المنطقة التجارية المركزية، وتعـود أهميتهـا لسهولة الوصول التي تتمتع بها والتي لا توازيها في هذا المجـال منطقـة أخـرى داخل المدينة.

وقد بدأت بعض المحاولات الشاملة من أجل رسم حدود للمنطقة التجارية المركزية اعتمدت هذه المحاولات حساب معايير أو قرائن Indexes تبين ارتفاع المباني وكثافات استخدام الأرض وتحديد الاستخدامات الخاصة بالمنطقة، وعلى الرغم من أن هذه المعايير أو القرائن مفيدة إلا أنها تحتاج لعمليات حسابية، تكون خاصة بكل مدينة ونحتاج لحساب هذه القرائن بيانات عن الاستخدامات على مستوى الشوارع أو الطرق، ونادراً ما تتوافر بيانات عن هذه الاستخدامات.

وارتبطت أعمال تحديد حدود المنطقة التجارية المركزية بجهود كل من ميرفي وفانس Murphy R. and J. vance, 1954, PP. 189-222 وقد قدما تعريفا اشتمل على معيارين أولهما :

قرينة ارتفاع المنطقة التجارية المركزية (Central Business Hight Index) وتم حسابها لكل قسيمة في المدينة (Block) بالاعتماد على نسبة مجموعة مساحة الطابق الأول (الأرضي) للقسيمة أو البلوك إلى مجموعة مساحة الطابق الأرضي الذي تشغله استخدامات المنطقة التجارية المركزية.

$$\text{وتساوي} = \frac{\text{مجموعة مساحة الطابق الأرضي في البلوك}}{\text{مجموع مساحة الطابق الأرضي الذي تشغله استخدامات الـ CBD}}$$

والمعيار أو القرينة الثانية: أطلق عليها قرينة كثافة الاستغلال في المنطقة التجارية (Central Business Intensity Index) ، ويمكن حسابه بواسطة قسمة مساحة الطابق الأول في البلوك المخصصة لاستخدامات المنطقة التجارية على مجموعة مساحة الطابق الأول (الأرضي) في البلوك.

$$= \frac{\text{مجموع مساحة الطابق الأول المخصص لـ CBD في البلوك}}{\text{مجموعة مساحة الطابق الأرضي في البلوك ذاته}}$$

وتشكل القسائم (البلوكات) ذات القيم المرتفعة لهاتين القرنيتين المنطقـة التجاريـة المركزيـة (CBD) . ويبـدو أن عمليـة تحديـد حـدود المنطقـة التجاريـة المركزية تتم بصورة اعتباطية arbitrary لأنه لا توجد قواعد شاملة يمكن الاعتماد عليها في تحديد هذه المنطقة ولأغراض دراسات المقارنة أمكن الاعتماد على تعريف التعداد الأمريكي من أجل تحديد المناطق المركزية في المدن الأمريكية (Hartshan T. 1992, P. 334)

وقدم أسلوب آخر لتحديد المنطقة التجارية المركزية يعتمـد عـلى مفهـوم (القلب والإطار) (Core-Frame Method) . وقلب المنطقـة التجاريـة المركزيـة هـو الجـزء الأكثر استغلالا، ويشكل الإطار المنطقة المحيطة بالقلب والتي تسـود فيهـا أنشـطة مساعدة وداعمة للقلب.

ويتميز القلب (أو القطب) بالمبـاني العاليـة والعلاقـات التجاريـة الداخليـة وحركة المشاة ومحدودية المساحـة المخصصـة لمواقـف السـيارات واسـتغلال شـامل للأرض، ويشمل الإطار المحـلات التجاريـة الكبيرة ومواقـف السـيارات والخـدمات الصحية والصناعة الخفيفة ووظائف تجارة الجملة، كما تسيطر أيضا حركة الآليات في منطقة الإطار. وبطبيعة الحال فإن الوظائف التي تقدم في منطقة الإطار تساعد وتدعم الوظائف التي تقدم في القلب أو المركز، كـما توجـد علاقـة قويـة وترابط يتميز بمستوى عال من التداخل بين هاتين المنطقتين، ويقدم الإطار، بالإضافة لما تقدم، خدمة لجزء كبير من المدينة. هذا، ويحتل القلب مساحة صغيرة نسبيا، في حين يحتل الإطار مساحة واسعة قد تشكل حـوالي ثلاثـة أربـاع مسـاحة المنطقـة التجارية المركزية. (Hartshorn T. 1992, P. 334) ملحق ١٤

مناطق وظيفية فرعية في المنطقة التجارية المركزية :

يحوي مركز المنطقة التجارية أو قطبها عمارات عاليـة تشغلها مكاتب، كـما تشمل منطقة مالية وقطاع تشغله تجارة التجزئة، وتحيط بالمركـز هـذا فنادق ومناطق تابعة للبلدية وللخدمات الصحية والخدمات الحكومية، ثم مناطق تجارة الجملة ومناطق صناعية ومناطق ترفيهيـة وأخـرى لبيـع السـيارات، وكلـما كانـت المدينة اكبر كانت المناطق الوظيفية السابقة أكثر وضوحا. ملحق ١٥ .

وتتحرك المناطق الوظيفية باستمرار، وتتوسع الـ CBD وغالبـا مـا تتجه مناطق الفنادق والمكاتب نحو مناطق مرتفعي الدخل.

هذا ويختلف شكل المنطقة التجارية المركزية من مدينة لأخرى، كـما يتأثر شكلها بخطة تنظيم الطرق، ولا تزال وظيفة تجارة التجزئة سائدة في الـ CBD.

المدينة المركزية في مدن الحضارة غير الغربية :

تظهر المنطقة التجارية المركزية بوضوح في المـدن الغربيـة بعامـة والمـدن الأمريكية بخاصة، على الرغم من اختلافهـا مـن مدينـة لأخـرى، مـن حيـث كثافـة الاستغلال واستخدام الأرض، إلا أنها تسود فيها وظائف محددة سبق وأن أشير إليها في مكان سابق وتطورت المناطق المركزية للمدن الغربية في فترات زمنيـة مختلفـة، وقد ساعد في تطورها عوامل وقوى محددة، منها تركز الأنشطة المختلفـة في مركـز المدينة وكثافة استغلال الأرض فيها، وشدة المنافسـة بين المستخدمين والوظائـف المختلفة، نتيجة لما تتميز به هذه المنطقة مـن سهولة الوصـول وحيويـة وأهميـة خاصة لجميع سكان المدينة، لقد أدت عمليـة التركـز التـي صاحبـت نمـو المـدن وتوسعها إلى سيطرة الوظيفة التجاريـة في هـذه المنطقـة، لأن الوظائـف الأخـرى لا تستطيع منافسـة الوظيفـة التجاريـة، وبالتالي أزيحـت الوظائـف الأخـرى، مثـل السكنية على أطراف المدن، فقد وجدت في مركز المدينة قمـة قيـم الأراضي وعقد المواصلات المختلفة من سكك حديدية ومعبدة، الا ان شدة الازدحام وارتفاع كثافة الاستغلال ووجـود بعـض المشكلات مثـل الازدحـام والاكتظـاظ والتلـوث، عملـت جميعها على انتشار السكان الذين تبعهم انتشار الأنشطة والوظائف المختلفة، مما أدى إلى تقليل أهمية مركز المدينة نسبيا، إلا أنها بقيت تمثل عنصـرا مهـما وجـزءا حيويا من أجزاء المدينة.

إن هذه القوى والعوامل السابقة الذكر والتي أدت إلى تشكيل المنطقـة المركزيـة في المدن الغربية، تختفي في معظم مدن الحضارة غير الغربية إلى حد كبير ، لذا لم تتطور فيها منطقة CBD بشكل واضح كما هو الحال في المدن الغربية ، إلا أن بعض الباحثين يشيرون

إلى تغييرات واضحة في تركيب بعض المدن غير الغربية، التي قـد تـؤدي إلى اقتراب هذه المدن من الشكل الذي تتميز به المدن الغربية.

وتحافظ مراكز المدن غير الغربية على عدة مزايا تميزها، بوضوح، عـن المدن الغربية، فتظهر الـ CBD في بعضها بشكل ضعيف وغير واضح تماما، كما تظهر فيها بعض المظاهر مثل الوظيفة الصناعية. وقد وصفت المدن الهندية بأنها متعددة النوبات، كما تظهر تطوراً متواضعاً لمناطقها المركزية، وتحافظ المدن الهندية الصغيرة على الشكل التقليدي (Herbert D. 1972, P. 116)

وتوجـد في منطقـة مركـز المدينـة الهنديـة بعـض المظـاهر مثل المعبد والقصرـ ومؤسسات الأقراض المالية، بالإضافة إلى محلات تجارة التجزئة ومساكن أو شقق الأغنياء. ومع نمو المدن، يظهر نمط جديد في المدن الأكبر حجماً، حيث تـزدحم منطقة تجارة التجزئة التي تتوسع وتحيط بالمربع المركزي الذي يشمل على المعبد وخزان المياه والحديقة.

ويظهر التركيب التقليدي واضحاً في المدن الأفريقية أيضاً، حيث يشغل القصر مساحة واسعة من الأرض، وفي الجهة المقابلة يوجد السوق الأهم في المدينة والمسجد الرئيس. وتظهر المدن الأكبر مثل ابادان Ibadan ولاغـوس مزيجـاً مـن الخصائص التقليدية والحديثة لمكونات وعناصر المدينة، فقد ظهـر في إبـادان نظـام المركزين التوأمين مشتملاً على المركز التقليدي الـذي يقدم وظائف اجتماعيـة وسياسية بالإضافة للوظيفة الاقتصادية، ويوجد فيها مركز أحـدث يشمل محـلات تجارية ومكاتب وبنوك ومخازن، وتظهر المنافسة بين الاستخدامات المختلفـة عـلى الأرض.

وظهـر في مدينـة لاغـوس المركـز التجـاري الحـديث مـع احتفـاظ السـوق التقليدية بدورها التقليدي. وتظهر في مدن أخرى غير غريبة مراكـز المدن التجاريـة إلا أن الخصائص التقليدية تبقى مهمة.

وبالنسبة للوضع في مدن أمريكا اللاتينية، تشير بعض الدراسات إلى أن اتجاه التحول نحو التركز الاقتصادي لم يكتمل بعد، فعلى سبيل المثال ظهـرت منطقـة ال CBD في مدينـة غواتيمالا واسعة جداً، لكن لم تظهـر فيها مناطق وظيفية . (Herbert D. 1972, p.116)

ونتيجة تطـور وسـائل المواصلات وزيـادة اسـتثمار رؤوس الأمـوال الخارجيـة، تظهر المنطقة التجارية المركزية واضحة في المدن الأكبر في امريكا اللاتينية.

وبشـكل عـام، فقـد تـأثر التركيـب الـوظيفي ل CBD في مـدن امريكـا الوسطى بالطبيعة التقليدية والريفية للاقتصاد .

ان الجـزء المحيـط بالمنطقـة التجاريـة المركزيـة في مـدن الحضـارة غـير الغربية لا يقارن بالمنطقة الانتقاليـة التـي تقـع عـلى حافـة المنطقـة التجاريـة المركزية في المدن الغربية. ويعود السبب في هذا الاختلاف بـين مـدن الحضـارة غير الغربية والمدن الغربية إلى أن المركز الوحيـد للمدينـة الـذي تتطـور حولـه منطقة محددة غير شائع في المدن غير الغربية، كما أن تطور المركز وتأثيره على المناطق المجاورة محدود جداً.

تتمثل الميزة العامـة للمدينـة المركزيـة في المـدن غـير الغربيـة، في أنهـا تحوي أقدم أجزاء المدينة المتهاوية التي تحتاج إلى تحـديث، وتشـمل المنـاطق التقليدية للتركيـب الحضـري، كـما تحـوي القصـور ومسـاكن اتبـاع الحـاكم في المناطق المحيطة بالقصر. كـما أن هجـرة السـكان التـي شـهدها مركـز المدينـة الغربية خلال القرن العشرين غير موجودة في المدن غير الغربية.

وتتميز المدن غير الغربية بارتفاع الكثافـة السـكانية في المركـز، وتتزايـد هذه الكثافة مع مرور الزمن نتيجة تركز السكان في هـذه المنطقـة، المصحوب بارتفاع معدلات المواليد والهجـرة القادمـة مـن الخـارج، مـما أدى إلى ازدحـام مناطق عرفت بالاحياء القذرة في مركز المدينة (Slums) .

هذا وقد وثقت دراسات عدة الظروف التي تتميز بها المناطق المركزية لعـدد مـن مـدن الـدول الناميـة مثـل: هونـغ كونـغ وسـنغافورة ولاغـوس ومكسيكوسيتي. حيث ترتفع الكثافة السكانية، بشكل كبـير، كـما يتركـز فقـراء المدن في مناطق تفتقر إلى وسائل الصرف الصحي، ويعيشـون في ظـروف أكـثر سوءاً من تلك التـي عاشـها سـكان الأحيـاء القـذرة في أوروبـا في مطلـع القـرن التاسع عشر.

واشار بعض الباحثين إلى عملية التغير التي تشهدها المناطق المركزية في مدن الحضارة غير الغربية وبخاصة في الجوانب الاجتماعية، حيث تغيرت الأسرة الممتدة إلى اسرة نووية، كما تغير المركز التقليدي إلى وحدات سكنية مستقلة. (Herbert D. 1972, P.117)

وقد تميزت المنطقة التجارية المركزية في مدن الدول النامية بخصائص ومزايا مختلفة عنها في المدن الغربية، وبخاصة في المزايا التقليدية للمدينة المركزية. واشار بعض الدارسين إلى وجود اتجاهات حديثة ستؤدي إلى اقتراب خصائص المدن المركزية في الدول غير الغربية إلى خصائص المدن الغربية، إلا أن الشبه غير ممكن.

ويظهر النموذج الغربي الذي يتميز بالغنى الذي يؤدي إلى تشجيع الأنشطة التجارية المختلفة وبناء البنية التحتية، إلا أن المدن المركزية في الدول النامية تفتقر إلى رأس المال هذا، كما ان طبيعة المجتمع تعمل في الحفاظ على المزايا والخصائص للمدينة المركزية في الدول النامية.

وتختلف خصائص ومزايا المناطق التجارية المركزية بين المدن المختلفة في أقطار الدول النامية المختلفة، وبخاصة بين المجتمعات التي وضعت خططاً وتصاميم لمدنها وبين المجتمعات الأخرى التي لم تقم بعمل هذه التخطيطات والتصاميم، وربما تتميز المدن المركزية في الدول النامية ببعض خصائص المنطقة الانتقالية التي تقع على هامش المنطقة المركزية في المدن الغربية. Herbert) D. 1972, P. 120)

وقد أمكن التوصل إلى بعض التعميمات التي تميزت بها مدينة طوكيو، التي تحتل مرحلة انتقالية بين المدن الغربية وغير الغربية، مثل تنوع الحياة وتحديث معظم مظاهر مركز المدينة، كما أن المظهر التقليدي أقل ظهوراً فيها. ولعله من الصعوبة بمكان تقييم سرعة التغير في المدن المركزية في الدول النامية لعدم توافر البيانات اللازمة، وصعوبة اجراء الدراسات اللازمة ايضاً.

الخاتمــة

يعتبر هـذا الكتـاب مرجعـاً لمقـرري جغرافيـة المـدن وعلم الاجتماع الحضري اللذين يدرسان لطلبة الجامعة، على مستوى البكالوريوس، حيث يتم التركيز فيه على الأفكار والمفاهيم الأساسية التي يحتاجها الطالـب والباحـث في هذا المجال، كما يمكن أن يكون الكتاب مفيداً لطلبة الدراسات العليا، تخصص جغرافيا، وربما طلبة علم الاجتماع.

وكون هذا الكتاب مرجعاً جامعياً، فقد اقتصر على الجوانب النظرية مع تضمين بعض الدراسات الميدانية التطبيقيـة كلما اقتضت الضرورة ذلك، لتقدم هـذه الدراسـات امثلـة لموضوعـات البحـث والدراسـة، وأمثلة لبعض الأساليب الكمية والاحصائية التي تستخدم في هذه الدراسات.

وقد تضمن الكتاب مناقشة وعرضاً للموضوعات الرئيسـة في جغرافيـة المدن، ومن هذه الموضوعات، توضيح لفلسفة جغرافية، مع التركيز على تطور علم جغرافية المدن ومدى تأثره بتطور الفكر الجغرافي، بشكل عام، وبالمدارس الجغرافية، بخاصة وفيه تأكيد على أهمية دراسة المدينة، التي اصبحت تشكل ظاهرة جغرافيـة كبرى علـى سـطح الأرض، في العصرـ الحـديث، نتيجة لتركز السكان والأنشطة الاقتصادية والاجتماعيـة فيها. وتضمن هذا الجزء اشارة واضحة إلى مفهـوم التحـول الحضري وانماطـه واتجاهاتـه في الـدول المتقدمـة والنامية.

وقد اشتملت الاجزاء الأخرى من الكتاب على اتجاهات دراسة جغرافية المدن التي يمكن تحديدها بثلاثة اتجاهات رئيسة هي:

١- الدراسة التاريخية للمدن، أو جغرافية المدن التاريخية، حيث تم التركيز هنا، على تطور مورفولوجيـة المـدن ووظائفهـا مـن خـلال البعـد الزمني والتطور التاريخي، منذ الألف الرابعة قبل الميلاد وحتى العصر الحاضر.

٢- دراسـة النظام الحضري، (مجموعـة المـدن في القطر أو الاقليم) وندرس المـدن هنا نقاطاً، بحيـث يـتم التركيز عـلى حجومهـا ورتبهـا وتباعدهـا وتوزيعهـا والتفاعل المكاني والعلاقات فيما بينهـا، مع تقديم بعض القوانين والنظريات والقوانين ذات العلاقة، كما تم التركيز عـلى تفسير عمليـة نمـو المـدن وعـلى النظريـات الاقتصاديـة في هـذا المجال. ومـن القوانين والنظريات التي تم عرضها: وقوانين الجاذبيـة والتفاعل المكاني، وقانون رالي، وقاعدة الرتبة والحجم والنظريات الاقتصادية لتفسير عملية النمو، ونظرية المكان المركزي لكريستالر.

٣- دراسـة التركيب الداخلي للمدن، أي دراسـة المدينة مساحة، والدخول إلى داخلهـا ودراسـة مـا فيهـا مـن استعمالات ارض ووظائف، والبحـث عـن كيفيـة انتظامهـا وتفسير ذلك من خلال بعض النظريات التقليديـة مثل بيرجيس وهويت وهاربس وأولمان. وتحليل المنطقة الاجتماعية ودراسات التحليل العاملي للبيئة الحضرية (الفاكتوريال ايكولوجي) وتم التركيز في هـذا المجال عـلى دراسـة انماط توزيـع السكان وقيم الأراضي في المـدن، وعـلى النظريات التي تحاول تفسير هـذه الأنماط. وأمكن تقديم دراسـات ميدانية اجريانها لتوزيع السكان وتوزيع قيم الأراضي والبيئة العامليـة في مدينة عمان، ويمكن اعتبار هـذه الدراسـات بأنها أوليـة رياديـة، وكـان الهدف منها تطبيق بعض الأسـاليب الكميـة والاحصائية في دراسـة بعض الظواهر داخل المدن، وبخاصة المدينة العربية، لأن مثل هـذه الدراسـات قد طبقت في المدن الغربية، وحتى في بعض المدن غير الغربية.

ولعلنا نستطيع أن نزعم أن ظاهرة المدينة، بأشكالهـا المختلفـة، ظاهرة عامـة في المجتمعـات جميعهـا، وهـي عـلى الرغم مـن قدمهـا، إلا أن ظاهرة التحضر ـ حديثة، ظاهرة القرن العشرـين فقط، وتتميـز بشموليتها جميع المجتمعـات، إلا أنهـا تميـزت بتنوعهـا مـن حيـث الشكل والمحتـوى وأنمـاط استعمالات الأرض والوظائف فيهـا، لأننا قد ذكرنا بأن المـدن انعكاس لتنظيم المجتمعات لنفسها، ولعله مـن الصعب إخضاع المـدن لقوانين جامدة مثل

القوانين التي تستخدم في العلوم الطبيعية، لأننا بذلك نضحي بميزة مهمة وهي تفرد المدن عن بعضها بعضاً، وهذا التفرد الذي تكمن فيه أهمية المدن وروعتها.

وقد استطاعت المدن تقديم مستويات مختلفة من الحياة والخدمات للسكان، تعتمد على مدى تطورها وتقدمها في سلم التحضر والتمدن، كما استطاعت بعض المدن حل المشكلات التي تواجه سكانها، في حين بقيت الأخرى عاجزة عن تقديم حلول لهذه المشكلات. وأثرت هذه المشكلات على مستوى الحياة في المدن.

ونستطيع القول إن دراسة المدن بتنوعها الجغرافي والثقافي ونسيجها المعقد المتباين هي دراسة متميزة حقاً وممتعة، تحتاج إلى باحثين متميزين لديهم الإعداد اللازم لمثل هذه الدراسات، ولعله من المفيد عرض نظرة مستقبلية لعملية التحضر وللمدن بخاصة في الجزء التالي:

الاتجاهات المستقبلية لعملية التحضر : نظرة مستقبلية للمدن

لقد تبين مما تقدم، أن عملية التحضر في العصر الحديث، مرت باتجاهات حديثة رافقتها تغيرات في التقنية الحديثة وفي النظم الاقتصادية المختلفة وفي السلوك السياسي للدول، بشكل عام، ولعل هذه التغيرات المصاحبة لعملية التحضر في العالم في العصر الحديث، تجعل من الصعب، توقع أنماط واتجاهات التحضر المستقبلية لعملية التحول الحضري في الدول المتقدمة والدول النامية، ومن هذه الاتجاهات:

١- استمرار عملية التحول الحضري في الدول النامية في المستقبل وبمعدلات سريعة وأكبر من معدل النمو الاقتصادي فيها، إلا أنه يتوقع أن تضيق الفجوة بين معدل التحضر من جهة ومعدل النمو الاقتصادي من ناحية ثانية، مع مرور الزمن. ويتوقع استمرار عملية التحضر في الدول المتقدمة، ولكن بمعدلات اقل مما هي في الدول النامية. وستصل الدول المتقدمة إلى مرحلة النضج أوالاستقرار في عملية التحضر ، بحيث يسكن المدن بين ٧٥-٨٠% من مجموع السكان فيها. الا أن المجتمع، بشكل عام، سيستمر في عملية التحول الحضري.

٢- ويتوقع أن يصاحب عملية التحضر هذه، تغير في القيم وأنماط السلوك لدى السكان، وتغير في السلوك السياسي والاقتصادي، وفي مفهوم الريف والحضر، وزيادة التكامل في اقتصاد الريف والمدن.

٣- يتميز اتجاه التحضر في الدول النامية لسيطرة المدينة الأولى التي تتضخم وتنمو باستمرار، فتستقطب أعداد السكان القادمة من الريف ومن مدن أخرى، كما يصاحبها تركز في الأنشطة الاقتصادية والخدمات، وعليه فإن لدى المجتمعات في الدول النامية دليلاً ضعيفاً لمحاولتها تطوير نظم حضرية متكاملة في المستقبل القريب، على الرغم من محاولة عدد من الأقطار استخدام تقنية الاتصالات الحديثة، والتخطيط القومي من اجل إيجاد مجتمعات مترابطة فيما بينها، إلا أنها تبدو محاولات متواضعة، وقليلة هي الدول النامية التي تحاول جسر الفجوة بين مستويات التنمية المختلفة (Honey R., P . 467). ولعل بعض المجموعات السكانية الثقافية والاجتماعية والعرقية التي تبرز في بعض مدن الدول النامية تشكل حواجز مهمة أمام التكامل في أقطار العالم النامي، حيث تحتاج الدول إلى مدة أطول للقضاء والسيطرة على هذه المجموعات، حتى في اليابان والصين.

٤- اعتماد استمرار التطور ونمو المدن، على مستوى العالم، على النظام الاقتصادي المستقبلي وعلى الاتجاهات الاجتماعية والسياسية لدى المجتمعات. وتؤكد المراجعة التاريخية الآثار القوية لتطور التقنية على عملية التحضر وبخاصة التطور التقني في المواصلات والاتصالات وفي مجال الطاقة، وسيكون لها آثار على استمرار عملية التحضر في المستقبل. وأصبح العالم يسوده التحضر عام ٢٠٠٠، حيث سكن المدن أكثر من نصف مجموع سكان العالم، كما ظهر اتجاه قوي نحو نمو التجمعات الحضرية الضخمة مثل الميجالوبوليس (التجمعات الحضرية الممتدة، نتيجة نمو وامتداد مجموعة من المدن المتقاربة لتشكل منطقة حضرية متصلة ممتدة عرفت باسم الـ (Megalopolis).

هذا ويتوقع استمرار الاتصال بجميع أشكاله بين المدن الرئيسية في العالم من خلال شبكة متطورة للاتصالات والمواصلات، بحيث أمكن اعتبار العالم المعاصر قرية عالمية Global Village (Honey R., P. 469).

وتقوم المدينة، بشكل عام، بدور مهم في عملية التطور والنمو، فتشكل المدن مراكزاً للتنمية، وحتى للتدهور، بالإضافة لذلك تتوضع الأنشطة الاقتصادية والاجتماعية في المدن، فتطور نظام متعدد المراكز في الدول المتقدمة، وتطور نظام سيطرة المدينة الأولى أو الرئيسية في الدول النامية.

كما يتميز عالمنا المعاصر، بعامة، بمعدلات سريعة لعملية التحضر، واستمرار هذا الاتجاه في الدول الأقل نمواً، وانخفاض هذه المعدلات في الدول المتقدمة، ويصاحب التحضر السريع، وبخاصة في الدول النامية، مشكلات تدهور البيئة الحضرية، ونقص في الاسكان والخدمات والمرافق والازدحام، بالإضافة للعديد من المشكلات الاجتماعية، التي تعاني منها المدن في الدول النامية، بشكل خاص. ويتميز النظام الحضري في الدول المتقدمة، بالإضافة إلى تباطؤ في عملية التحضر، بانتقال السكان والأنشطة الاقتصادية إلى الضواحي وأطراف المدن، وحتى إلى الأماكن الريفية التي كانت تشكل مناطق طرد سكاني، في اوقات سابقة، وقد عرف هذا الاتجاه بالحركة المعاكسة Turn around Movement .

المشكلات المستقبلية التي تواجه المدن:

يتوقع ان تواجه المدن وأقاليمها الحضرية، في المستقبل، مشكلات اقتصادية واجتماعية وسياسية وبيئية، إلا أن هذه المشكلات تختلف من قطر لآخر، ويمكن تجميع المشكلات التي تواجه مدن الدول النامية في مجموعة، تختلف عن تلك التي تواجه مدن الدول المتقدمة، أما مشكلات مدن الدول النامية المستقبلية فتشمل:

١- توفير الحاجات الأساسية للسكان، بغض النظر عن العمر والثقافة والقومية والعقائد والأفكار السياسية، ومن الحاجات الأساسية: المياه النقية والخدمات

الصـحية والمـدارس والـنظم الزراعيـة والتسـويقية، ونظـم المواصـلات والاتصالات، فلا بد من توفير هذه الحاجات، حتى في حدها الأدنى، إلا ان ما يواجه الدول النامية للتمويل والتخطيط اللازمين لهذه الحاجات، سيما وتمر المجتمعات بنمو سكاني سريع، وارتفاع في المديونية، وتضارب عمليـة أولويات عمليات التنمية، بالإضافة إلى محدوديـة المـوارد التـي لا تكفـي لمواجهة وحل هذه المشكلات.

٢- بذل الجهود لنشر الأنشطة الحضرية، من خلال وضع تشر-يعات تسـاعد على انتشار السكان وعدم تركزهم، والعمل على تخفيف سيطرة المدينـة الأولى، وجسر الفجوة بين الريف والحضر.

٣- الهجرة من الريف إلى المدن، والى المدينة الأولى، بشكل خاص، الأمر الذي يؤدي إلى سيطرة وهيمنة المدينة الأولى، فلا بد مـن العمـل عـلى إيقـاف تيار الهجرة هذا، من خلال عمليات تنمية وتطوير الريف، والعمـل عـلى تشجيع السكان على الاستقرار في الريف وعدم الهجرة نحو المدن.

٤- التغيرات والتطور في وسائل المواصلات والاتصالات الذي قد يـؤثر عـلى تغيـير التركيب الاقتصادي والاجتماعي والسياسي للعديد من المدن ولسكانها. ولا بد من معرفة كيفية حـدوث التغيـيرات المتوقعـة، وكيفيـة تأثيرهـا عـلى المـدن، وبخاصـة التـي سـتنتقل مـن خاصـية المـدن قبـل الصـناعية إلى المـدن بعـد التصنيع، ويستحسن أن تتم عملية الانتقال والتغيير في المـدن مـن حالـة مـا قبل الصناعة إلى حالة ما بعد الصناعة، أن تتم بالتدريج من التكيـف في عـالم يتميز بالتعقيد والتناقض.

أما مشكلات المدن المستقبلية في الدول المتقدمة فتشمل:

١- تحسين مستوى الحياة، حيث يشكل هذا الهدف الاهتمام الـرئيس في الـدول المتقدمة، وبخاصة من قبل الحكومـات والمخططـين لتحسـين ظـروف الحيـاة الصعبة، حيـث تتـوافر لجميـع السـكان المتطلبـات الأساسـية وبخاصـة بيئـة صحية ونظيفة، فيتم التركيز على التلـوث بأشـكاله المختلفـة وعـلى المسـاواة والعدالة في التوظيف والتعليم، وزيادة برامج التخطـيط ومسـاهمة السـكان في ذلك.

٢- التكيف مع النمو السكاني البطيء أو مع النمو السكاني الصفر، ويبدو أن الوضع الـديموغرافي الحـالي والمسـتقبلي في الـدول المتقدمـة، يعمل عـلى تسـهيل التخطيط لحيـاة أفضـل، لأن النمـو السـكاني سـيتناقص أو ربـما يختفي مستقبلاً. لذلك يتوقع أن يكون التخطيط الاقتصادي والاجتماعي والبيئي أسهل مع حجم سكاني ثابت، وسيكون موضع التكيف الاقتصادي والاجتماعي والسياسي مع النمـو السكاني البطيء أكثر المشكلات التي تواجه الدول المتقدمة الغنية، إلا انه في الوقت ذاته، تتمتع المجتمعـات بفوائد كثيرة من بينها تمتع السكان بخدمات ترفيهية وصحية وتعليمية مناسبة، وإمكانية المحافظة على البيئة أكثر حيوية.

٣- التكيف مع مشكلات الطاقة: حيث تتأثر المـدن بـنقص في كميـة الطاقـة اللازمة وبارتفاع في اسعارها، فيشكل موضـوع الطاقـة مشكلة تواجـه سكان المدن بغض النظر عن الموقع والثقافة والاتجاهات السياسية.

٤- التخطيط لمراكز عمرانية بديلة أو لمراكز المدن (المدن المركزية) أو للضواحي أو للمناطق البعيدة الخارجية الواقعة على هوامش المدن وأطرافها، ويجب أن يؤخذ بعين الاعتبار في هذا المجال، كلفـة الطاقـة، وبخاصـة في المواصلات وايصال الحاجات البشرية الأساسية للسكان، فقد بذلت جهود كثيرة من أجل اعادة تأهيل واحياء مراكز المـدن وتحديثها (Juntification) بعد تعرضـها للتدهور والاضمحلال، كما تم بناء العديد من المدن الجديدة لتستطيع هـذه المدن القيام بوظائفها بشكل أفضل، ويبقى السؤال قائماً:

هل ستبذل جهود أكبر في المستقبل لحل مشكلات المدن الحالية والمستقبلية؟ وما حجم هذه الجهود؟ ويبدو أن هـذا يرتبط بالسـوق وبكلفـة الطاقة والكلفـة الاجتماعيـة في المسـتقبل (-Burn S. (Burn S. and Other, 1981, pp. 483 487

and Williams J., 1981, pp. 483-487)

وبشكل عام، تعرضت المـدن في الربـع الأخيرمن القـرن العشـرين لازمـات كثيرةمثل:التضخم الاقتصادي والركودالاقتصادي خلال السبعينات،ومشكلات تتعلق

بالطاقة، بالإضافة إلى العديد من المشكلات الاجتماعية والجرائم، وارتفاع اسعار المساكن وبعض المشكلات البيئية ومشكلات أخرى تتعلق بالمفاعلات النووية.

كما تعرضت المدن للعديد من المشكلات المالية، ونقص في مستوى الخدمات، وأظهر القطاع العام والخاص تعاوناً لحل مشكلات المدن .Hartshorn T. 1980, P

خصائص المدن المستقبلية:

يتوقع أن تشكل المدن الكبيرة والصغيرة في المجتمعات ما قبل الصناعية والمجتمعات الصناعية وما بعد الصناعية، على مستوى العالم، جزءاً مما يمكن تسميته بالقرية العالمية، نتيجة لالتقاء الزمان بالمكان Space - Time Convergence حيث تغيرت المشكلات البشرية، كما أمكن اشباع الحاجات البشرية الأساسية، من خلال نظام حضري معقد ومتعاون، فقد كان دوكسايدس Doxiadis قد توقع تطور نظام للمواصلات والاتصالات في القرن الحادي والعشرين، متعدد النويات، ترتبط فيه المدن الرئيسية والعواصم، في العالم، بعضها ببعض، فتشكل مدن العالم نويات وعقد لشبكة المواصلات والاتصالات العالمية، وستشكل مراكز مهمة للأنشطة الاقتصادية والثقافية والسياسية (Burn S. and other, 1981, p . 476) ويذكر برون ووليامز بأن المدن العالمية ستشكل مراكز رئيسية للقوة السياسية وللادارات وللصناعة وللبنوك ولشركات التأمين والمالية، وللقضاء القومي وللوكالات الحكومية وغير الحكومية القومية والدولية، كما تشكل مراكز لمنظمات مهنية واتحادات تجارية، ومراكز رئيسية للموانئ الجوية والسكك الحديدية، ومراكز للجامعات والمعاهد وللمسرح والاوبرا والمطاعم، وكذلك مراكز للمعلومات والنشر والاعلان والراديو والتلفزيون ولمحطات الفضاء، وتشكل مراكز لإنتاج السلع والخدمات المتخصصة، وأسواق دولية ومراكز للمؤتمرات الدولية والحكومية الصناعية والمنظمات التطوعية.

وكذلك فإن مساهمة قطاع الخدمات ستزداد بالمقارنة مع مساهمة قطاع الصناعة. بالإضافة لما تقدم، يتوقع تزايد اعداد المدن وتزيد مساحتها، بحيث يمكن تعبئة الفراغات بين المدن الكبرى وتوسع شبكات المواصلات والاتصالات . ويتوقع تغيراً في اقتصاديات

المدن، ينعكس على مستوى الدخل للسكان وعلى القوى العاملة، وايجاد وظائف جديدة في المدن.

وسيكون نمو المدن وتوسعها واضحاً، بشكل كبير ، فتتطور المدن الشريطية بحيث تصبح واسعة، وتنمو التجمعات الحضرية وتظهر على شكل ما يعرف بالميغالوبوليس megalopolis ، نتيجة نمو المدن وتوسعها والتحامها مع بعضها لتشكل مناطق حضرية ممتدة متلاصقة.

ويتوقع أن تشكل الأنهار والسواحل مناطق جذب جمالية، ومراكز للنمو والتوسع الحضري في المستقبل. ونتيجة لتطور المواصلات، فيتوقع أن يزداد التوسع الأفقي للمدن وبخاصة تطور الضواحي، من أجل الوصول إلى مناطق منخفضة الكثافات السكانية بالقرب من المدن الكبرى، وسيشجع على التطور الحضري والتوسع الأفقي توافر الطاقة في المستقبل.

وستتطور العديد من المدن في الدول النامية على طرق المواصلات، ويتوقع أن يتم التكامل بين مدن قديمة وأخرى جديدة لتشكل تجمعات حضرية ضخمة، مما قد يؤدي إلى ايجاد مشكلات جديدة.

قد تمثل معظم المدن في المستقبل واقعها الحاضر ، تمثلاً قوياً، فتظهر عمارات متركزة في مراكزها، تتميز بكثافات سكانية عالية، وتتطور أشرطة تجارية عريضة، تختلط مع نويات تجارية بحجوم مختلفة.

وقد تتميز المدن القديمة في اوروبا وأمريكا الشمالية بمعدلات نمو أقل، كما قد تؤدي الكلفة المرتفعة للطاقة إلى ارتفاع الكثافات السكانية على هوامش المدن الضخمة أما مدن الدول النامية، فيتوقع أن تستمر بمعدلات نمو سريعة، سيؤثر على النسيج العمراني فيها، وعلى التركيب الاقتصادي والاجتماعي لسكانها، نتيجة لاستمرار تدفق المهاجرين من الريف إليها. وقد تتميز المدن المستقبلية بمخططات هندسية جديدة فريدة، على الرغم من ارتفاع كلفتها، من أجل إعادة الروح البشرية لهذه المدن.

ويمكن تصنيف الوظائف التي تقوم بها المدن، في العصر الحاضر، إلى وظائف قبل عهد الصناعة، تقوم بها مدن الدول النامية، ووظائف صناعية، تقوم بها مدن الدول المتقدمة، كما تقوم بعض المدن بوظائف ما بعد مرحلة التصنيع، فتشمل هذه الأنشطة الاقتصادية ذات الطبيعة غير الصناعية تقديم تنوع من الخدمات يشمل تقنية البحث والتنمية والسياحة والترفيه والنشر والاتصالات.

وستشهد المدن تطوراً وتوسعاً في قطاع الصناعة والخدمات، وتقلصاً في قطاع الصناعة الأولية، وتطوراً في القطاع الرابع الذي يرتبط بالمعرفة والمعلوماتية التي تشمل الطلب والتعليم والصحافة والمدن والقانون والبنوك ونظم الحواسيب. وتتميز المدن الصناعية ومدن مرحلة ما قبل الصناعة بأنها ملمومة الشكل مترابطة.

الدور الإيجابي للمدن وفوائدها:

تتميز المدن، بعامة، بإمكانية توفير حياة آمنة للسكان، حياة صحية، تتميز بالغنى والتنوع الثقافي، كما توفر إمكانية الاستمتاع بأنماط ممتعة من الحياة، ضمن معدلات منخفضة لاستهلاك الطاقة والموارد.

وتتميز المدن بتركز سكاني أكبر وتركز في الإنتاج أكبر من الريف، مما يوفر مزايا في المدن أفضل من الريف، حيث التخلخل السكاني وقلة الإنتاج.

يؤدي ارتفاع الكثافات السكانية في المدن إلى خفض الكلفة لرب الأسرة وللمؤسسات من أجل الحصول على مياه نقية ومعالجة تجميع النفايات والتخلص منها، وكذلك الحصول على مستويات مرتفعة من الاتصالات والصحة والتعليم. بالإضافة لذلك، يعمل تركز السكان في المدن على خفض كلفة خدمات الطاقة ومكافحة الحرائق.

لا تعاني المدن الصغيرة والمتوسطة من إعادة تنقية المياه وإعادة استخدامها، وإنما يكون الاستهلاك الأكبر للمياه بواسطة الزراعة وليس بواسطة المدن.

ويؤدي تجمع السكان والاستهلاك إلى إيجاد إمكانية أفضل وأكثر كفاءة للموارد، من خلال إعادة التصنيع وإعادة الاستخدام، وكذلك إمكانية تبادل بقايا الصناعات بين

المصانع المختلفة. وتتميز المدن بانخفاض معدل كلفة وحدة الإنتاج، بشكل عام. كذلك، يعني ارتفاع كثافة السكان في المدن، انخفاض الطلب على مساحة الأرض، وتستهلك المدن في معظم الأقطار نسبة تقل عن ١% من مساحة هـذه الأقطار. ويؤدي ارتفاع كثافة السكان في المدن إلى تقليل الطاقة المستخدمة في التدفئة. وتؤمن المدينـة جـزءاً كبيراً مـن حركة المشاة واستخدام الـدراجات الهوائيـة والمواصـلات الجماعيـة وإمكانيـة الوصـول دون الحاجـة لاستخدام السيارات.

هذا وتوفر المدن غنى وتنوعاً ثقافياً، وتعمل عـلى تطوير اقتصاد اجتماعـي، تقوم المجموعات السكانية بجزء منه من خلال التطوع ونـوادي الشباب والجمعيـات. (Global Report, pp 418-420).

اتبعت الدول النامية عدة سياسـات كانت تركـز عـلى مراكـز العمـران البشري، خلال الربع الأخير من القرن العشـرين، وقـد تغيرت سياسـات الـدول هذه مع مرور الـزمن وبسـبب عـدم ملاءمـة بعـض هـذه السياسـات، فخـلال السبعينات، كان يتم التركيز عـلى إسكان الفقراء في المـدن، مـن خـلال بـرامج وطنية كانت تهدف إلى رفع مستوى مراكز العمران غير القانونية، وعمل برامج يستطيع تحملها أصحاب الدخل المنخفض، إلا أن هذه البرامج، كانت تعـاني من سلبيات منها: عدم قدرة الحكومات على الوصول إلى الناس الذي تلائمهم هـذه البرامج، لأن هذه البرامج لم تستطع مواجهة الضغوط المتعلقة بالأرض المتوفرة وبإمكانية تمويل مشاريع الإسكان وتوفير الخدمات اللازمة. كما أن المشـروعات لم تكن ملائمة لأصحاب الدخل المحدود، فأمكن بعد ذلك وخـلال ١٩٨٨ تبنـي سياسة عالمية للمأوى عام٢٠٠٠، وقد عززت هذه الإستراتيجية تغيراً وتحولاً في التركز على اتجاه" التمكين" Enabling approach والمشاركة.

وكان التحول الأخير في سياسات المراكز العمرانية، باتجاه تعزيز مفهـوم التنميـة المستدامة، وقد تبنى هذه الفكرة في ريودي جانيرو عام ١٩٩٢، خلال مؤتمر الأمم المتحدة بشأن البيئة والتنميـة، حيـث كـان التحدي يتمثل في كيفية التعامـل مع تطور المراكـز العمرانية، خلال العقدين القادمين، في مجتمع يسير في عمليـة التحضر ، بسرعة كبيرة ، من

أجـل بلــوغ الأهـداف الاجتماعيـة والاقتصـادية والبيئيـة للتنميـة المسـتدامة، والتغلب على الضعف في سياسات مراكز العمران.

وكانت تتعرض المدن للكثير من النقد واللوم فيما يتعلـق بالمشكلات، فكان يوجه اللوم للعواصم في فشلها في تـوفير المؤسسـات المناسـبة، كـما وجـه اللوم للمدن الغنية في التباين في مستويات الدخل بين مناطق الأغنياء والفقراء فيها. كما تلام المدن بعامـة والصناعية بخاصـة بسـبب تـدهور البيئـة والنمـو السريع غير المسيطر عليه. (اصطلاح المـدن المشرـوم). كـما وجـه نقد رئيس للمدن في إتلافها النسيج الاجتماعي.

على الرغم مما تقدم، توفر المدن اقتصاداً متنوعـاً يعمـل عـلى تحسـين مستوى المعيشة لجزء مهم من سكان العالم خلال العقـود الأخيرة، فقـد زاد معدل العمر المتوقع عند الميلاد حوالي ١٢ سنة، خلال الفترة بـين ١٩٦٠-١٩٩٢، وظهر ارتباط قوي بين عملية التحضر مـن جهـة والنمـو الاقتصـادي مـن جهـة ثانية، كما ان عملية التحضر تحت السيطرة وليست خارجة عنها، وتتركز المدن الكبرى في الأقاليم الاقتصادية العالمية.

وينسى الاتجاه الذي يعتبر التحضر ـ السرـيع مشكلة، أن الأمـم الأغنـى مرت بفترات تحضر سريعة، أن معدل التحضر في أقطار الجنوب ليس بأكثر من الزيادة في أقطار الشمال في عقود سابقة.

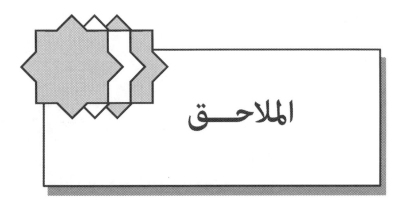

الملاحــق

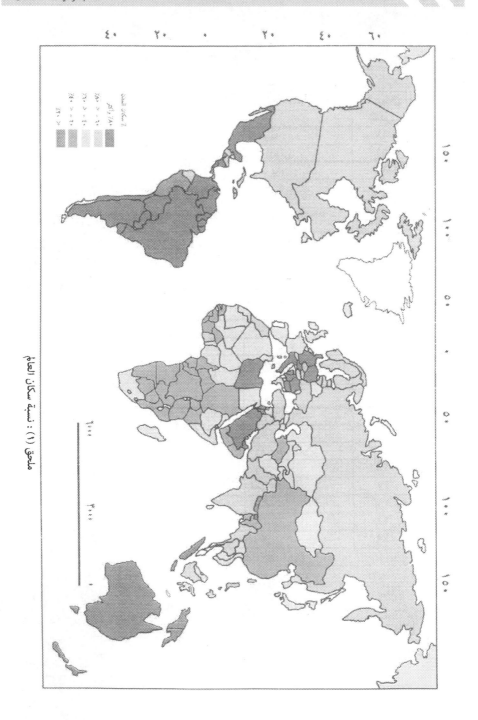

ملحق (١) : نسبة سكان العالم

ملحق رقم (٢)
نسبة سكان المدن في القارات والأقاليم والأقطار

القارة، الاقليم، القطر	%سكان المدن	القارة، الاقليم، القطر	% سكان المدن
العالم	٤٦	ارمينيا	٦٧
الدول المتقدمة	٧٥	أذربيجان	٥١
الدول النامية	٤٠	البحرين	٨٨
الدول النامية باستثناء الصين	٤١	قبرص	٦٦
افريقيا	٣٣	جورجيا	٥٦
افريقيا شبه الصحراوية	٣٠	العراق	٦٨
شمال افريقيا	٤٥	اسرائيل	٩١
الجزائر	٤٩	الأردن	٧٩
مصر	٤٣	الكويت	١٠٠
ليبيا	٨٦	لبنان	٨٨
المغرب	٥٥	عمان	٧٢
السودان	٢٧	فلسطين	-
تونس	٦٢	قطر	٩١
الصحراء الغربية	٩٥	السعودية	٨٣
افريقيا الغربية	٣٥	سوريا	٥٠
بنين	٣٩	تركيا	٦٦
بوركينا فاسو	١٥	الامارات العربية	٨٤
الرأس الأخضر	٥٣	اليمن	٢٦
ساحل العاج	٤٦	اسيا الوسطى	٣٠
غامبيا	٣٧	افغانستان	٢٢
غانا	٣٧	بنغلادش	٢١
غوايانا	٢٦	بوتان	١٥

نسبة سكان المدن في القارات والأقاليم والأقطار

غينيا بياسو	٢٢	الهند	٢٨
ليبريا	٤٥	ايران	٦٤
مالي	٢٦	كازاكستان	٥٦
موريتانيا	٥٤	قير غستان	٣٥
النيجر	١٧	المالدليف	٢٥
نيجيريا	٣٦	نيبال	١١
السنغال	٤٣	باكستان	٣٣
سيراليون	٣٧	سيريلانكا	٢٢
توغو	٣١	طاجاكستان	٢٧
شرق أفريقيا	٢٠	تركمنستان	٤٤
بوروندي	٨	أوزباكستان	٣٨
جزر القمر	٢٩	جنوب شرق آسيا	٣٦
جيبوتي	٨٣	بروناي	٦٧
ارتيريا	١٦	كمبوديا	١٦
أثيوبيا	١٥	شرق تيمور	٨
كينيا	٢٠	اندونيسيا	٣٩
مدغشقر	٢٢	لاوس	١٧
ملاوي	٢٠	ماليزيا	٥٧
موريشوس	٤٣	مينامار	٢٧
موزمبيق	٢٨	الفلبين	٤٧
ريونيون	٧٣	سنغافورة	١٠٠
رواندا	٥	تايلند	٣٠
سيشل	٦٣	فيتنام	٢٤
الصومال	٢٨	شرق آسيا	٤٢
تنزانيا	٢٢	الصين	٣٦
أوغندا	١٥	هونغ كونغ	١٠٠
زامبيا	٣٨	اليابان	٧٨
زمبابوي	٣٢	كوريا الشمالية	٥٩
افريقيا الوسطى	٣٣	كوريا الجنوبية	٧٩
انغولا	٣٢	منغوليا	٥٧
كمرون	٤٨	تايوان	٧٧

نسبة سكان المدن في القارات والأقاليم والأقطار

جمهورية أفريقيا الوسطى	٣٩	أوروبا	٧٣
تشاد	٢١	شمال أوروبا	
كونغو	٤١	أوروبا	٨٣
جمهورية الكونغو الديمقراطية	٢٩	الدنمارك	٧٢
غيانا الاستوائية	٣٧	استونيا	٦٩
الغابون	٧٣	فنلندة	٦٠
جنوب افريقيا	٥٠	أيسلندة	٩٣
بوتسوانا	٤٩	ايرلندا	٥٨
ليسوتو	١٦	لتفيا	٦٩
نميبيا	٢٧	ليتوانيا	٦٨
جنوب أفريقيا	٥٤	النرويج	٧٤
سوازيلندا	٢٥	السويد	٨٤
أمريكا الشمالية	٧٥	المملكة المتحدة	٩٠
كندا	٧٨	غرب أوروبا	٧٩
الولايات المتحدة	٧٥	النمسا	٦٥
أمريكا اللاتينية	٧٤	بلجيكا	٩٧
بليز	٤٩	فرنسا	٧٤
كوستاريكا	٤٥	ألمانيا	٨٦
السلفادور	٥٨	لكسمبرغ	٨٨
غواتيمالا	٣٩	هولندة	٦٢
هندروراس	٤٦	سويسرة	٦٨
المكسيك	٧٤	شرق أوروبا	٦٨
نيكاراغوا	٥٧	روسيا البيضاء	٧٠
بنما	٥٦	بلغاريا	٦٨
الكاريبي	٦١	جمهورية الشيك	٧٧
البهاما	٨٤	هنغاريا	٦٤
باربادوس	٣٨	مولوفيا	٤٦
كوبا	٧٥	بولندة	٦٢
دومينيكان	٧١	رومانيا	٥٥

نسبة سكان المدن في القارات والأقاليم والأقطار

جمهورية الدومينيكان	٦١	روسيا	٧٣
غرينادا	٣٤	سلوفاكيا	٥٧
هايتي	٣٥	اوكرانيا	٦٨
جمايكا	٥٠	جنوب اوروبا	٧٠
مارتينيك	٩٣	البانيا	٤٦
بروكوريكو	٧١	اندورا	٩٣
ترينيداد	٧٢	البوسنة والهرسك	٤٠
امريكا الجنوبية	٧٩	كرواتيا	٥٤
الارجنتين	٩٠	اليونان	٥٩
بوليفيا	٦٣	ايطاليا	٩٠
البرازيل	٨١	مكدونيا	٦٠
شيلي	٨٦	مالطا	٩١
كولومبيا	٧١	البرتغال	٤٨
اكوادور	٦٢	سلفينا	٥٠
غيانا الفرنسية	٧٩	اسبانيا	٦٤
غيانا	٣٦	يوغوسلافيا	٥٢
البراغوي	٥٢	الاوقيانوسيا	٦٩
بيرو	٧٢	استراليا	٨٥
الأوروغوي	٩٢	فيجي	٤٦
فنزويلا	٨٧	كاليدونيا الجديدة	٧١
اسيا	٣٧	نيوزيلاندا	٧٧
اسيا باستثناء الصين	٣٨	سامو الغربية	٣٣
غرب اسيا	٦٥		

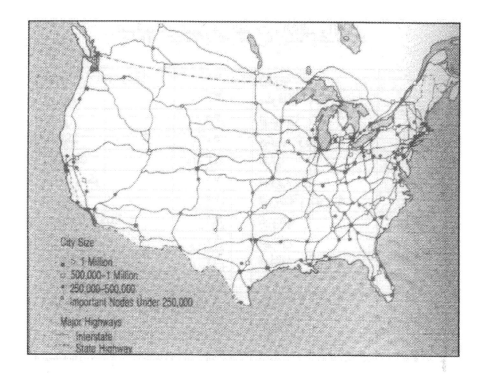

City Size
• > 1 Million
○ 500,000–1 Million
• 250,000–500,000
• Important Nodes Under 250,000

Major Highways
— Interstate
--- State Highway

ملحق (٣) : النظام الحضري في أمريكا الشمالية

المصدر: Honey R. and Others, 1987

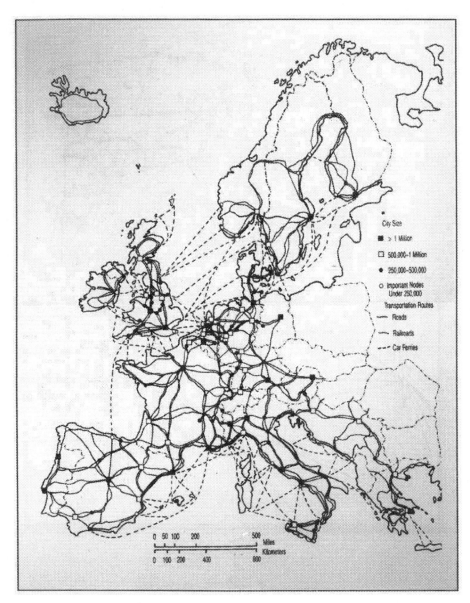

ملحق (٤) : النظام الحضري في غرب أوروبا

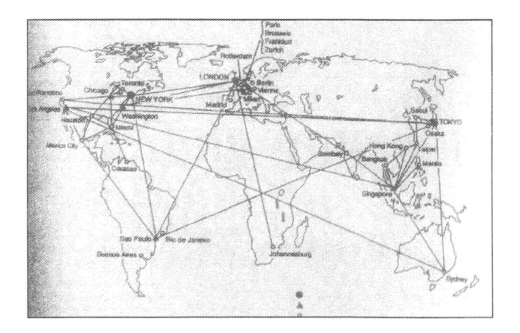

ملحق (٥) : أنواع المدن الرئيسية في العالم

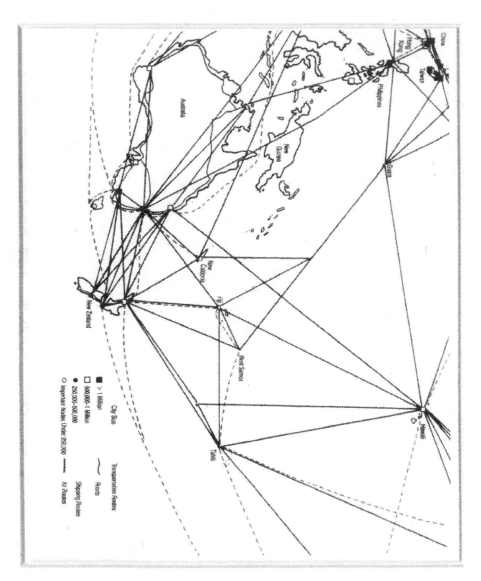

ملحق (٦)

النظام الحضري في استراليا

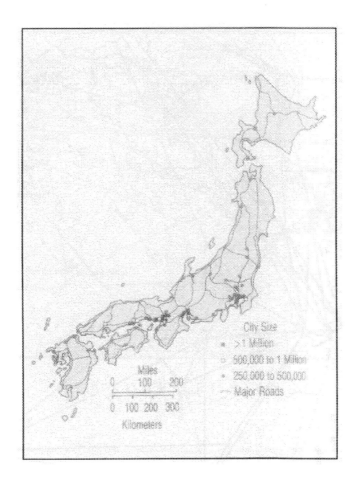

ملحق (٧) : النظام الحضري في اليابان

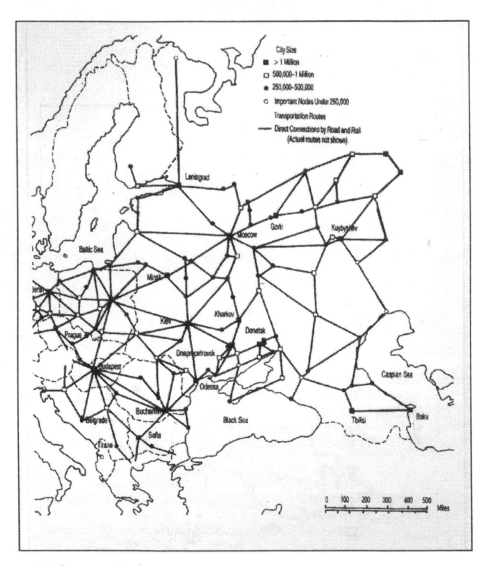

ملحق (٨) : النظام الحضري في ما كان يسمى بالاتحاد السوفياتي وشرق أوروبا

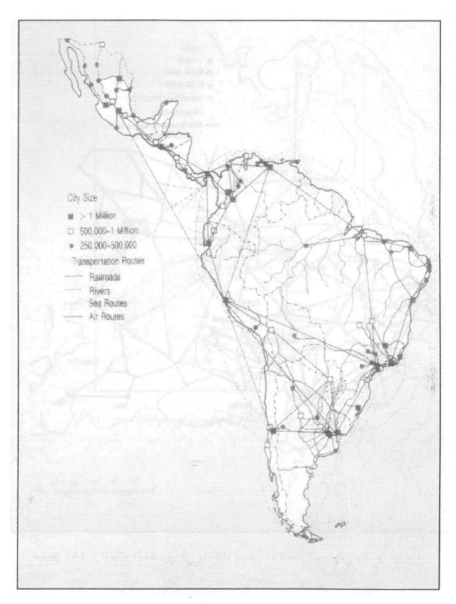

ملحق (٩) : النظام الحضري في أمريكا اللاتينية

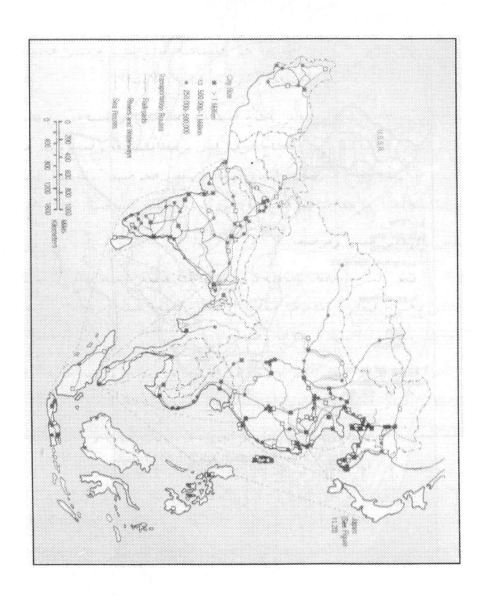

ملحق (١٠) : النظام الحضري في جنوب وشرق آسيا

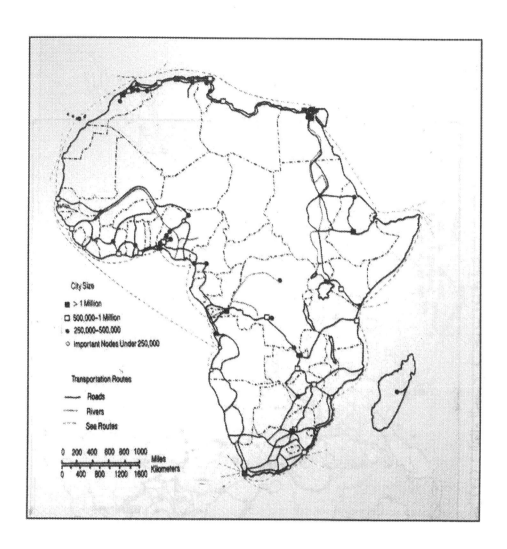

ملحق (١١) : النظام الحضري في قارة افريقيا

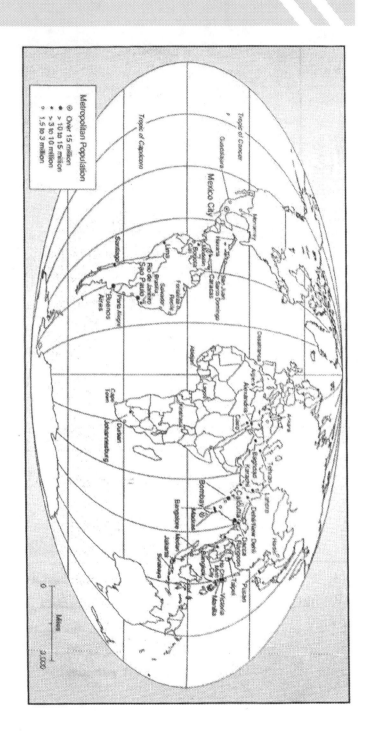

ملحق (١٢): مناطق الحواضر في الدول النامية

وتشمل ١٢٥ مدينة مليونية التي تشكل أسرع نمو سكاني في العالم

ويتركز أعظم تجمع في قارة آسيا وأصغره في افريقيا

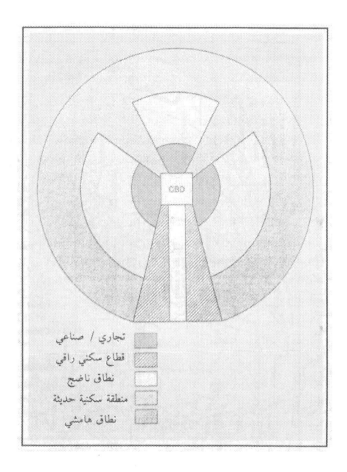

ملحق (١٣): نموذج التركيب الداخلي للمدينة في أمريكا اللاتينية

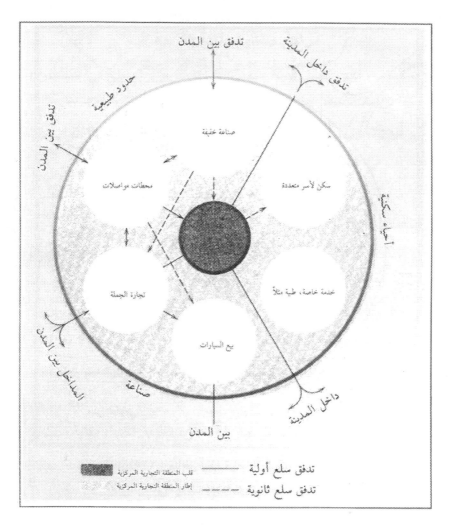

ملحق (١٤): مفهوم القلب والإطار في المنطقة التجارية المركزية

القلب: الجزء الأكثر استغلالاً والأعلى كثافة في الاستخدام ومنطقة مشاة

الإطار: يتكون من المخازن الكبرى ومواقف السيارات

والأقل استخداماً وأقل ترابطاً مع القلب

المصدر: Hartshorn T. 1992, P. 335

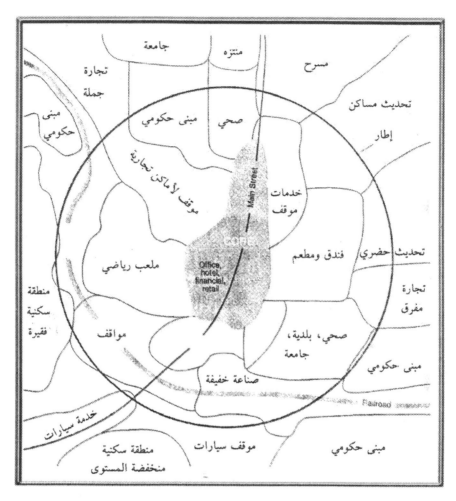

ملحق (١٥): مناطق وظيفية نظرية لمنطقة تجارية مركزية

القلب: يشمل مكاتب وفنادق ومركز مالي وتجارة مفرق

الإطار: ويشمل مواقف السيارات ومناطق الترفيه، وتجارة الجملة والجمعيات الحكومية

والمنطقة الصحية والمباني الحكومية

المصدر: Hartshorn T. 1992, P. 337

مراجع مختارة باللغة العربية

١- أبـو صبحة، كايـد، "تحليـل البيئـة العـاملي: دراسـة للتركيـب الـداخلي في المدن"، مجلة دراسات، مجلد ١٠-عدد١ ، حزيران، ١٩٨٣ .

٢- أبـو صبحة، كايد، "الأنمـاط المكانيـة لقيم الأراضي في مدينـة عمـان، وآثار بعض العوامل في هذه القيم"، مجلة دراسات، مجلد ١١، عدد٥ ، ١٩٨٤ .

٣- أبـو صبحة، كايد "الأنماط المكانية لتوزيع السكان في مدينة عمان"، مجلـة دراسات، المجلد١٣، العدد الثالث، ١٩٨٦ .

٤- أبـو صبحة، كايـد، "البيئـة الاجتماعيـة لمدينـة عمـان"، مجلـة العلـوم الاجتماعية، جامعة الكويت، عدد خاص، ١٩٨٨ .

٥- أبـو صبحة، كايد، الاتجاهات الحديثة لتطور النظـام الحضري في الأردن، مجلة دراسات، العلوم الإنسانية، مجلد ٢٢ أ ، عدد ٥ ، ١٩٩٥ .

٦- العنقري، خالد، البيئة العامليـة للمدينـة العربيـة، الجمعيـة الجغرافيـة الكويتية، عدد٦٨، ١٩٨٤ .

٧- أحمد، علي إسماعيل، دراسات في جغرافية المدن، الطبعة الثانيـة، مكتبـة سعيد رأفت، جامعة عين شمس، ١٩٨٢ .

٨- جمال حمدان، جغرافيـة المـدن، الطبعـة الثانيـة، عالم الكتـب، القاهرة، ١٩٧٧ .

٩- عبد الرزاق عباس حسين، جغرافية المدن، مطبعة أسعد، بغداد ١٩٧٧ .

مراجع مختارة باللغة الانجليزية

- Abu Lughod J. and R. Hay JR. (editors). Third World Urbanization, Maaroufa Press, Inc. Chicago, 1977 .

- Berry B. and Philip Rees, "Factorial Ecology of Calcutta", The American Journal of Society, Vol. 74, 1969.

- Berry B. and William Garrison, "Recent Development of Central Place Theory, Papers and Proceedings, Regional Science Association, 4, 1958.

- Berry B. and Kasarda J. Contemporary Urbab Ecology, N.Y., Macmillan 1973.

- Bourne L.S. and J. W. Simmons, Systems of Cities, Readings on Structure, Growth and Policy, Oxford Univ. Press, 1978.

- Brunn Stanley D. and Jack F. Williams. Cities of the World, Harper Collins Publishers, Inc., 1983.

- Charles T. Stewart Jr., "The Size and Spacing of Cities", Geographical Review, Vol. 48, No. 2, 1958.

- David Herbert. Urban Geopraphy, A Social Perspective, David and Charles Publishers (Limited), 1972.

- Economic Indicators, The Economist, Nov. 1st.-7th., 1997.

- Giggs J. A. M. Mather, "Factorial Ecology and Factor Invariance", Economic Geography, Vol. 51, 1975.

- Hartshorn, T. Interpreting The City: An Urban Geography, John Wiley and Sons: NewYork: 1980.

- Hartshorn T. Interpreting The City: An Urban Geography, John Wiley and Sons: NewYork, 1992.

- Honey R., Austin C.M., and Thornas C. Eagle. Human Geography, West Publishing Co. St. Paul, 1987.

- John Brush, "The Heirarchy of Cwntral Places in Southwestern Wisconisn", Geographical Review, 43, 1953.

- John Marshall. The Location of Service Centers, Research Publication, N.3, Univ. of Toronto, Dept. of Geography, 1969.

- John Palen. The Urban World, Mc Graw-Hill Book Co., NewYork, 1981.

- Kent V. Flennery, "The Cultural Evolution of Civilization" Annual Review of Ecology and Systematics, 3, 1972.

- Murdie R.A. Factorial Ecology of Metropolitan Toronto, 1961, Research Paper, No. 166, Chicago Univ. Geog. Dept. 1969.

- Murphy R. E. and James Vance Jr., "Delimiting The CBD, Economic Geography, 2nd. Edition, John Wiley and Sons: NewYork, 1979.

- Paul Knox. Urban Social Geography, An Introduction, 2nd. Edition, Longman Scientific and Technical, John Wiley and Sons, N.Y. 1987.

- Peter Hall. Cities of Tomorrow, Blackwell, Publishers, 1996.

- Population Reference Bureau. World Population Data, 2000, Sheet, Washington D.C.

- Rummel R.J. Applied Factor Analysis, Evanston, North Western Univ. 1971.

- Thomas I Bell, Stanley R. L. and Gerald Rushton, "Clustering of Central Places", Annals of Association of American Geographers, 64, 1974.

- United Nations Center for Human Settlements, (HABITAT) An Urbanizing World, Global Report on Human Settlements, Oxford Univ. Press, 1996.

- Vance J.E. Jr. This Scene of Man: The Role and The Structure of the City in The Geography of Western Civilization, Harper and Row; N.Y., 1977.

- Yeates M. and B. Garner. The North American City , Second Edition, Harper and Row, N.Y., 1976.

Printed in the United States
By Bookmasters